《生物数学丛书》编委会

主　　编：陈兰荪

编　　委：（以姓氏笔画为序）

李镇清　　张忠占　　陆征一

周义仓　　徐　瑞　　唐守正

靳　祯　　滕志东

执行编辑：胡庆家

生物数学丛书　25

害鼠不育控制的建模与研究

张凤琴　刘汉武　著

科学出版社

北　京

内 容 简 介

不育控制是害鼠防治的新途径，通过降低害鼠的生育率控制种群增长．本书涵盖了国内外害鼠不育控制模型研究的主要成果，共分为 7 章：主要包括鼠类的基本特征、不育控制机理及实验研究进展、不育控制下的单种群模型、不育控制下的多种群模型、具有尺度结构的最优控制模型、不育控制的模拟模型等．

本书可供应用数学研究人员和具有一定数学基础的害鼠控制研究人员阅读；也可供生物数学方向的研究生学习、参考；部分内容也可作为相关专业高年级本科生的选修教材．

图书在版编目(CIP)数据

害鼠不育控制的建模与研究/张凤琴，刘汉武著. —北京：科学出版社，2021.12

(生物数学丛书；25)

ISBN 978-7-03-065737-4

Ⅰ. ①害… Ⅱ. ①张… ②刘… Ⅲ. ①鼠害-防治-研究 Ⅳ. ①S443

中国版本图书馆 CIP 数据核字(2020) 第 132593 号

责任编辑：胡庆家 孙翠勤/责任校对：张小霞
责任印制：吴兆东/封面设计：陈 敬

科学出版社 出版
北京东黄城根北街 16 号
邮政编码：100717
http://www.sciencep.com
北京九州迅驰传媒文化有限公司 印刷
科学出版社发行 各地新华书店经销
*
2021 年 12 月第 一 版 开本：720×1000 B5
2021 年 12 月第一次印刷 印张：13 3/4
字数：280 000
定价：108.00 元
(如有印装质量问题，我社负责调换)

《生物数学丛书》序

传统的概念: 数学、物理、化学、生物学, 人们都认定是独立的学科, 然而在 20 世纪后半叶开始, 这些学科间的相互渗透、许多边缘性学科的产生, 各学科之间的分界已渐渐变得模糊了, 学科的交叉更有利于各学科的发展, 正是在这个时候数学与计算机科学逐渐地形成生物现象建模, 模式识别, 特别是在分析人类基因组项目等这类拥有大量数据的研究中, 数学与计算机科学成为必不可少的工具. 到今天, 生命科学领域中的每一项重要进展, 几乎都离不开严密的数学方法和计算机的利用, 数学对生命科学的渗透使生物系统的刻画越来越精细, 生物系统的数学建模正在演变成生物实验中必不可少的组成部分.

生物数学是生命科学与数学之间的边缘学科, 早在 1974 年就被联合国教科文组织的学科分类目录中作为与 "生物化学" "生物物理" 等并列的一级学科. "生物数学" 是应用数学理论与计算机技术研究生命科学中数量性质、空间结构形式, 分析复杂的生物系统的内在特性, 揭示在大量生物实验数据中所隐含的生物信息. 在众多的生命科学领域, 从 "系统生态学" "种群生物学" "分子生物学" 到 "人类基因组与蛋白质组即系统生物学" 的研究中, 生物数学正在发挥巨大的作用, 2004 年 *Science* 杂志在线出了一期特辑, 刊登了题为 "科学下一个浪潮 —— 生物数学" 的特辑, 其中英国皇家学会院士 Lan Stewart 教授预测, 21 世纪最令人兴奋、最有进展的科学领域之一必将是 "生物数学".

回顾 "生物数学" 我们知道已有近百年的历史: 从 1798 年 Malthus 人口增长模型, 1908 年遗传学的 Hardy-Weinberg "平衡原理", 1925 年 Voltera 捕食模型, 1927 年 Kermack-Mckendrick 传染病模型到今天令人注目的 "生物信息论", "生物数学" 经历了百年迅速的发展, 特别是 20 世纪后半叶, 从那时期连续出版的杂志和书籍就足以反映出这个兴旺景象; 1973 年左右, 国际上许多著名的生物数学杂志相继创刊, 其中包括 Math Biosci, J. Math Biol 和 Bull Math Biol; 1974 年左右, 由 Springer-Verlag 出版社开始出版两套生物数学丛书: *Lecture Notes in Biomathermatics* (二十多年共出书 100 部) 和 *Biomathematics* (共出书 20 册); 新加坡世界科学出版社正在出版 *Book Series in Mathematical Biology and Medicine* 丛书.

"丛书" 的出版, 既反映了当时 "生物数学" 发展的兴旺, 又促进了 "生物数学" 的发展, 加强了同行间的交流, 加强了数学家与生物学家的交流, 加强了生物数学学科内部不同分支间的交流, 方便了对年轻工作者的培养.

从 20 世纪 80 年代初开始, 国内对 "生物数学" 发生兴趣的人越来越多, 他 (她) 们有来自数学、生物学、医学、农学等多方面的科研工作者和高校教师, 并且从这时开始, 关于 "生物数学" 的硕士生、博士生不断培养出来, 从事这方面研究、学习的人数之多已居世界之首. 为了加强交流, 为了提高我国生物数学的研究水平, 我们十分需要有计划、有目的地出版一套 "生物数学丛书", 其内容应该包括专著、教材、科普以及译丛, 例如: ① 生物数学、生物统计教材; ② 数学在生物学中的应用方法; ③ 生物建模; ④ 生物数学的研究生教材; ⑤ 生态学中数学模型的研究与使用等.

中国数学会生物数学学会与科学出版社经过很长时间的商讨, 促成了 "生物数学丛书" 的问世, 同时也希望得到各界的支持, 出好这套丛书, 为发展 "生物数学" 研究, 为培养人才作出贡献.

陈兰荪

2008 年 2 月

前　　言

　　健康的生态系统是相对稳定、具有活力、能够动态调适内外关系的生态系统. 在系统中，每一种生物都能获取所需要的食物和空间；占据相应的位置，必不可少且无可替代；以其生存和繁衍活动参与维持整个系统的动态平衡. 然而，自然变异或人类活动也会不时打破系统的平衡态势，使有些生物的生存环境发生突变，造成种群数量爆发性增长，对人类与自然产生一定的负面影响. 鼠类就是这样一个种群，在特定的时间和空间会对人类与环境构成较大威胁，甚至因鼠成灾，成为人尽皆知的害鼠.

　　鼠类属杂食性动物. 害鼠的侵害对象主要是农林牧业及其生态环境. 农作物从播种、管理、收获再到运输、贮存的全过程都可能遭受其害. 林业上，害鼠主要啃咬成树、幼树苗，伤害苗木根系，盗食森林种子，进而影响植物固沙、森林更新和绿化环境. 牧业上，害鼠大量啃食牧草，造成草场退化、面积缩小，载畜量下降；沙质土壤地区常因植被被鼠类破坏造成土壤沙化；鼠类挖掘活动还加速土壤风蚀，严重影响牧业发展和草原建设. 鼠类的门齿终生生长，具有很强的咬切力，还能对建筑物及设施造成很大危害. 此外，鼠类是流行性传染病的潜在宿主之一，直接威胁着人类健康和畜牧业安全.

　　当预见到鼠害即将出现或鼠害已经出现后，人们会采取各种办法对其进行控制，以减少损失. 传统的鼠害治理方法主要有：化学药物防治、生物防治、使用驱避剂防治、物理机械防治、综合治理等. 在这些治理鼠害的方法中，实际使用最多的是化学药物毒杀法. 化学药物可在一定时期内快速灭鼠，但化学药物会污染环境，危及人畜安全，造成二次中毒和生物富集，也可导致鼠类天敌生物种类和数量下降，破坏生态系统的稳定性，长期使用还会使鼠类产生抗药性，因而无法长期稳定地控制鼠害. 其他方法有的不能大面积使用，有的过于耗费人力物力，有的需要多方协调参与. 我国乃至全球的生态治理迫切需要高效易行的控制鼠害技术. 利用不育技术防治鼠害就是一条新的途径.

　　不育控制，是借助某种技术或方法使雄性或/和雌性绝育，或阻碍胚胎着床发育，甚至阻断幼体生长发育，以降低生育率、控制种群增长的生物技术. 20 世纪 50年代末 Knipling 首次提出了不育控制的概念，60 年代 Davis 和 Wetherbee 较早地开展了应用不育剂控制褐家鼠数量的研究，90 年代中国科学院动物研究所张知彬分析了达到期望控制效果所需要的不育率, 中国农业大学施大钊比较了不育控制和灭杀控制对野外布氏田鼠种群动态的影响, 等等. 近年来, 不育控制技术得到了人们的广泛认可. 但是, 有关害鼠不育技术的研究主要集中在药效及野外控制实验方面, 对不育控制作用下的害鼠种群动态及控制效果缺乏系统的分析, 制约了该技术的推广和使用.

运城学院生物数学团队在害鼠不育控制模型方面开展了较为系统的研究工作, 通过建立不育控制下害鼠种群的动力学模型, 对模型进行理论分析和数值模拟以评价不育控制的效能, 掌握不育控制下种群的动态模式, 探讨不育控制结合其他治理方式的控制策略, 指导利用不育技术控制害鼠实践, 先后完成 "不育控制下害鼠种群动态建模与研究" (11071283)、"害鼠扩散与控制的动力学模型研究" (11371313) 两项国家自然科学基金项目.

本书主要是运城学院生物数学团队十多年害鼠治理研究工作的总结, 同时也涵盖了国内外害鼠不育控制模型研究的主要成果, 共分为 7 章. 第 1 章主要介绍建立动态模型时所需要的基本知识, 包括鼠类生物学特征、种群结构、种间关系、鼠类的作用与危害、控制方法等; 第 2 章主要内容是不育控制机理, 以及室内、野外实验研究进展; 第 3 章主要内容是基本的动态模型, 它们是建立害鼠不育控制动态模型的基础; 第 4 章是不育控制下的单种群模型, 其中考虑非自传播或自传播不育控制, 不具有种群结构或具有性别结构、年龄结构、季节动态等; 第 5 章是不育控制下的多种群模型, 其中有一个被不育控制的害鼠种群, 还有另一个种群, 它与害鼠是捕食关系或竞争关系; 第 6 章为具有尺度结构的最优控制模型, 考虑环境的周期变动等因素; 第 7 章是不育控制的模拟模型, 有差分方程模型、Leslie 模型、元胞自动机模型等. 第 1 章由周华坤执笔, 第 2, 4, 5, 7 章由刘汉武执笔, 第 3, 6 章由张凤琴执笔.

本书得到了山西省教育厅运城学院生物数学实验室、青海省寒区恢复生态学重点实验室、中国科学院西北高原生物研究所周华坤研究团队的大力支持. 除国家自然科学基金项目 "不育控制下害鼠种群动态建模与研究" (11071283)、"害鼠扩散与控制的动力学模型研究" (11371313) 和 "基于功能团的高寒草甸退化与恢复的动力学模型研究" (12071418) 外, 同时得到了国家重点研发计划课题 (2016YFC0501901)、中国科学院科技服务网络计划 (KFJ-STS-ZDTP-036)、山西省回国留学人员科研资助项目 (2017-111)、青海省创新平台建设专项 (2017-ZJ-Y20)、青海省寒区恢复生态学重点实验室开放课题 (2020-KF-13)、山西省高等学校科学研究优秀成果培育项目 (2020KJ020) 等资助, 在此一并致谢.

本书可供应用数学研究人员、具有一定数学基础的害鼠控制研究人员阅读, 也可供生物数学方向的研究生学习、参考, 部分内容还可纳入相关专业高年级本科生的选修教材.

限于客观条件和作者水平, 本书中错误与疏漏在所难免, 谨请业内人士及其他读者批评指正.

著　者

2021 年夏于山西运城

目　　录

第1章 害鼠及其控制方法

1.1 鼠 类

1.1.1 鼠类的组成

啮齿动物, 通常称为鼠类, 包括啮齿目、食虫目、食肉目的鼬科、兔形目的鼠兔科、灵长目的树鼩 (夏武平, 1996), 隶属于脊索动物门, 脊椎动物亚门, 哺乳纲, 它们在某些生理结构和生态习性上非常相似.

全世界有 5000 多种哺乳动物, 其中啮齿动物占 40% 以上, 对人类危害从大到小依次为黑家鼠、褐家鼠、小家鼠、缅鼠、北美灰松鼠、加州黄鼠、南非乳鼠、稻田家鼠、孟加拉板齿鼠、平齿囊鼠、河狸鼠、草原暮鼠、山河狸、印度板齿鼠、黑尾草原犬鼠等 (郭天宇等, 2015).

我国地域广阔, 地形复杂, 气候多变, 害鼠种类繁多. 主要害鼠有褐家鼠、小家鼠、黄毛鼠、板齿鼠、大足鼠、黄胸鼠、中华姬鼠、黑线姬鼠、大仓鼠、黑线仓鼠、长尾仓鼠、长爪沙鼠、子午沙鼠、东北鼢鼠、中华鼢鼠、东方田鼠、棕色田鼠、达乌尔黄鼠、五趾跳鼠、社鼠、巢鼠、针毛鼠、白腹巨鼠、淡腹松鼠、长吻松鼠、岩松鼠、豹鼠、花鼠、大林姬鼠、青毛鼠、高山鼠兔、大沙鼠、三趾跳鼠、达乌尔鼠兔、西南绒鼠、中华竹鼠、大竹鼠、银星竹鼠、莫氏田鼠、狭颅田鼠、根田鼠、鼹形田鼠、黑腹绒鼠、中华绒鼠、草原鼢鼠、罗氏鼢鼠、西藏鼠兔、布氏田鼠、高原鼠兔、黄兔尾鼠、高原鼢鼠、棕背䶄、赤颊黄鼠等 (马勇, 1986; 钟文勤等, 1986; 杨春文, 1991; 王华弟, 1997; 黄秀清和冯志勇, 2001).

1.1.2 鼠类的扩散

扩散是指生物个体或繁殖体从一个生境转移到另一个生境中, 这是几乎所有生物生活史的一个基本特征, 影响着个体的存活、生长、繁殖, 物种的维持、进化、地理分布等. 生物可能生活在均一的环境中, 这时扩散在空间上是连续进行的; 但是由于栖息地的破碎化, 往往不是周围环境都适合生物生存, 适宜栖息地成斑块分布, 这时扩散是在斑块间进行的. 扩散有三种类型: 分离出去而不再回来的单方向移动称为迁出, 进入的单方向移动称为迁入, 周期性的离开和返回称为迁移. 在鼠类中, 扩散也是一种常见现象. 不同鼠类处在不同的生物和非生物环境中, 有不同的生活史对策, 引起扩散的原因也多种多样.

密度制约与非密度制约扩散 当密度增加或食物减少时更倾向于扩散, 这样的扩散是密度制约的; 竞争者、寄生者、捕食者的存在会降低栖息地的适宜性, 导致扩散, 这样的扩散与密度有一定关系; 避免近亲交配的扩散是非密度制约的.

偏性别扩散　如果雌性和雄性之间存在不对称竞争, 或者在不同地点获得配偶的数量不同, 扩散都会受性比影响; 为了避免近亲交配, 某一性别的个体在成熟前要迁出. 这些情况下的扩散是偏性别的, 只有一个性别的个体进行扩散, 或者两个性别的个体都进行扩散, 但扩散率不同.

偏年龄扩散　只有特定年龄的个体进行扩散, 或不同年龄的个体扩散率不同. 避免近亲交配的扩散都发生在个体成熟前, 寻找配偶的扩散都发生在成体.

季节性扩散　由于食物条件、栖息环境、配偶需求等的季节性变化, 有些鼠类的扩散具有季节性.

中国科学院海北高寒草甸生态系统研究站的根田鼠 (边疆晖, 2005)、饶阳的大仓鼠 (王淑卿等, 1996)、美国的贝氏黄鼠 (Mateo and Johnston, 2000) 表现出相同的扩散模式. 对雌性, 食物和空间竞争是引起扩散的主要因子, 扩散是密度制约的; 相反, 对雄性, 扩散可能是由避免近亲繁殖引起的, 表现为非密度制约. 挪威南部的根田鼠的扩散是负密度制约的 (Ims and Andreassen, 2005). 瑞士中麝鼩的离巢扩散偏向于雌性 (Favre et al., 1997). 为了繁衍后代, 法国的雄性普通田鼠不停地扩散, 而雌性只扩散一次 (Gauffre et al., 2009). 亚利桑那的旗尾更格卢鼠 (曾宗永, 1991)、邛崃的大足鼠 (曾宗永等, 1996)、中国科学院内蒙古草原生态系统定位研究站的达乌尔鼠兔 (王梦军等, 1998)、刚察的高原鼢鼠 (魏万红等, 1997)、东乌珠穆沁的布氏田鼠 (胡晓鹏, 2005) 的扩散没有性别差异, 但雌性大足鼠扩散得更远 (曾宗永等, 1996). 在清凉峰自然保护区, 所有扩散的东方田鼠中, 幼体占 71.0%, 雄性占 80.5%, 食物短缺和捕食压力导致扩散, 而种间竞争对扩散的直接效应不显著 (杨月伟等, 2005). 分窝、食物、空间、竞争等都能引起达茂旗的大沙鼠进行扩散 (赵天飙等, 2001). 很多鼠类的扩散具有季节性, 如阿拉斯加的黄颊田鼠每年有两次季节性扩散 (Wolff and Lidicker, 1980), 岳阳的东方田鼠因季节性洪水而扩散 (郭聪等, 1997), 加拿大西岸田鼠的扩散与季节和密度有关 (Terry, 1980).

1.1.3　鼠类的繁殖

通常婚配制度以在一个繁殖季节和一个个体交配的配偶数来定义, 有四种类型, 即一雄一雌的单配制, 一个雄性与多个雌性交配的一雄多雌制, 一个雌性与多个雄性交配的一雌多雄制, 无论雌雄都可以与多个异性交配的混交制. 决定婚配制度特征和进化的主要生态因素可能是资源的分布, 特别是食物和营巢地在时间和空间上的分布. 同种动物在不同年份、不同季节、不同地理位置, 其婚配制度可能会有所变化 (孙儒泳, 2001).

草原田鼠 (Getz and Carter, 1980; Getz and Hoffmann, 1986)、松田鼠 (Fitzgerald and Madison, 1983)、棕色田鼠 (邰发道等, 2001)、北美鼠兔 (Smith and Ivies, 1984) 表现单配制特征. 黄腹旱獭 (Armitage and Downhower, 1974)、多纹黄鼠 (Foltz and Schwagmeyer, 1989) 为一雄多雌制. 苏格兰东北部的里氏田鼠、布氏田鼠 (岳凌粉, 2009) 为混交制. 高原鼠兔中, 单配制占 40%, 一雄多雌占 45%, 二雄一雌或多雌占 15%(王学高和 Smith, 1989).

鼠类具有个体小、性成熟早、寿命短、繁殖快、一胎产仔较多等特点 (表 1.1)(王勇等, 2003; 冯纪年, 2010).

表 1.1 鼠类的寿命与繁殖力

鼠种	寿命/年	性成熟年龄	怀孕期/天	窝仔数/只	年窝数/窝
褐家鼠	2~3	2~3 个月	22	4~17	2~8
黄胸鼠	3 年以上	2~3 个月	20	1~17	3~4
小家鼠	1	2~3 个月	21~28	3~16	2~6
黑线姬鼠	1~2	2~3 个月	18~22	2~10	2~5
大仓鼠	1.1~1.6	2~3 个月	—	2~18	3~4
黑线仓鼠	0.8	2~4 个月	20~22	4~10	3~5
达乌尔黄鼠	7	10~12 个月	28	4~17	1
赤颊黄鼠	—	10~12 个月	28~30	2~10	1
大足鼠	0.8~1	3~4 个月	23	6~10	3~7
黄毛鼠	—	3~6 个月	—	5~8	4~6
板齿鼠	—	4 个月	—	2~10	6
灰旱獭	15	3 年	40	4~5	1
松鼠	10	—	35	3~8	1~2
河狸	50	2 年	106	2~3	1
长爪沙鼠	1.5	3~4 个月	20~25	2~12	2~5
普通田鼠	1~2	1~2 个月	19~21	4~7	5~7
布氏田鼠	1.2	2~3 个月	—	2~14	3~4
东方田鼠	1~1.5	2 个月	20~21	2~10	3~4
中华鼢鼠	—	—	30	1~8	1~2
棕背䶄	1~2	2 个月	20~21	2~8	4~5
子午沙鼠	—	2.5~6 个月	26~33	1~11	2~4
甘肃鼢鼠	—	3~5 个月	—	2~5	1

由于环境、食物供给的季节性变化, 有些鼠是季节性繁殖的 (表 1.2). 同一种鼠在不同地区的繁殖季节也可能不同. 东方田鼠在我国东北的繁殖季节为 5~9 月, 在西北地区为 4~9 月, 在长江流域为 11~ 翌年 4、5 月. 黑线姬鼠在三江平原的繁殖季节为 5~9 月, 在华北平原为 4~10 月, 在长江流域为 3~11 月 (王勇等, 2003).

表 1.2　鼠类繁殖的季节性

鼠种	地区	繁殖季节	参考文献
Peromyscus	北美洲	—	Bronson, 1985; Bronson 和 Perrigo, 1987
高原鼠兔	中国黑马河	—	王学高和戴克华, 1991
Arvicanthis niloticus			
Mastomys erythroleucus			
Taterillus gracilis	布基纳法索乌尔西	—	Sicard 和 Fuminier, 1996
Gerbillus nigeriae			
Taterillus petteri			
Acomys			
Cryptomys hottentotus hottentotus	南非西开普	9~11 月	Spinks 等, 1997
Cryptomys hottentotus pretoriae	南非豪登	7~11 月	Janse van Rensburg 等, 2002
Bathyergus janetta	南非卡米斯克龙	7~9 月	Herbst 等, 2004
Lophuromys flavopuncatus			
Grammomys dolichurus	坦桑尼亚马甘巴	2~5 月	Makundi 等, 2007
Praomys delectorum			
布氏田鼠	—	3~9 月	王大伟等, 2010
长爪沙鼠	中国太仆寺	春夏	刘伟等, 2013
Acomys dimidiatus	沙特阿拉伯塔伊夫	春天到秋天	Sarli 等, 2016
Calomys tener	巴西联邦地区	雨季	Rocha 等, 2017

按栖息环境和进化对策, 生物可分为 r-对策者和 K-对策者. r-对策者具有快速发育、体型小、产生数量多而个体小的后代、高繁殖能量分配、短世代周期等特点; K-对策者具有慢速发育、体型大、产生数量少而个体大的后代、低繁殖能量分配、长世代周期等特点 (表 1.3)(李博等, 2000; 孙儒泳, 2001; 孙儒泳等, 2002; Odum, Barrett, 2004). 鼠类一般归为 r-对策者.

表 1.3　r-对策者和 K-对策者比较

	r-对策者	K-对策者
气候	多变、难以预测、不确定	稳定、可预测、较稳定
选择优势	发育快、增长力高、提早生育、体型小、单次生殖	发育慢、竞争力高、延迟生育、体型大、多次生殖
死亡	非密度制约	密度制约
存活	幼体存活率低	幼体存活率高
数量	变动大	较稳定
寿命	短, 通常小于一年	长, 通常大于一年
结果	高繁殖力	高存活力

1.1.4　冬眠与夏眠

在外界环境变得不适应的时候, 有些鼠类就进入一种不吃不动的昏睡状态, 这种现象称为蛰眠. 根据蛰眠发生在冬天还是夏天, 可分为冬眠和夏眠.

对高纬度地区的鼠类, 冬眠现象较为普遍, 通常分为三类 (王勇等, 2003; 冯纪年, 2010; 杨玉平等, 2016). 不定期冬眠: 特别严寒时进入冬眠, 但程度较浅, 一旦气温转暖, 即可苏醒. 如松鼠、鼢鼠、小飞鼠. 间断性冬眠: 冬眠程度较深, 体温下降较低; 气温转暖时, 可很快苏醒; 在冬天较暖和的日子, 还能出来活动. 如仓鼠、花鼠. 不间断冬眠: 冬眠时间长且程度深, 体温降得很低, 在冬眠时, 即使气温回升, 也不会苏醒. 如旱獭、黄鼠、跳鼠. 有些鼠类不冬眠, 但在冬季活动减少, 如长爪沙鼠、布氏田鼠等.

生活在荒漠的一些鼠类, 如黄鼠、旱獭, 当夏季周期性干旱到来时, 水分短缺, 即进入夏眠; 待干旱季节过后, 才复苏活动.

1.2　种　　　群

1.2.1　种群的定义

种群是在一定空间中同种生物个体的组合. 这一定义表明种群是由同种个体组成的, 占有一定的领域, 是同种个体通过种内关系有机组成的一个整体. 通常, 由几种生物组成的集合称为混合种群, 以同一方式利用共同资源的物种集团称为同资源种团或功能团.

种群是个体之上的一个组织水平, 从个体到种群有质的飞跃. 种群中个体间有交配、繁殖、争夺领域、竞争等相互作用; 种群有个体不可能具有的特性, 如密度、性比、年龄结构、出生率、死亡率、迁入迁出、增长型、散布等.

种群密度是种群最基本的数量特征, 是指在单位面积或体积中的个体数. 出生和迁入使种群密度增加, 死亡和迁出使种群密度减少. 自然状态下种群密度往往有很大的起伏, 但不是无限制的变化, 种群的大小有上限和下限. 种群密度的上限由种群所处生态系统的能量流动决定. 在保护生物学中, 有最小存活种群的概念, 是指保证种群在一个特定的时间内能健康生存所需要的最小有效数量, 低于这个数量, 种群会逐渐灭绝 (徐宏发和陆厚集, 1996).

在相同时间聚集在一定地域或生境中的各种生物种群的集合为群落, 在一定空间中共同栖居着的所有生物与其环境之间由于不断进行物质循环和能量流转而形成的统一整体是生态系统.

1.2.2   性别结构和年龄结构

种群由不同个体组成, 个体间的主要差别是性别和年龄, 这两方面的差别通过形态学、生理学、遗传学以及行为学等方面的变化具体地表现出来. 种群动态参数 (出生率、死亡率、迁入率、迁出率) 无一不依赖于种群的性别结构和年龄结构.

年龄结构指不同年龄组在种群内所占的比例或配置情况. 根据不同物种或研究的需要, 可以将年龄划分为日龄、周龄、月龄、年龄等, 或根据生活史进行划分. 对于鼠类, 通常划分为幼年、成年、老年, 或幼年、亚成体、成体、老年组, 或幼年、亚成体、成体 I 组、成体 II 组、老年组, 或年龄 I 组, 年龄 II 组, 年龄III组等. 根据年龄结构, 可编制生命表, 对种群的出生率、死亡率、期望寿命等作出估计.

在理论上, 种群有一个稳定年龄分布, 即各年龄组所占比例保持不变. 稳定年龄分布是在稳定的环境中形成的, 与种群大小无关. 种群达到稳定年龄分布后将按指数形式增长. 固定年龄分布是稳定年龄分布的一个特例, 当种群增长达到一个常数, 既不增长也不下降, 此时种群的稳定年龄分布就是固定年龄分布, 其特点是种群大小和年龄结构都不变化.

鼠类年龄鉴定的方法很多, 应根据不同鼠种, 选择简便、准确性高的方法. 常用的方法有依上颌白齿的生长状况和咀嚼面的磨损程度划分, 依体重、体长、尾长等划分, 依眼球晶体干重划分, 依头骨干重划分, 依阴茎骨长度划分, 依顶脊间宽划分等.

性比 (例) 是指种群中雄性与雌性个体数的比例. 性比有多种表达方式, 可用 100 个雌性个体的雄性数、每一个雌性的雄性数、以及 100 个个体中雄性数与雌性数的比等来表示. 影响性比的因素有雄崽和雌崽的出生率不同, 以及不同年龄和性别的个体死亡率、迁移率不同等. 造成两性死亡率不同的原因可能是同性别有关的遗传决定、生理、行为、选择性狩猎、年龄等.

对于单配制的动物, 如果种群中成熟个体的性比不是 1, 就必然有一部分成熟个体找不到配偶, 从而降低种群的繁殖力. 对于一雄多雌、一雌多雄、混交制的动物, 种群中雌性个体的数量适当地多于雄性个体有利于提高繁殖力.

不同鼠种间性比有差异. 如小家鼠为 1:1.4, 褐家鼠为 1:4, 黄胸鼠为 1:2, 大仓鼠为 1:1.94, 中华鼢鼠为 1:0.82, 五趾跳鼠为 1:0.98, 大林姬鼠为 1:2.14.

同一鼠种在不同地区或不同环境间的性比有差异. 如黑线仓鼠在我国东北为 1:1.33, 在华北为 1:0.9; 黑线姬鼠在农田为 1:1.1, 在室内为 1:1.33.

同一鼠种在年内季节间或年度间的性比有差异. 如浙江农田的黑线姬鼠从 1 月到 12 月的性比依次为 1:0.56, 1:1.09, 1:1.48, 1:1.39, 1:1.36, 1:1.11, 1:1.29, 1:0.85, 1:0.83, 1:0.97, 1:0.76, 1:0.62; 新疆塔河的小家鼠从 1971 年到 1980 年的性比依次为 1:1.03, 1:0.73, 1:0.66, 1:0.76, 1:0.73, 1:0.73, 1:0.79, 1:0.77, 1:0.95, 1:0.72.

同一鼠种的不同年龄组间的性比有差异. 如在贵州余庆, 黑线姬鼠的幼体为 1:0.67, 亚成体为 1:1.1, 成体 I 组为 1:1.06, 成体 II 组为 1:1.92, 老体组为 1:1.92.

1.2.3 种群的时间动态

季节性消长 季节性繁殖的动物, 如果一年只有一个繁殖季节, 种群的最高数量一般出现在繁殖季节之末. 以后繁殖停止, 种群数量只有因死亡而下降, 直到下一个繁殖季节开始, 这时数量最低. 如 1956 年小兴安岭采伐迹地的红背鼠䶄、棕背䶄和大林姬鼠都是这样 (图 1.1)(夏武平, 1964), 长爪沙鼠、布氏田鼠、高原鼠兔、黄兔尾鼠等也是这样 (海淑珍等, 2004). 如果一年中有两个繁殖季节, 种群数量的季节消长呈双峰型. 如贵州余庆的黑线姬鼠就是这样 (图 1.2)(杨再学等, 2007), 黄毛鼠、大足鼠等也具有类似的动态 (海淑珍等, 2004).

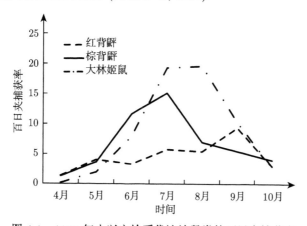

图 1.1 1956 年小兴安岭采伐迹地鼠类的百日夹捕获率

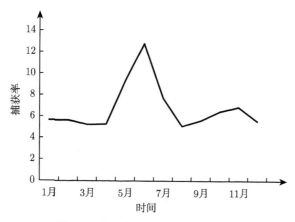

图 1.2 贵州余庆黑线姬鼠的捕获率

年度间动态 种群数量的年度间动态, 一般用年平均种群密度或同一季度的种群密度或同一月的种群密度进行比较, 也有使用一年当中种群密度最高月份的数据进行比较的. 年度间动态可分为稳定型、周期波动型和不规则波动型 3 类.

稳定型指种群密度年间变化不大或比较平稳. 如达乌尔黄鼠、三趾跳鼠、黑线毛足鼠、黄鼠、灰仓鼠、黄毛鼠等.

周期波动型指种群密度年度间变化剧烈, 有一定的周期性. 处于寒冷地区的旅鼠、野鼠 (图 1.3)(Turchin et al., 2000)、田鼠、棕背䶄(图 1.4)(Hansen et al., 1999) 常表现出周期性波动.

不规则波动型指种群密度年度间变化剧烈, 但没有周期性. 如新疆北部农区的小家鼠 (图 1.5)(陈化鹏和高中信, 1992)、长爪沙鼠、布氏田鼠、高原鼠兔、东方田鼠等.

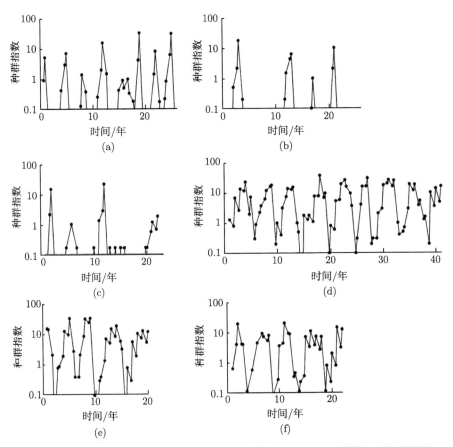

图 1.3 斯堪的纳维亚的旅鼠 (a), (b), (c) 和野鼠 (d), (e), (f) 种群动态的周期性

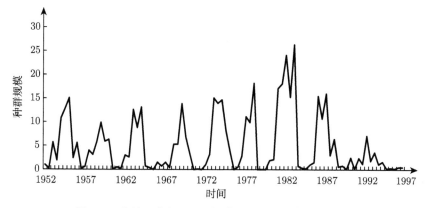

图 1.4　芬兰西北部 1952 年秋~1997 年春棕背鼠动态

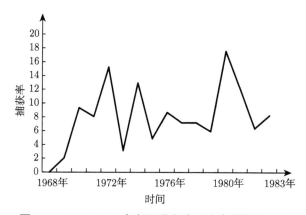

图 1.5　1968~1983 年新疆北部农区小家鼠的捕获率

种群调节　种群数量的变动是相互矛盾的两个过程——出生与死亡、迁入与迁出——相互作用的综合结果, 所有能影响出生率、死亡率、迁移率的因素都影响着种群数量动态. 种群数量变动的机制极其复杂, 生态学家提出了许多不同的假说来解释种群动态的机理. 有的强调外因, 如气候学派和生物学派; 有的强调内因, 如自动调节学派. 在这些大的学派中, 还有许多不同的学说, 如分别强调捕食、疾病、食物、内分泌调节、行为调节、遗传调节等的学说. 要真正掌握种群动态机制不是一件容易的事, 需要大量的、深入的研究.

1.2.4　种群的空间分布

种群分布格局, 即内分布型, 是指在特定时间内, 组成种群的个体在其生活空间中的位置状态. 按照种群中个体的聚集程度和方式, 种群分布格局一般分为随机型、均匀型和聚集型 3 种类型 (图 1.6). 在聚集型中, 根据群的分散方式, 又可以分为随机聚集型、均匀聚集型和成群聚集型.

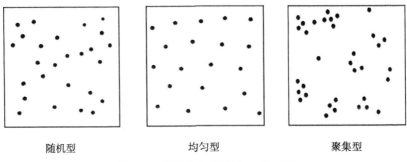

图 1.6　种群分布格局的 3 种类型

均匀分布指个体在领域内有规则的分布, 彼此保持着一定距离. 个体间竞争剧烈时容易产生均匀分布. 随机分布中每个个体在其生活空间中任何地方出现的机会是相等的, 并且某一个体的存在不影响其他个体的分布. 在环境资源分布均匀, 个体间没有彼此吸引和排斥的情况下, 才容易产生随机分布. 聚集分布最常见, 其形成原因是, 环境资源分布不均匀, 富饶与贫瘠相嵌, 或动物的社会行为使其结合成群, 或植物以母株为中心扩散等.

检验空间格局的方法很多, 最常用的指标是方差/平均数, 即 s^2/m, 其中

$$m = \frac{\sum\limits_{i=1}^{N} x_i}{N}, \quad s^2 = \frac{\sum\limits_{i=1}^{N} (x_i - m)^2}{N - 1}.$$

式中 N 为样本总数, x_i 为第 i 个样方中所含的个体数, $i = 1, 2, \cdots, N$. 当 $s^2/m = 1$ 时, 为随机分布; 当 $s^2/m < 1$ 时, 为均匀分布; 当 $s^2/m > 1$ 时, 为聚集分布.

东北鼢鼠在东北林区为均匀分布 (刘炳友等, 1997); 内蒙古东北部的达乌尔黄鼠属随机分布 (米景川和王成国, 1990); 腾格淖尔的大沙鼠 (赵天飙等, 1998)、山东棕色田鼠 (王增君等, 1998) 为聚集分布; 滇中农田卡氏小鼠为聚集分布, 聚集成个体群, 个体群呈聚集分布 (李顺德和普文林, 1999); 腾格淖尔的子午沙鼠在冬春季为均匀分布, 在夏秋季为聚集分布 (赵天飙等, 1998); 在准葛尔盆地, 随着种群密度的下降, 草原兔尾鼠的空间分布由均匀, 到随机, 到聚集 (张渝疆等, 2004); 布氏田鼠在繁殖初期为随机分布, 在其他时期为聚集分布 (房继明和孙儒泳, 1991).

1.3　种间关系

每个种群都生活于某个生态系统, 都在物质循环和能量流动中与生物环境和非生物环境相互联系, 相互依赖. (异种) 种群间的相互关系, 有的很不密切, 一个种群对另一个只产生很小的、间接的影响. 种群间的相互关系也可能很密切, 如寄生

物和宿主、捕食者和食饵都是一个种群直接作用于另一个种群. 种群间有的是对抗关系, 一个种群的个体直接杀死另一个种群的个体; 有的是互助关系, 两个种群的个体互为依赖而生存. 在这两类极端关系之间, 还有各种形式. 理论上讲, 任何种群对其他种群的影响只可能有三种形式, 即有利、有害或无利无害的中间态, 分别用 +、−、○ 表示, 表 1.4 列举了两种群之间相互作用的基本类型. 当然这种区分是表面的、形式上的, 往往两种群间的关系很复杂, 很难单纯地用利、害等特征来归纳. 在高寒草甸上, 高原鼠兔取食植被, 同时其挖掘洞穴时挖出的泥土形成土丘, 土丘覆盖了原有植被, 其上面没有植被生长. 这样高原鼠兔的洞口和土丘使植被生长面积减少, 从而使植被环境容纳量减少. 在植被较高的地方, 由于视野受限, 高原鼠兔不能及时发现天敌, 被捕食的比例增大, 或者为了逃避高的被捕食风险而迁移到其他地方. 在高寒草甸上, 往往在植被高的地方, 高原鼠兔少, 而在植被低矮的地方, 高原鼠兔则多.

表 1.4 两种群之间相互作用的基本类型

相互作用类型	种群 1	种群 2	相互作用的一般特征
中性作用	○	○	彼此不受影响
竞争: 直接干扰型	−	−	每一种群直接抑制另一个
竞争: 资源利用型	−	−	共同资源缺乏时间接抑制
偏害作用	−	○	种群 1 受抑制, 种群 2 无影响
寄生作用	+	−	种群 1 为寄生者, 通常较宿主 2 的个体小
捕食作用	+	−	种群 1 为捕食者, 通常较食饵 2 的个体大
偏利作用	+	○	种群 1 获利, 而种群 2 无影响
原始合作	+	+	相互作用对两种群都有利, 但不是必然的
互利共生	+	+	相互作用对两种群都必然有利

无疑, 鼠类也与其他种群紧密联系着. 草原上的鼠类与猛禽是食饵与捕食者的关系; 高寒草甸上的一些鸟类和蜥蜴与高原鼠兔共栖, 它们之间是偏利关系; 在内蒙古草原上, 长爪沙鼠与布氏田鼠共存, 它们之间是竞争关系.

1.4 鼠类的作用

健康的生态系统是稳定、具有活力和自调节能力的一个整体, 其生物群落在结构和功能上与理论描述相近. 系统为每一种植物、动物、微生物都准备了它们所需要的那份食物和生存空间. 任何一种植物、动物、微生物在系统中都有自己的位置, 必不可少且无可替代; 它们的存在不仅无害, 还有助于维持整个系统的健康发展. 生态系统是一个整体, 鼠类是其中的一个组分, 与其他生物和非生物因素相互联系、相互制约, 其作用也是多方面的.

鼠类以植物性食物为主, 并采食部分动物性食物, 因此, 鼠类在生态系统中既是初级消费者, 又是次级消费者. 同时, 各种小型食肉哺乳动物和猛禽又以鼠类为主要食物. 图 1.7 表示鼠类在草原生态系统中的地位. 鼠类参与着生态系统的能量流动和物质循环, 其数量的减少或增多, 必然影响整个食物网, 从而影响生态平衡. 如在沙漠生态系统中, 梅氏更格卢鼠的能流占净初级生产力的 6.1%(Soholt, 1973); 在我国青海高寒草甸和内蒙古典型草场, 鼠类的能流占 20% 以上 (周兴民和王启基, 1993).

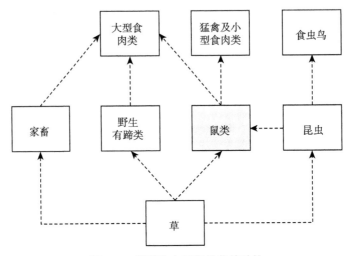

图 1.7 草原生态系统的营养结构

鼠类对植物适度的啃食不仅不会减少生产力, 反而会提高生产力. Spitz(1968) 发现 6 月份未收割的苜蓿, 有田鼠存在时的产量为 73g/m², 田鼠不存在时的产量为 41g/m²; 在 6 月份收割一次的情况下, 有田鼠啃食的苜蓿生产量与无田鼠啃食的生产量大致一样. 鼠类的选择性取食还会影响植物群落组分、物种多样性、群落盖度和高度等. 如适量的高原鼢鼠能优化高寒草甸植物的组分 (王权业等, 2000); 当高原鼢鼠鼠丘面积占草地面积的 15% 时, 植物群落物种数最大, 物种多样性最丰富 (宗文杰等, 2006).

很多鼠类穴居, 其频繁的挖掘活动可使下层土壤翻至地表, 在洞穴周围逐渐堆积成土丘. 这种特殊的土壤镶嵌体不仅改变小生境土层养分的分布格局, 也改变土壤通透性和接纳水分的效能, 从而增加土壤表层的空间异质性, 有利于保育植物的种类多样性 (钟文勤, 2008), 有利于地表枯枝落叶的分解等.

在一些地方, 特别是在草原上, 有些鸟类、小哺乳动物、两栖爬行动物、昆虫等栖息在鼠洞中 (Davidson et al., 2012; 刘汉武等, 2013). 营巢于鼠洞中的鸟类有雪雀属、鸥属、褐背地鸦、角百灵、赭红尾鸲 (高中信等, 1965; 张晓爱, 1982; Smith et al., 1990; Lai and Smith, 2003). 有些鼠类, 如波斯沙鼠、利比亚沙鼠、大沙鼠、髯丽丽仓鼠、灰仓鼠、白牙地鼠、地松鼠、长爪沙鼠、三种跳鼠、仓鼠、田鼠等 (Smith et al., 1990) 也利用其他鼠类的洞穴. 蜥蜴、多种蜘蛛、白条锦蛇、花背蟾蜍、高原林蛙等多利用鼠洞作为它们的微生境 (Smith and Foggin, 1999; 钟文勤, 2008; Qi et al., 2011). 沈孝宙等 (1962) 观察到高山草原的昆虫也以鼠洞做隐蔽场所. 有关研究也证实了鼠类的存在对其他生物的积极作用. 在高原鼠兔洞穴营巢鸟类的窝卵数、出雏数、成活幼鸟数、孵化率和幼鸟体重指数都是最高的, 雏期也最长 (张晓爱, 1982; Zeng and Lu, 2009). 调查统计表明, 鼠兔多的地方, 鸟类的种类和数量也多 (马鸣和阿布里米提, 1995; Lai and Smith, 2003; Arthur et al., 2008; 米玛旺堆等, 2008). 鼠洞能使节肢动物的总体多样性和丰富度增加 2~3 倍 (Davidson et al., 2012).

鼠类在取食过程中经常将种子贮存在洞穴或掩埋在地下, 在适宜生境下, 这些种子就会萌发, 从而完成种群补充和扩散. Griffin(1971) 认为美国加州栎树的坚果很难在地表自然萌发, 鼠类的挖埋活动对这些树种更新起着关键作用. 松鼠对红松种子的分散贮藏能有效地保存许多种子至萌发 (Miyaki, 1987). 有些植物的果实内含有一粒或几粒种子, 当鼠类取食这些果实时, 其消化道通常不能消化这些种子, 最后这些种子随粪便排出, 从而对这些种子起到传播扩散的作用. 有些植物, 如苍耳、鬼针草、龙芽草、牛膝等, 它们的种子具毛、刺、钩、针等结构或粘液, 当鼠类粘附到这些种子后, 也会传播扩散这些种子 (程瑾瑞和张知彬, 2005). 鼠类储存的食物中, 一部分会被其他动物所掠夺, 使它们能够存活下去, 如高原鼢鼠就是这样 (王宏生等, 2015).

有些鼠类可以被利用, 具有很高的经济价值 (郭永旺和施大钊, 2012). 旱獭、麝鼠、松鼠、毛丝鼠、鼯鼠等是重要的毛皮兽; 花鼠、麝鼠、毛丝鼠等可供观赏; 大鼠、小鼠、大白鼠、小白鼠、豚鼠等用于科学实验; 鼹鼠、鼯鼠、松鼠、竹鼠等可入药; 有的鼠类可食用.

1.5　鼠　　害

在自然生态系统中, 只要鼠类数量维持在较低水平, 不仅不会对人类造成危害, 还有助于生态系统的健康发展. 然而在自然变异过程和人类不合理活动的影响下, 系统的平衡被打破, 鼠类有可能偏离它原来的轨迹, 发生种群数量的爆发, 对人类的利益产生负面作用, 从而变成害鼠. 害鼠在农业、林业、牧业、工业、基础设施、人类健康等方面造成很大危害.

鼠害是农业生产的重要灾害, 鼠类为杂食性动物, 农作物从种到收的全过程以及农产品贮存过程中都可能遭受其害. 有的专吃种子和青苗, 有的以植物的根、茎为食. 主要农业害鼠有 80 余种, 如黑线姬鼠、黄毛鼠、黑线仓鼠、大仓鼠、鼢鼠、沙鼠、达乌尔黄鼠、花鼠、板齿鼠、褐家鼠、黄胸鼠、小家鼠等. 我国年均发生鼠害面积约 4000 万公顷; 涉及农户近 1.2 亿户; 粮食损失超过 100 亿公斤, 棉花 100 万担, 甘蔗约 5000 万公斤, 加上其他经济作物, 年经济损失 80 亿元~100 亿元. 水稻、玉米、豆类、小麦、蔬菜等多种农作物不同程度地遭受鼠害, 农作物受害后一般减产 3%, 重者减产 5%~10%, 局部地区达 30%以上, 平均每个农户 10~30 公斤 (施大钊和郭永旺, 2008). 世界粮农组织调查, 全球每年因鼠类损失贮粮 3300 万吨, 因鼠害减产 5000 万吨, 足可供 3 亿人吃 1 年.

林业上, 害鼠主要食害树种, 啃咬成树、幼树苗, 伤害苗木的根系, 盗食森林的种子, 从而影响植物固沙、森林更新和绿化环境. 主要林业害鼠有 40 余种, 如岩松鼠、灰鼠、花鼠、棕背鮃、红背鮃、鼢鼠、沙鼠、跳鼠、社鼠、田鼠、姬鼠、家鼠等. 2017 年我国林业鼠 (兔) 害面积 193.49 万公顷 (中华人民共和国生态环境部, 2018).

牧业上, 害鼠大量啃食牧草, 造成草场退化、载畜量下降、草场面积缩小; 沙质土壤地区常因植被被鼠类破坏造成土壤沙化; 鼠类的挖掘活动还会加速土壤风蚀, 严重影响牧业的发展和草原建设的进行. 草地鼠害是制约畜牧业发展的重要因素之一. 主要草地害鼠有布氏田鼠、高原鼢鼠、高原鼠兔、大沙鼠、黄鼠等不到 10 种, 但数量惊人. 近年来, 全国草原鼠害年均发生面积 3400 万公顷, 严重危害面积 2000 万公顷. 鼠害造成的经济损失和生态破坏严重, 仅草地鼠害造成的直接经济损失达 3 亿元, 间接经济损失高达 32 亿元 (施大钊和郭永旺, 2008). 2017 年, 全国草原鼠害危害面积 2844.7 万公顷, 占草原总面积的 7.2%(中华人民共和国生态环境部, 2018).

鼠类有终生生长的门齿, 具有很强的咬切力, 对建筑物和一些设施造成很大危害. 鼠类在堤坝上打洞可引起水灾; 啃咬电线电缆可引起停电、火灾、通信中断等; 鼠类还啃咬家具、衣物等生活用品; 通过啃咬损坏商品或通过粪便污染商品.

鼠类还是流行性传染病的宿主, 直接威胁着人类健康和畜牧业的安全. 鼠疫、钩端螺旋体病、流行性出血热、斑诊伤寒、恙虫病、血吸虫病、旋毛虫病、沙门氏菌类病等 30 多种流行性疾病与鼠类有关, 我国有 70 余种啮齿动物和人类的传染病有关.

1.6 鼠害防治措施

人们一直探索着对害鼠的防治, 以减少损失. 从效果上看, 鼠害防治措施有灭杀控制、不育控制、生态控制、驱避、天敌控制、疾病控制等. 由于害鼠种类和环境的多样性, 任何一种方法都不是万能的, 不同的控制方法有不同的特点. 要根据害鼠的生活习性、栖息环境、控制时间等选择适合的方法, 通常将几种方法联合使用会有更好的控制效果.

灭杀控制 通过灭鼠剂、生物毒素、物理器械等直接杀死害鼠, 其作用是增加种群的死亡率. 常见的急性灭鼠剂有磷化锌、氟乙酰胺、氟乙酸钠、甘氟、安妥等. 初次使用急性灭鼠剂效果极佳, 但连续使用效果每况愈下, 会导致鼠类拒食、耐药性与适应性的产生, 还会造成环境污染, 产生二次中毒等. 后来又发展了抗凝血灭鼠剂, 如杀鼠灵、杀鼠迷、杀鼠酮、氯敌鼠、敌鼠钠盐、溴敌隆、大隆等. 抗凝血灭鼠剂作用缓慢、症状轻、不会引起鼠类拒食, 其效果优于急性灭鼠剂 (张宏利等, 2004). 利用动物、植物、微生物产生的生物毒素也可以进行灭鼠, 这些生化物质多为几种特有氨基酸组成的蛋白质单体或聚合体, 如 C 型肉毒梭菌毒素、D 型肉毒梭菌毒素 (隋晶晶等, 2006). 多种植物也具有杀鼠活性, 如白头翁、曼陀罗、苦参、狼毒、草乌、黄花蒿、接骨木、铁棒锤等, 都可以用来杀死害鼠. 一些物理器械, 如鼠铗、鼠笼、电猫等 (张宏利等, 2004), 也常用来灭鼠.

不育控制 借助某种技术或方法使雄性或 (和) 雌性绝育, 或阻碍胚胎着床发育, 甚至阻断幼体生长发育, 以降低生育率, 从而控制种群的增长 (张知彬, 1995), 其作用是降低种群的出生率. 不育控制可分为非自传播不育控制和自传播不育控制两种, 目前使用的主要是非自传播不育控制.

生态控制 采用生态措施恶化鼠类生存条件, 以控制鼠类数量 (周俗, 2006), 其作用是减小害鼠种群的环境容纳量. 如在草地上进行生态移民、以草定畜、围栏封育、轮牧、补播、耕翻、灌溉、施肥、建立人工草地、防止滥垦等 (周延林, 2000; 钟文勤和樊乃昌, 2002) 都是生态控制方法. 它们的作用都是恢复退化的草地, 使植被长高长密, 从而不利于害鼠生存.

驱避 利用驱避剂、能发出特殊气味的植物、能发出特殊声光的电子设备, 使害鼠远离, 这种方法不杀死害鼠, 只是让害鼠迁出治理的区域, 其作用是增加迁出率. 具有驱鼠作用的植物有紫苏、接骨木、稠李、柠条、缬草等 (张宏利等, 2004).

天敌控制 通过释放、招引、保护害鼠的天敌, 使天敌数量增多, 利用捕食关系来控制害鼠. 鼠类天敌种类繁多, 其中猛禽类、小型猫科动物和鼬科动物是最重要的天敌类群. 如狼、赤狐、黄鼬、香鼬、艾虎、紫貂、狗獾、蛇、猫头鹰、雕、鸢、白尾鹞、红隼、短耳鸮等, 它们有的以食鼠为主, 有的兼食鼠类. 这就需要人们积极保护这些天敌资源和改善其栖息环境, 为其生存、繁衍创造有利条件.

疾病控制 利用对鼠类有致病力的微生物, 造成鼠体感染, 并在害鼠种群内流行, 使害鼠通过得病而大量死亡. 使用最多的病原微生物是沙门氏菌属中的细菌, 其次是某些病毒 (杨学军等, 2003).

综合控制 在国际上有一种控制有害生物的思想, 即有害生物综合管理 (Integrated Pest Management, IPM). 它的显著特点是强调有害生物与环境的整体性, 突出无公害技术和持续的整体生态效益目标. 以 IPM 为基础, 后来又发展了以生态为基础的害鼠管理思想 (Ecologically-Based Rodent Management, EBRM), 其目标是依据合理的生态系统和有助于限制害鼠数量的生态因子来控制目标生物种群 (Ramsey and Wilson, 2000). 目前, 我国还主要通过化学灭鼠剂对害鼠进行控制, 无论是 IPM 思想, 还是 EBRM 思想, 都很难大范围长时间用于害鼠控制实践.

第 2 章　不　育　控　制

2.1　不育控制机理

鼠类的成功繁殖有一个从配子形成、交配、孕育、生产到抚育幼仔的漫长过程,这一过程的任一环节受到破坏都会导致繁殖失败. 不育控制指的是对繁殖过程进行破坏, 即借助某种技术或方法使雄性或 (和) 雌性绝育, 或阻碍胚胎着床发育, 甚至阻断幼体生长发育, 以降低生育率 (张知彬, 1995). 不育控制实际上是降低种群的出生率, 从而控制种群增长. 通常情况下, 不育雄性个体仍然能像正常雄性个体一样进行交配, 并且保持原有的社会等级; 雌性在与不育雄性交配之后就减少了与可育雄性交配的机会. 所以, 由于不育雄性的存在, 正常雌性也可能不能进行繁殖,这就是竞争性繁殖干扰. 竞争性繁殖干扰使种群内参与有效繁殖的个体数减少, 进一步降低种群的出生率, 延缓种群的恢复. 不育个体除不再生殖外, 还继续占有巢域, 消耗资源, 保持社群紧张, 能够抑制种群快速恢复.

有非自传播和自传播 (免疫不育) 两种不育控制. 非自传播不育控制往往通过不育剂来实现, 害鼠取食含有不育剂的饵料后导致不育, 有的不育剂只使雌性不育,有的只使雄性不育, 有的可以使两性都不育. 也可以通过结扎输卵管或输精管导致不育, 这种方法通常用于实验动物或大型动物. 不育个体不能导致其他个体不育, 随着外科手术的结束、或不育剂的失效, 不会再产生新的不育个体; 随着不育个体生育能力的恢复或死亡, 在种群中不育个体逐渐减少. 自传播不育控制是在害鼠种群中散布带有不育疫苗的病毒, 当害鼠感染病毒后, 其中的不育疫苗在害鼠体内导致免疫反应, 破坏生殖系统, 使得害鼠不育. 不育的害鼠能将病毒直接或间接传染给其他个体, 使其他个体感染并不育. 这种自传播方式下, 病毒在害鼠种群中可以存在很长时间或者长期存在, 不育的害鼠个体不断产生. 由于一些关键问题没能解决,目前使用的主要是非自传播不育控制.

不育控制的概念最早由 Knipling(1959) 在 20 世纪 50 年代末提出, Davis(1961)和 Wetherbee(1966) 较早地开展了应用不育剂控制褐家鼠的研究. 直到 20 世纪 70年代中期, 化学不育剂曾是研究的热点, 随后由于人们认识的不足, 不育控制的研究基本上处于停滞状态. 20 世纪 80 年代中期以来, 对不育剂的研究又活跃起来,两种不育剂 Epibloc 和 Glyzophro 已经商品化, 在美国、加拿大、澳大利亚、印度等国家已广泛用于野鼠的控制 (Zhu and Zhang, 1988).

有关害鼠不育控制的研究, 主要集中于室内药理药效实验, 野外控制实验和利用数学模型对控制下害鼠种群的动态进行理论分析等三个方面. 涉及的鼠类有重要的害鼠和实验用鼠, 如布氏田鼠、长爪沙鼠、高原鼠兔、棕背䶄、褐家鼠、子午沙鼠、大仓鼠、朝鲜姬鼠、黑线毛足鼠、甘肃鼢鼠、黑线姬鼠、金毛地鼠、金黄地鼠、灰仓鼠、棕色田鼠、大鼠、小鼠等. 在关于人类避孕的研究中, 人们对很多不育物质有了认识, 也积累了大量研究经验. 人和鼠类都是哺乳动物, 很自然地, 人们以人用不育物质为基础尝试对害鼠进行不育控制. 涉及的不育剂有贝奥不育剂 (雷公藤多甙)、棉酚、α-氯代醇、环丙醇类衍生物、油茶皂素、更昔洛韦、M001 雄性不育灭鼠剂 (膦氧氮丙啶)、芸香、MSP-1(醇类雄性不育剂)、甲基炔诺酮 (18-甲)、左炔诺孕酮、蓖麻油、天花粉、YY 不育剂、秋水仙素、丝裂霉素 C、长春新碱、蓖麻提取物、MG 复合不育剂 (一种类激素和棉酚混合而成)、第 2 代 MG 鼠类不育灵颗粒剂、左炔诺孕酮–炔雌醚复合剂 (EP-1, 复方 18-甲)、莪术醇、印楝油、生物不育灭鼠剂、鼠克星、"栓绝命" 灭鼠剂、人用避孕药等. 根据中华人民共和国国家知识产权局网站资料, 我国已经有多种鼠类不育剂申请了专利 (表 2.1).

表 2.1 鼠类不育剂专利

专利名称	有效成分
雄性不育灭鼠剂及其制备方法	棉酚、雷公藤内酯
鼠用植物性复合不育剂	醋酸棉酚、天花粉、莪术
鼠类不育剂及其制备方法	环丙醇类衍生物
一种鼠不育药物及其制备方法	蓖麻油
以更昔洛韦用于灭鼠的雄性不育灭鼠剂及其配方	更昔洛韦
一种雄性不育灭鼠剂及其制备方法	雷公藤多甙
哺乳动物雄性不育剂	炔雌醚
一种鼠类不育颗粒药饵及其制备方法	—
一种鼠用不育剂	脂族醇衍生物、天花粉
含有雷公藤甲素的不育灭鼠剂及其制备方法	雷公藤多甙
一种雌性化学不育的灭鼠饵料	卡麦角林
一种控制雌性害鼠不育的饵料	米非司酮
一种抑制两性繁殖的鼠类不育剂饵料	尼尔雌醇
以膦氧氮丙啶用于灭鼠的抗生育灭鼠剂及其配方	膦氧氮丙啶
一种用于鼠害防治的茶皂素不育剂的制备方法	茶皂素
一种抗生育灭鼠剂	苦楝油
一种可抑制鼠类繁殖的药饵及其制备方法	去氧孕烯、炔雌醇
薄荷油抗布氏田鼠生育的新方法	薄荷油
一种植物源鼠类复合不育剂的制备方法	紫草素、炔雌醚
一种防治鼠害的药物组合物及其制备方法	棉酚、蓖麻凝集素

2.2 不育剂室内药效实验

在使用不育剂控制害鼠之前, 要了解不育剂对害鼠有什么影响, 这主要通过室内实验来完成. 室内实验主要测试不育剂的适口性、半不育剂量、毒性、不育效果、实验动物的生理变化和行为变化等内容. 不同的不育剂可能有不同的作用机理, 加之不同鼠种之间也存在差异, 因此不同的不育剂和不同的鼠种要一一配对进行测试. 在我国, 多种可能的不育剂与多种鼠配对进行了测试 (表 2.2).

表 2.2 不育剂的室内实验结果

不育剂	鼠种	不育作用	对行为的影响	致死性	参考文献
贝奥	小鼠	有	行动迟缓	有	冀仲义等, 2004; 蒋永利等, 2006
贝奥	金毛地鼠	有	—	—	蒋永利等, 2006
贝奥	金黄地鼠	有	—	—	尤德康等, 2006
贝奥	布氏田鼠	有	交配正常	无	李季萌等, 2009
贝奥	长爪沙鼠	有	—	有	霍秀芳等, 2006
EP-1	长爪沙鼠	有	行动缓慢, 雌性间撕咬增多	有	霍秀芳等, 2006; 梁红春等, 2006
EP-1	布氏田鼠	有	—	无	张知彬等, 2004
EP-1	灰仓鼠	有	—	无	张知彬等, 2004
EP-1	子午沙鼠	有	—	有	张知彬等, 2004
EP-1	小鼠	有	—	有	张显理等, 2005a
EP-1	大仓鼠	有	—	—	张知彬等, 2006
EP-1	东方田鼠	有, 可逆	攻击性增加	有	杨玉超等, 2012; 周训军等, 2015
EP-1	大林姬鼠	有	—	—	舒东辉等, 2012a
EP-1	棕背	有	—	—	舒东辉等, 2012a
EP-1	棕色田鼠	有	无影响	有	陈晓宁等, 2015
EP-1	中华姬鼠	有	无影响	无	陈晓宁等, 2016; 陈雅娟, 2015
EP-1	黑线姬鼠	有	无影响	无	陈晓宁等, 2016; 陈雅娟, 2015
甲基炔诺酮	小鼠	有	—	有	张显理等, 2005a
α-氯代醇	大仓鼠	有	—	有	张知彬等, 1997b
α-氯代醇	大鼠	有	—	有	张知彬等, 1997a; 王君, 2010
α-氯代醇	高原鼠兔	有	—	—	吴宥析等, 2010
α-氯代醇	布氏田鼠	有	无影响	有	周月等, 2009
鼠克星	布氏田鼠	有	无影响	—	付昱等, 2006
环丙醇类衍生物	褐家鼠	有	无影响	—	陈东平等, 2004; 王酉之等, 2006

续表

不育剂	鼠种	不育作用	对行为的影响	致死性	参考文献
秋水仙素	小鼠	有	—	—	彭惠民等, 1995
丝裂霉素 C	小鼠	有	—	—	彭惠民等, 1995
秋水仙素和丝裂霉素 C	小鼠	有	—	—	彭惠民等, 1995
长春新碱和丝裂霉素 C	小鼠	有	—	—	彭惠民等, 1995
抗凝血类化合物	高原鼠兔	有	攻击行为变化	—	魏万红等, 1999b
人用避孕药	高原鼠兔	有	攻击行为变化	—	魏万红等, 1999b
油茶皂素	小鼠	有	—	—	陈剑锋等, 2006
生物不育灭鼠剂	小鼠	有	—	有	马玉林等, 2008
左炔诺孕酮	大鼠	无	—	—	陈长安, 2004
YY 不育剂	大鼠	无	—	—	陈长安, 2004
更昔洛韦	小鼠	有	无影响	—	张子伯, 2006
棉酚	小鼠	有	—	—	陈荣海等, 1990
棉酚	布氏田鼠	有	行动迟缓	有	李根等, 2009
天花粉	小鼠	有	—	—	陈荣海等, 1990
—	高原鼠兔	有	—	有	魏万红等, 1999a
棉酚和天花粉	朝鲜姬鼠	有	—	—	张春美等, 1994
棉酚和天花粉	棕背䶄	有	—	—	张春美等, 1994
蓖麻油	小鼠	有	—	有	张小雪, 2007
M001 雄性不育灭鼠剂	小鼠	有	—	—	刘巍, 2006
芸香	小鼠	有	—	—	王宗霞, 2010
"栓绝命" 灭鼠剂	小鼠	有	—	有	连耀林等, 2006
"栓绝命" 灭鼠剂	大鼠	有	—	有	连耀林等, 2006
莪术葡萄糖注射液	棕色田鼠	有	有较多攻击行为	—	何凤琴和王波, 2010
0.2%莪术醇	布氏田鼠	有	无影响	—	蒋永恩, 2011
MSP-1	高原鼠兔	有	—	—	吴宥析, 2010
印楝油	小鼠	有	—	—	扬帆, 2010; 石东霞等, 2012
印楝油	高原鼠兔	有	—	—	龙兴发等, 2011; 石东霞等, 2011
苯并咪唑	大鼠	有	交配增加	—	于功昌等, 2012
米非司酮	小鼠	有, 可逆	—	—	黄小丽等, 2013; 秦姣等, 2011
卡麦角林	小鼠	有	—	—	苏欠欠, 2013
卡麦角林	黄毛鼠	有	对异性友好	—	秦姣, 2015
紫草素	昆明鼠	有	—	—	Fu 等, 2016
紫草素	小白鼠	有	—	—	包达尔罕, 2016; 包达尔罕等, 2016
紫草素和炔雌醚	子午沙鼠	有	—	—	包达尔罕, 2016
炔雌醚	长爪沙鼠	有, 可逆	—	—	沈伟等, 2011; Lv 和 Shi, 2011
炔雌醚	布氏田鼠	有	—	—	王涛涛, 2015
炔雌醚	小鼠	有	—	—	马佳依等, 2018
薄荷油	布氏田鼠	有	—	—	张兴利等, 2017

除了左炔诺孕酮对大鼠没有不育作用外 (陈长安, 2004), 其他被测试的不育剂

对相应的鼠类都有不育作用. 有些不育剂对鼠类的行为没有影响, 有些有影响. 不育剂如果不影响害鼠的行为, 那么不育雄性的竞争性繁殖干扰作用可以使害鼠种群进一步受到抑制, 达到更好的控制效果. 实验中有些不育剂对一些鼠类的行为有影响, 不育鼠行动迟缓, 攻击性改变等, 这在一定程度上会影响竞争性繁殖干扰的作用. 有些不育剂在达到一定剂量后对一些鼠类有致死作用, 即不育剂有不育和灭杀双重作用. 张知彬 (1995) 认为同时进行不育和灭杀会有更好的控制效果, Liu 等 (2012a) 利用数学模型也证实了这一结论, 所以有致死作用的不育剂更理想. 实验中观察到了不育个体的复孕现象, 这说明一些不育剂对一些害鼠是短效的, 这对害鼠的控制是不利的, 在实际控制时, 要特别注意这种现象. 对短效不育剂, 要减小控制间隔, 以达到最好的控制效果. 在实验中还观察到雌鼠孕期延长的现象, 这对害鼠的控制是有利的. 不育剂对鼠类的不育作用和致死作用与不育剂的摄入剂量紧密相关, 一般情况下, 不育剂的摄入量越多, 不育的效果越好, 致死率也越大. 所以, 在利用不育剂控制害鼠之前要认真地进行室内实验, 找到适宜的摄入剂量, 以达到理想的控制效果.

2.3　野外控制实验

野外实验主要实地考察不育控制下害鼠种群变化的规律, 多种不育剂在多种生境中针对多种害鼠进行了控制实验 (表 2.3). 只有醋酸棉酚在草地上对鼢鼠的控制没有明显效果, 其他实验都有较好的控制效果. 实验中还观察到环丙醇类衍生物对褐家鼠, Ep-1 对长爪沙鼠, 一种复合不育剂对高原鼠兔, 甲基炔诺酮对甘肃鼢鼠, 炔雌醚对长爪沙鼠, "栓绝命" 灭鼠剂对褐家鼠等有致死作用. 使用环丙醇类衍生物控制褐家鼠, 使用贝奥和 EP-1 控制布氏田鼠等都证实竞争性繁殖干扰现象的存在. 有的不育剂导致的不育可恢复. 不育控制下, 可能会改变鼠类的群落结构. 由于鼠类有一定的巢区, 同时也有迁移习性, 不育控制的面积不宜太小, 否则会影响控制效果 (庄凯勋等, 2001).

表 2.3　不育剂的野外控制实验

不育剂	针对鼠种	生境	不育作用	其他影响	参考文献
更昔洛韦	—	农田	有	—	张子伯, 2006
更昔洛韦	—	农村	有	—	张子伯, 2006
环丙醇类衍生物	褐家鼠	岛屿	有	可致死	叶庆临等, 2003
环丙醇类衍生物	褐家鼠	养殖场	有	有竞争性繁殖干扰作用	杨学荣等, 2004
棉酚和天花粉	—	林地	有	—	庄凯勋等, 2001
棉酚、天花粉和莪术粉	—	林地	有	—	张春美等, 1999
醋酸棉酚	—	草地	不明显	—	颜显明等, 1990

不育剂	针对鼠种	生境	不育作用	其他影响	参考文献
贝奥	—	农村	有	改变鼠类群落结构	孙红专等，2006
贝奥	—	居民区	有	—	陈继平等，2006
贝奥	莫氏田鼠	林地	有	—	张军生等，2008
贝奥	棕背䶄	林地	有	—	尤德康等，2010
贝奥	大沙鼠	林地	有	—	尤德康等，2010
贝奥	布氏田鼠	草地	有	有竞争性繁殖干扰作用	郑普阳等，2017
Ep-1	黑线毛足鼠	草地	有	—	宛新荣等，2006
Ep-1	长爪沙鼠	农牧交错带	有	可致死	梁红春等，2006
Ep-1	长爪沙鼠	草地	有	—	付和平等，2011；阿娟等，2012
EP-1	大仓鼠	围栏	有	—	张知彬等，2005
EP-1	小毛足鼠	沙地	有	减少胎仔数	张文杰等，2014
EP-1	小毛足鼠	荒漠	有	减少胎仔数	韩艳静，2012；韩艳静等，2013
EP-1	子午沙鼠	荒漠	有	减少胎仔数，雄性可恢复	韩艳静，2012；韩艳静等，2013
EP-1	三趾跳鼠	荒漠	有	减少胎仔数，雄性可恢复	韩艳静，2012；韩艳静等，2013
EP-1	莫氏田鼠	草地	有	可恢复	邹永波等，2014
EP-1	黑线仓鼠	沙地	有	减少胎仔数	范尊龙等，2015
EP-1	黑线姬鼠	农田	有	—	陈雅娟，2015
EP-1	—	林地	有	—	舒东辉等，2012b
贝奥和 EP-1	布氏田鼠	围栏	有	有竞争性繁殖干扰作用	张亮亮等，2009
MG 复合不育剂	棕背䶄	林地	有	—	杨春文等，2002
第 2 代 MG 鼠类不育灵颗粒剂	黑线姬鼠	林地	有	—	孙成明等，2009
第 2 代 MG 鼠类不育灵颗粒剂	棕背䶄	林地	有	—	孙成明等，2009
复合不育剂	高原鼠兔	草地	有	可致死	魏万红等，1999a
甲基炔诺酮	甘肃鼢鼠	草地	有	可致死	张显理等，2005b
生物不育灭鼠剂	—	农村	有	—	沈元等，2008
莪术醇	大仓鼠	农田	有	—	赵珺等，2010
莪术醇	黑线姬鼠	农田	有	—	赵珺等，2010
莪术醇	褐家鼠	农田	有	—	赵珺等，2010
莪术醇	—	林地	有	—	巨海兰等，2006
莪术醇	高原鼠兔	草地	有	—	李波等，2015
雷公藤和莪术醇	达乌尔黄鼠	草地	有	—	田葆萍等，2016
雷公藤甲素颗粒剂	长尾仓鼠	农田	有	—	杨新根等，2012

不育剂	针对鼠种	生境	不育作用	其他影响	参考文献
炔雌醚	高原鼠兔	草地	有	少攻击、高领域行为	Liu 等, 2012b; 李波等, 2015
炔雌醚	长爪沙鼠	农牧交错带	有	可致死	张金宝等, 2016
M001 雄性不育灭鼠剂	—	农田	有	—	刘巍, 2006
"栓绝命" 灭鼠剂	褐家鼠	农村	有	可致死	连耀林等, 2006
α-氯代醇	褐家鼠	工厂	有	—	王君等, 2010
GnRH	加里福尼亚地松鼠	公园	有	—	Nash 等, 2004

2.4 动态模型研究

动力学模型是生态学研究的一种重要方法, 通过对所建立的动力学模型进行理论分析和数值模拟, 可以分析不育控制下的种群动态、评价各参数的作用、比较不同控制策略的效果、预测害鼠种群发展趋势等. 本书余下的内容将主要介绍害鼠不育控制的动力学模型研究.

第3章　一般种群动态模型

3.1　Malthus 模型

英国人口学家 Malthus(1766∼1834) 根据百余年的人口统计资料, 于 1798 年提出了著名的 Malthus 人口模型. 记时刻 t 的人口总数为 $x(t)$, 假设单位时间内人口的净增长数与人口总数之比是常数 r, 则在 t 到 $t + \Delta t$ 这段时间内人口数量的变化为 $x(t + \Delta t) - x(t) = rx(t)\Delta t$, 两边同除 Δt, 并令 $\Delta t \rightarrow 0$ 得

$$\frac{\mathrm{d}x}{\mathrm{d}t} = rx, \tag{3.1}$$

这就是 Malthus 模型. 若 $t = t_0$ 时, $x(t) = x_0$, 则其解为 $x(t) = x_0 \mathrm{e}^{r(t-t_0)}$. 容易知道 Malthus 模型可能表现出三种不同的动力学行为

$$\lim_{t \to +\infty} x(t) = \begin{cases} 0, & r < 0, \\ x_0, & r = 0, \\ +\infty, & r > 0. \end{cases}$$

尽管该模型形式简单, 但能准确预测短期人口动态, 也是建立种群动态模型的基础.

3.2　Logistic 模型

Malthus 模型的一个重要特征是种群 (或人口) 按指数无限增长, 由于资源有限, 这显然不符合事实, 需要对其进行修正. 1838 年 Verhulst 建立了 Logistic 模型, 其能够反映资源的有限性.

假设环境能够容纳个体的最大规模为 K 个, K 称为**环境容纳量**. 因此, 每个个体平均所需要的资源为总资源的 $\dfrac{1}{K}$, 在 t 时刻 $x(t)$ 个个体共消耗了总资源的 $\dfrac{x(t)}{K}$, 剩余 $1 - \dfrac{x(t)}{K}$. 假设种群的相对增长率 $\dfrac{1}{x}\dfrac{\mathrm{d}x}{\mathrm{d}t}$ 与当时所剩余的资源成正比, 即 $\dfrac{1}{x}\dfrac{\mathrm{d}x}{\mathrm{d}t} = r\left(1 - \dfrac{x}{K}\right)$, 因此得到

$$\frac{\mathrm{d}x}{\mathrm{d}t} = rx\left(1 - \frac{x}{K}\right), \tag{3.2}$$

这就是 Logistic 模型, 其中 r 称为种群的**内禀增长率**.

Logistic 模型有两个平衡点 0 和 K. 在初始条件 $x(t_0) = x_0$ 下, 模型的解为 $x(t) = \dfrac{x_0 K e^{r(t-t_0)}}{K + x_0[e^{r(t-t_0)} - 1]}$, 容易知道当 $x_0 \neq 0$ 时, 有 $\lim\limits_{t \to +\infty} x(t) = K$. 因此, 平衡点 0 不稳定, K 全局渐近稳定.

3.3 一般的单种群模型

连续模型和离散模型 根据种群的特点和所考虑问题的需要, 所建立的模型可能是离散的, 也可能是连续的.

如果只考虑等间隔固定时刻的种群规模, 并用 x_n 表示第 n 个时间点处的种群规模, 一般有如下关系

$$x_{n+1} = f(n, x_n). \tag{3.3}$$

这是差分方程模型, 是一类常见的离散模型.

如果将种群规模 $x(t)$ 看成时间 t 的连续函数, 这时所建立的模型将是连续模型, 如微分方程模型、积分方程模型等, 模型 (3.1), (3.2) 都是连续模型. 一般的单种群常微分方程模型为

$$\frac{\mathrm{d}x}{\mathrm{d}t} = f(t, x). \tag{3.4}$$

自治与非自治模型 模型 (3.3), (3.4) 等号右端的函数称为增长函数, 如果增长函数中包含时间 n 或 t, 模型称为**非自治的**; 否则称为**自治的**.

确定性模型与随机模型 根据是否考虑随机因素, 模型可分为确定性模型和随机模型. 如果假设种群和环境的变化均服从确定性规律, 模型中的参数都是确定的, 不含随机项, 这样建立的模型为**确定性模型**. 如果考虑随机因素对模型参数的影响, 所建立的模型中含有随机项, 模型则为**随机模型**.

单种群模型的例子 根据种群的特点和所考虑问题的需要, 已经建立了很多单种群模型, 见表 3.1(唐三一和肖燕妮, 2008), 其中离散模型增长函数中的 x 为 x_n.

表 3.1 自治的连续和离散单种群模型

序号	模型名称	连续模型增长函数	离散模型增长函数
1	Malthus	rx	rx
2	Logistic	$rx\left(1 - \dfrac{x}{K}\right)$	$x\left[1 + r\left(1 - \dfrac{x}{K}\right)\right]$
3	Gompertz	$rx\left(1 - \ln\dfrac{x}{K}\right)$	$rx\left(1 - \ln\dfrac{x}{K}\right)$
4	Allee	$rx\left(1 - \dfrac{x}{K}\right)\left(1 - \dfrac{K_0}{x}\right)$	$x\exp\left[r\left(1 - \dfrac{x}{K}\right)\left(1 - \dfrac{K_0}{x}\right)\right]$

续表

序号	模型名称	连续模型增长函数	离散模型增长函数
5	Lastota-Wazewska	$-\alpha x + pe^{-qx}$	$\alpha x + pe^{-qx}$
6	Mackey-Glass	$-\alpha x + \dfrac{\beta}{1+x^p}$	$\alpha x + \dfrac{\beta}{1+x^p}$
7	Mackey-Glass	$-\alpha x + \dfrac{\beta x}{1+x^p}$	$\alpha x + \dfrac{\beta x}{1+x^p}$
8	Mackey-Glass	$\alpha - \dfrac{\beta x}{1+x^p}$	—
9	Food-limit	$rx\left(\dfrac{K-x}{K+rcx}\right)$	—
10	Ricker	$bxe^{-x} - \mathrm{d}x$	$x\exp\left[r\left(1-\dfrac{x}{K}\right)\right]$
11	Rosenzweig	$rx\left[1-\left(\dfrac{x}{K}\right)^q\right]$	—
12	Rosenzweig	$rx\left[\left(\dfrac{x}{K}\right)^{-q}-1\right]$	—
13	Beverton-Holt	$\dfrac{ax}{1+bx} - \mathrm{d}x$	$\dfrac{ax}{1+bx}$
14	Hassell	—	$\lambda x(1+ax)^{-b}$
15	Cui-Lawson	$\mu_c x\left(\dfrac{1-x/N_m}{1-x/N_m'}\right)$	—
16	Pennycuick	—	$\dfrac{(1+ae^b)x}{1+ae^{bx}}$
17	Smith	$\dfrac{rx}{1+(r-1)x^p}$	—
18	Utida	—	$x\left(\dfrac{1}{b+cx}-d\right)$
19	Nicholson	$-\alpha x + \beta xe^{-qx}$	$\alpha x + \beta xe^{-qx}$
20	Li	$x\left(r-\dfrac{Kx}{x+1}\right)$	—
21	Odum	$x(-d+bx-ax^2)$	$xe^{-r}(e^{1+\ln K})^{1-e^{-r}}$
22	Piank	$x\left[b+\dfrac{x(a-x)}{1+cx}\right]$	$\dfrac{K}{e^r}\left[\left(\dfrac{x}{K}\right)^{-q}+e^{-rq}-1\right]^{-\frac{1}{q}}$
23	Schoener	$rx\left(\dfrac{1}{x}-bx-c\right)$	$Ke^r\left[\left(\dfrac{x}{K}\right)^{-q}+e^{rq}-1\right]^{-\frac{1}{q}}$

主要研究内容   建立模型后, 需要对模型进行理论分析或数值模拟, 研究其动态. 以常微分方程模型为例, 主要研究如下内容.

(1) 随着时间的推移, 种群是持续生存还是走向灭绝? 持续生存意味着种群的上极限大于 0, 走向灭绝意味着种群的极限为 0.

(2) 模型的平衡态及其稳定性. 如果模型有稳定平衡点, 则只要初始值在其吸引域中, 种群最终都会趋向于这个平衡点; 如果模型有稳定周期解, 则只要初始值在其吸引域中, 种群最终都会进行周期变化.

(3) 研究模型参数对模型性态的影响, 从而得到对种群动态的影响.

3.4 具有年龄结构的单种群模型

种群中不同年龄个体的生育率、死亡率、迁出率、迁入率等都不尽相同, 因此, 年龄因素对种群动态有着重要影响. 在考虑年龄时, 通常有三种方式: 一是把年龄看成是连续分布的, 从而得到偏微分方程模型; 二是把年龄分成等间隔的小段, 从而得到矩阵模型; 三是根据需要将个体分为幼体、亚成体、成体、老体等, 从而得到具有阶段结构的连续或离散模型. 还有一种具有 size(尺度、大小等) 结构的模型, 与具有年龄结构的模型类似.

McKendrick-von Foerster 模型 假设年龄是连续分布的, 用 $x(a, t)$ 表示在时刻 t 年龄为 a 的个体数量. 经过 Δt 时间后, 存活个体年龄的增加量 $\Delta a = \Delta t$, 且有

$$x(a + \Delta a,\ t + \Delta t) = x(a,\ t) - \mu(a,\ t)x(a,\ t) + o(\Delta t)^2.$$

其中 $\mu(a, t)$ 表示在时刻 t 年龄为 a 的个体的死亡率. 应用 Taylor 级数将上式左端展开得

$$x(a + \Delta a,\ t + \Delta t) = x(a,\ t) + \frac{\partial x}{\partial a}\Delta t + \frac{\partial x}{\partial t}\Delta t + o(\Delta t)^2.$$

因此有

$$\frac{\partial x}{\partial a} + \frac{\partial x}{\partial t} = -\mu(a,\ t)x.$$

这就是 McKendrick-von Foerster 偏微分方程模型. 模型还有初始条件

$$x(a, 0) = x_0(a),$$

以及边界条件

$$x(0,\ t) = \int_0^A x(a,\ t)m(a,\ t)\mathrm{d}a,$$

其中, A 为最大可能年龄, $m(a, t)$ 为生育率函数.

Leslie 矩阵模型 将年龄分成等间隔的 s 个年龄类 $1, 2, 3, \cdots, s$, 其中年龄类 i 相当于年龄段 $[i-1, i)$, 记 $x_i(t)$ 为种群中在时刻 t 年龄为 i 的个体数量. 假设除了第 s 个年龄类外, 年龄类 i 在时间 t 存活到下一个年龄类的存活率为 p_i, 且 $0 < p_i \leqslant 1, i = 1, 2, 3, \cdots, s-1$, 则有

$$x_{i+1,t+1} = p_i x_{i,t}, \quad i = 1, 2, 3, \cdots, s-1. \tag{3.5}$$

用 $f_i \geqslant 0$ 表示年龄类 i 的生育率, 显然, 新出生的个体都属于年龄类 1, 因此有

$$x_{1,t+1} = f_1 x_{1,t} + f_2 x_{2,t} + \cdots + f_s x_{s,t}. \tag{3.6}$$

将 (3.5) 和 (3.6) 合在一起, 得到

$$\begin{bmatrix} x_{1,\,t+1} \\ x_{2,\,t+1} \\ x_{3,\,t+1} \\ \vdots \\ x_{s,\,t+1} \end{bmatrix} = \begin{bmatrix} f_1 & f_2 & f_3 & \cdots & f_{s-1} & f_s \\ p_1 & 0 & 0 & \cdots & 0 & 0 \\ 0 & p_2 & 0 & \cdots & 0 & 0 \\ \vdots & \vdots & \vdots & & \vdots & \vdots \\ 0 & 0 & 0 & \cdots & p_{s-1} & 0 \end{bmatrix} \begin{bmatrix} x_{1,\,t} \\ x_{2,\,t} \\ x_{3,\,t} \\ \vdots \\ x_{s,\,t} \end{bmatrix}.$$

这就是 Leslie 矩阵模型, 也可以写为

$$X_{t+1} = P X_t.$$

其中,

$$X_t = \begin{bmatrix} x_{1,\,t} \\ x_{2,\,t} \\ x_{3,\,t} \\ \vdots \\ x_{s,\,t} \end{bmatrix}, \quad P = \begin{bmatrix} f_1 & f_2 & f_3 & \cdots & f_{s-1} & f_s \\ p_1 & 0 & 0 & \cdots & 0 & 0 \\ 0 & p_2 & 0 & \cdots & 0 & 0 \\ \vdots & \vdots & \vdots & & \vdots & \vdots \\ 0 & 0 & 0 & \cdots & p_{s-1} & 0 \end{bmatrix}.$$

如果知道初始分布 X_0, 通过迭代容易得到

$$X_t = P^t X_0, \quad t = 1, 2, 3, \cdots.$$

阶段结构模型　将种群中个体分为幼年和成年, 只有成年个体具有生育能力, 并用 $x_J(t)$ 和 $x_A(t)$ 分别表示在时刻 t 幼年和成年个体的数量, 则可建立如下具有阶段结构的单种群模型

$$\begin{cases} x_J' = B(x_J + x_A)x_A - d x_J - a x_J, \\ x_A' = a x_J - d x_A. \end{cases}$$

其中, B 是满足一定条件的生育率函数, d 为所有个体的死亡率, a 为幼年到成年的转化率.

在类似的假设下, 也可以建立离散的差分方程模型.

3.5 具有性别结构的单种群模型

若种群动态满足 Logistic 模型, 设它的内禀增长率 r 等于出生率 b 减去死亡率 d, 总认为 $r > 0$, 环境容纳量用 K 表示, 种群在 t 时刻的密度为 $x(t)$, 则有

$$\frac{\mathrm{d}x}{\mathrm{d}t} = rx\left(1 - \frac{x}{K}\right).$$

其中, $r\left(1 - \dfrac{x}{K}\right)$ 表示种群的实际增长率, 由于种群是密度制约的, 当种群密度增大时, $r\left(1 - \dfrac{x}{K}\right)$ 减小, 这可能是由于出生率减小, 也可能是由于死亡率增加, 更可能是由于前面两种情况同时以不同程度发生. 将 $r\left(1 - \dfrac{x}{K}\right)$ 表示为 B 与 D 的差, 这里 B 和 D 分别为实际的出生率和死亡率, 即

$$\begin{cases} B - D = r\left(1 - \dfrac{x}{K}\right), \\ B = b - \dfrac{\varepsilon rx}{K}, \\ D = d + \dfrac{(1-\varepsilon)rx}{K}. \end{cases}$$

其中参数 ε 满足 $0 \leqslant \varepsilon \leqslant 1$, 这是因为当 $\varepsilon < 0$ 或 $\varepsilon > 1$ 时不符合实际. $\varepsilon=1$ 表示密度制约因素只作用于种群的实际出生率, $\varepsilon=0$ 表示密度制约因素只作用于种群的实际死亡率, $0 < \varepsilon < 1$ 表示密度制约因素既作用于种群的实际出生率又作用于实际死亡率, ε 越大密度制约因素对实际出生率 B 的影响越强.

用 $F(t)$, $M(t)$ 分别表示在时刻 t 雌性和雄性的数量, 假设雌性不会因为雄性的多少而不能生育, 假设新生个体的性比为 1:1. 可以建立如下模型

$$\begin{cases} F' = BF - DF, \\ M' = BF - DM. \end{cases}$$

变形后, 得

$$\begin{cases} F' = (b-d)F - \dfrac{r(F+M)F}{K}, \\ M' = bF - dM - \dfrac{r(F+M)}{K}[\varepsilon F + (1-\varepsilon)M]. \end{cases}$$

3.6 具有季节动态的单种群模型

由于生存环境的季节性变化, 很多种群的动态也具有季节性, 即周期性, 可以通过两种方式建立具有季节动态的种群模型. 一种方式是在已有的模型中将一些

参数改成周期函数. 如在 Logistic 模型 $\dfrac{\mathrm{d}x}{\mathrm{d}t} = rx\left(1 - \dfrac{x}{K}\right)$ 中, 可以将增长率 r 改为时间 t 的 1 周期函数 $r(t) \geqslant 0$, 得到模型

$$\frac{\mathrm{d}x}{\mathrm{d}t} = r(t)x\left(1 - \frac{x}{K}\right).$$

或者将 r 取成具体的周期函数, 比如 $r(t) = 5 + 3\sin\dfrac{t}{2\pi}$ 时, 得到模型

$$\frac{\mathrm{d}x}{\mathrm{d}t} = x\left(5 + 3\sin\frac{t}{2\pi}\right)\left(1 - \frac{x}{K}\right).$$

对参数 K 也可以同样处理, 或者同时将 r 和 K 这样处理.

建立具有季节动态种群模型的另一种方式是在一年的不同阶段用不同的子模型来描述种群动态, 各个子模型组合在一起后得到一个完整模型, 下面是一个例子 (刘汉武等, 2008a; Liu et al., 2017).

假设一年当中有生长季节和非生长季节, 生长季节长 T_1, 非生长季节长 T_2, 生长季节和非生长季节交替出现. 用 $x(t)$ 表示种群在时刻 t 的生物量 (或密度, 或数量), 研究从某个生长季节的开端开始, 记为时刻 0. 在生长季节生物量逐渐增加, 设其满足 Logistic 方程, 在非生长季节生物量由于死亡而减少, 设其满足 Malthus 方程, 即有

$$\begin{cases} x' = r_1 x\left(1 - \dfrac{x}{K}\right), & t \in [n(T_1 + T_2),\, n(T_1 + T_2) + T_1], \quad n = 0, 1, 2, \cdots, \\ x' = r_2 x, & t \in [n(T_1 + T_2) - T_2,\, n(T_1 + T_2)], \quad n = 1, 2, 3, \cdots, \end{cases} \tag{3.7}$$

其中, $r_1 > 0$, $r_2 < 0$ 是不同季节的种群增长率, K 是生长季节的环境容纳量.

设 $t=0$ 时, $x(t) = x_0$, 且 $0 < x_0 < K$, 记在时刻 $n(T_1 + T_2)$, $x(n(T_1 + T_2))=x_n$, $n = 0, 1, 2, \cdots$. 求解模型 (3.7), 得

$$x = \begin{cases} \dfrac{K}{1 + \dfrac{K - x_n}{x_n}\exp\{-r_1[t - n(T_1 + T_2)]\}}, \\ \quad t \in [n(T_1 + T_2),\, n(T_1 + T_2) + T_1], \quad n = 0, 1, 2, \cdots, \\ x(n(T_1 + T_2) - T_2)\exp\{r_2[t - n(T_1 + T_2) + T_2]\}, \\ \quad t \in [n(T_1 + T_2) - T_2,\, n(T_1 + T_2)], \quad n = 1, 2, 3, \cdots, \end{cases}$$

所以

$$x_{n+1} = \frac{K\exp(r_2 T_2)}{1 + \dfrac{K - x_n}{x_n}\exp(-r_1 T_1)}, \quad n = 0, 1, 2, \cdots. \tag{3.8}$$

由 $0 < x_0 < K$ 可以归纳地证明 $0 < x_{n-1} < K$. 记

$$R = \frac{K[\exp(r_2 T_2) - \exp(-r_1 T_1)]}{1 - \exp(-r_1 T_1)}.$$

注意到当 $x_n > R$, 即 $[1 - \exp(-r_1 T_1)]x_n > K\exp(r_2 T_2) - K\exp(-r_1 T_1)$ 时, 有

$$\begin{aligned}
\frac{x_{n+1}}{x_n} &= \frac{K\exp(r_2 T_2)}{x_n(1 - \exp(-r_1 T_1)) + K\exp(-r_1 T_1)} \\
&< \frac{K\exp(r_2 T_2)}{K\exp(r_2 T_2) - K\exp(-r_1 T_1) + K\exp(-r_1 T_1)} = 1.
\end{aligned}$$

可以用数学归纳法证明当 $x_0 > R$ 时, $\{x_n\}$ 递减. 类似可以证明当 $x_0 < R$ 时, $\{x_n\}$ 递增; 当 $x_0 = R$ 时, $x_n = R$. 也就是说 $\{x_n\}$ 单调, 再注意到 $\{x_n\}$ 有界, 可知 $\{x_n\}$ 总有极限. 在 (3.8) 式两边同时取极限, 可知当 $R > 0$ 时, 极限为 R; 当 $R \leqslant 0$ 时, 极限为 0.

所以可以得出结论: 种群将趋向于稳定的周期变化, $R > 0$ 时, 种群持续生存; $R \leqslant 0$ 时, 种群走向灭绝.

3.7 具有时滞的单种群模型

在生物的整个生活史中有很多生长发育阶段, 某一阶段末的数量可能不仅仅受当时数量的影响, 还可能受该阶段初数量的影响, 这样就会产生时滞. 比如, 如果一个种群是密度制约的, 并且密度制约作用在怀孕率上, 且孕期长为 τ, 则种群在 t 时刻的相对增长率 $\frac{1}{x}\frac{\mathrm{d}x}{\mathrm{d}t}$ 与 $t - \tau$ 时所剩余的资源成正比, 即 $\frac{1}{x}\frac{\mathrm{d}x}{\mathrm{d}t} = r\left[1 - \frac{x(t - \tau)}{K}\right]$, 或者

$$\frac{\mathrm{d}x}{\mathrm{d}t} = rx\left[1 - \frac{x(t - \tau)}{K}\right]. \tag{3.9}$$

这是具有**确定时滞**τ 的 Logistic 模型, 其初始条件为 $x(t) = x_0(t)$, $0 \leqslant t \leqslant \tau$, 其中 $x_0(t)$ 是连续函数, 且 $x_0(\tau) > 0$.

模型 (3.9) 有一个正平衡点 $x^* = K$, 其稳定的充要条件是其特征多项式 $\lambda\tau \mathrm{e}^{\lambda\tau} + r\tau = \mu\mathrm{e}^\mu + r\tau$ (记 $\mu = \lambda\tau$) 的根具有负实部. Wright(1961) 证明了当 $0 < r\tau < \frac{\pi}{2}$ 时, μ 从而 λ 具有负实部, 因此, 此时 $x^* = K$ 稳定.

如果 t 时刻种群的相对增长率 $\frac{1}{x}\frac{\mathrm{d}x}{\mathrm{d}t}$ 不仅与 $t - \tau$ 时刻的种群规模相关, 而且依赖于 t 时刻以前的整个历史时期的种群规模. 这时, 将得到一个具有**分布时滞**的动态模型

$$\frac{\mathrm{d}x(t)}{\mathrm{d}t} = x(t)\int_0^{+\infty} f(x(t - u))p(u)\mathrm{d}u.$$

这是一个微分积分方程, 其中, u 表示时滞, u 从 0 变化到 $+\infty$ 相当于从 t 时刻追溯到以前整个历史时期, 积分表示整个历史时期的种群动态对 t 时刻种群增长的影响. 由于不同时期的种群规模对 t 时刻种群增长的影响不尽相同, 在被积函数中乘了一个加权函数 $p(u)$, 满足 $\int_0^{+\infty} p(u)\mathrm{d}u = 1$, 称为方程的**核函数**.

3.8   具有脉冲效应的单种群模型

许多生物现象的发生以及人们对某些生物的管理并不是一个连续过程. 例如, 有些生物的繁殖并不是终年进行的, 新生个体的出生集中在一年当中的几天, 这可以看作新生个体在一个时间点突然出现. 又如, 往往通过毒杀对有害生物进行管理, 在几天内有害生物突然大量死亡. 再如, 在池塘中释放鱼苗, 在野外释放有害生物的天敌, 对一些生物定时收获等都使得生物数量在短时间内有较大的变化. 这些是所谓的脉冲现象, 相应地要用脉冲模型来描述这些动态过程. 常见的有固定时刻脉冲和状态依赖脉冲两种脉冲模型.

固定时刻脉冲微分方程模型   假设某种有害生物的动态满足 Logistic 模型, 每隔固定时间 T 对其进行一次灭杀控制, 灭杀率为 p, 则可以建立固定时刻脉冲灭杀控制下的 Logistic 模型

$$\begin{cases} x' = rx\left(1 - \dfrac{x}{K}\right), & t \neq nT, \\ x(nT^+) = (1-p)x(nT), & t = nT, \ n = 1, 2, 3, \cdots, \end{cases} \tag{3.10}$$

其中, $x(nT^+) = \lim\limits_{t \to (nT)^+} x(t)$, 模型 (3.10) 中第二个式子表示在时刻 nT, $n = 1, 2, 3, \cdots$, 有 p 比例的个体被杀死.

可以证明当 $p \geqslant 1 - \mathrm{e}^{-rT}$ 时, 模型 (3.10) 有全局渐近稳定的零解; 当 $p < 1 - \mathrm{e}^{-rT}$ 时, 模型 (3.10) 有全局渐近稳定的周期解 $x(t) = \dfrac{Kx_2^*}{x_2^* + (K - x_2^*)\mathrm{e}^{-r(t-nT)}}$, 其中 $x_2^* = \dfrac{(1 - \mathrm{e}^{-rT} - p)K}{1 - \mathrm{e}^{-rT}}$ (Liu et al., 2017).

状态依赖脉冲微分方程模型   此种模型的一般形式为

$$\begin{cases} x' = f(x), & x \notin E, \\ \Delta x(t) = I(x(t)), & x \in E. \end{cases} \tag{3.11}$$

其中, f, I 为已知的连续函数, $\Delta x(t)$ 表示 $x(t^+) - x(t^-)$. 模型 (3.11) 表示当在某时刻 t, $x(t)$ 的值落入集合 E 时, x 的值从 $x(t)$ 变为 $x(t) + I(x(t))$.

3.9 集合种群——Levins 模型

生境的破碎化使原来连续分布的种群以小型局域种群的集合分散生存, 集合种群指由局域种群通过某种程度的个体迁移而连接在一起的区域种群. 集合种群动力学是空间生态学的一个研究前沿. Hanski 等 (1995) 提出一个经典的集合种群要满足下列四个标准:

(1) 适宜的生境以离散斑块形式出现, 这些离散斑块可被局域种群占据;

(2) 即使是最大的局域种群也存在灭绝风险;

(3) 生境斑块不可以过于隔离而阻碍局域种群的重建;

(4) 各个局域种群的动态不完全同步.

满足这四条标准的典型集合种群的简单模型是 Levins(1969) 最先提出的. 假设有大量的离散生境斑块, 大小相同, 相互之间通过迁徙被程度相同地连接在一起. 生境斑块只分为被占领和未被占领, 局域种群的真实大小忽略不计. 假设所有局域种群有恒定的灭绝风险, 侵占率与当前被占领的板块比例 p, 以及当前未被占领的斑块比例 $1 - p$ 成正比. 这样, p 的变化率为

$$\frac{\mathrm{d}p}{\mathrm{d}t} = cp(1 - p) - ep.$$

其中 c, e 分别为侵占和灭绝参数. 该模型有一个全局稳定的正平衡点 $p^* = 1 - \dfrac{e}{c}$, 说明集合种群能否持续存活, 取决于斑块侵占速率参数 c 是否大于灭绝速率参数 e.

3.10 元胞自动机模型

元胞自动机 (Cellular Automata, CA, 也有人译为细胞自动机、点格自动机、分子自动机、单元自动机等) 是一时间、空间和状态都离散的动力系统. 散布在规则格网中的每一元胞遵循同样的作用规则作同步更新. 大量元胞通过简单的相互作用而构成动态系统的演化.

元胞又可称为细胞、单元或基元, 是元胞自动机最基本的组成部分. 元胞分布在离散的一维、二维或多维欧几里德空间的晶格点上. 元胞所分布的空间网点集合称为元胞空间. 在元胞上某个变量的取值称为元胞的状态, 所有可能取值的集合称为状态空间. 元胞上的变量通常为一个, 有时也可以是多个.

理论上, 元胞空间在各维向上是无限延展的, 这有利于理论上的推理和研究. 但是在实际应用过程中, 无法在计算机上实现这一理想条件, 因此, 需要定义不同的边界条件. 归纳起来, 边界条件主要有以下四种类型:

周期型: 指相对边界连接起来的元胞空间. 对于一维空间, 元胞空间表现为一个首尾相接的 "圈". 对于二维空间, 上下相接, 左右相连而形成一个拓扑圆环面, 形似车胎.

反射型: 指在边界外, 元胞的状态是以边界为轴的镜面反射.

定值型: 指所有边界外元胞均取某一固定常量.

随机型: 即在边界实时产生随机值.

需要指出的是, 这四种边界类型在实际应用中, 尤其是二维或更高维的情形, 可以相互结合. 如在二维空间中, 上下边界采用反射型, 左右边界采用周期型等.

在某个时刻, 元胞空间上所有元胞状态的空间分布称为配置, 在数学上, 配置可以表示为一个多维的矩阵.

元胞及元胞空间只表示了系统的静态成分, 为将 "动态" 引入系统, 需要加入演化规则. 在元胞自动机中, 这些规则是定义在空间局部范围内的, 即一个元胞下一时刻的状态决定于其本身状态和它的邻居元胞的状态. 因而, 在指定规则之前, 必须明确哪些元胞属于该元胞的邻居. 所谓某个元胞的邻居就是和该元胞一起决定该元胞在下一时刻状态的所有其他元胞. 图 3.1 中是二维元胞自动机邻居的几个例子 (以最常用的规则四方网格划分为例), 黑色元胞为中心元胞, 灰色元胞为其邻居. (a) 是 von Neumann 型 (四邻居), (b) 是 Moore 型 (八邻居), (c) 是扩展的 Moore 型 (二十四邻居), (d) 是 Margolus 型 (每次将一个 2×2 的元胞块做统一处理), 采用什么样的邻居策略是根据问题需要而定的.

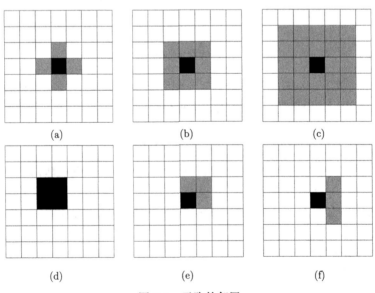

图 3.1 元胞的邻居

根据元胞及其邻居的当前状态确定下一时刻该元胞状态的动力学函数称为转移规则, 它是一个状态转移函数, 通常所有元胞遵循同一转移规则.

元胞自动机是一个动态系统, 它在时间维上的变化是离散的, 即时间 t 是整数值, 而且连续等间距, 一般时间间距取为 1. 在上述转移函数中, 一个元胞在 $t+1$ 时刻的状态只直接决定于 t 时刻该元胞及其邻居元胞的状态, 虽然, 在 $t-1$ 时刻更多元胞的状态间接 (时间上的滞后) 影响了该元胞在 $t+1$ 时刻的状态.

用数学符号来表示, 标准的元胞自动机是一个四元组 (Amoroso and Patt, 1972)

$$A(L,\ S,\ N,\ f).$$

这里 A 代表一个元胞自动机系统, L 表示元胞空间, S 是元胞的状态空间, N 表示一个所有邻居元胞的组合 (包括中心元胞), f 表示局部转移函数.

不同于一般的动力学模型, 元胞自动机不是由严格定义的物理方程或函数来确定, 而是由一系列模型构造的规则构成. 凡是满足这些规则的模型都是元胞自动机模型. 因此, 元胞自动机是一类模型的总称, 或者说是一个方法框架. 元胞自动机自产生以来得到了广泛的应用, 应用领域涉及社会学、生物学、生态学、信息科学、计算机科学、数学、物理学、化学、地理、环境、军事学等.

3.11 Lotak-Volterra 模型

两种群相互作用的 Lotka-Volterra 模型的一般形式为

$$\begin{cases} \dfrac{\mathrm{d}x}{\mathrm{d}t} = x(a_1 + b_1 x + c_1 y), \\[2mm] \dfrac{\mathrm{d}y}{\mathrm{d}t} = y(a_2 + b_2 x + c_2 y), \end{cases} \tag{3.12}$$

其中 x, y 的系数均为常数, 按生态意义, 模型可分为三类.

(1) 若 $c_1 b_2 < 0$, 模型 (3.12) 为食饵-捕食者模型. 特别当 $c_1 < 0$, $b_2 > 0$ 时, 则 x 为食饵, 若 $a_2 \leqslant 0$, 表示没有种群 x 时, 种群 y 将灭绝, 即捕食者 y 仅以 x 为生; 若 $a_2 > 0$, 表示除种群 x 外, 种群 y 还有其他食物资源.

(2) 若 $c_1 < 0$, $b_2 < 0$, 模型 (3.12) 为竞争模型.

(3) 若 $c_1 > 0$, $b_2 > 0$, 模型 (3.12) 为互惠模型.

模型 (3.12) 可能有四个平衡点 $(0, 0)$, $\left(0,\ -\dfrac{a_2}{c_2}\right)$, $\left(-\dfrac{a_1}{b_1},\ 0\right)$ 及正平衡点 (x^*, y^*), 其深入讨论见马知恩 (1996)、陈兰荪等 (2003) 等专著.

3.12   Holling 功能反应函数

Lotka-Volterra 食饵–捕食者模型 (3.12) 存在着不足, 其中项 c_1xy 表示单位时间内 y 个捕食者捕食的食饵数量, 从而 c_1x 表示单位时间内一个捕食者捕食的食饵数量, 它反映了捕食者的捕食能力, 称为捕食者对食饵的**功能性反应**. 在模型 (3.12) 中, 功能性反应与食饵数量成正比, 食饵数量越多, 在单位时间内被捕食者捕食的越多. 这在一定程度上是合理的, 但是捕食者总有吃饱的时候, (3.12) 忽略了消化饱和因素, 在有些情况下不合理.

Holling(1965) 在实验的基础上, 对不同类型的物种, 提出了三种不同的功能性反应函数 $\varphi(x)$.

Holling Ⅰ 功能性反应函数为

$$\varphi(x) = \begin{cases} \dfrac{b}{a}x, & 0 \leqslant x \leqslant a, \\ b, & x > a. \end{cases}$$

它适用于藻类、细胞等低等动物.

Holling Ⅱ 功能性反应函数为

$$\varphi(x) = \frac{ax}{1+bx}.$$

它适用于无脊椎动物.

Holling Ⅲ功能性反应函数为

$$\varphi(x) = \frac{ax^2}{1+bx^2}.$$

它适用于脊椎动物.

具有 Holling 功能性反应的食饵–捕食者模型可写为

$$\begin{cases} \dfrac{\mathrm{d}x}{\mathrm{d}t} = x(a_1 - b_1x) + \varphi(x)y, \\ \dfrac{\mathrm{d}y}{\mathrm{d}t} = y(a_2 - c_2y) + k\varphi(x)y, \end{cases}$$

其中 $k > 0$ 为转化系数.

后来, 人们又建立了很多功能性反应函数, 下面是一些例子.

Holling Ⅳ功能性反应函数 $\varphi(x) = \dfrac{ax}{b+cx+x^2}$.

Holling $n+1$ 功能性反应函数 $\varphi(x) = \dfrac{ax^n}{1+bx^n}$, n 为任意正整数.

Michaelis-Menten 功能性反应函数 $\varphi(x) = \dfrac{ax}{x+by}$.

Bddington-DeAnglis 功能性反应函数 $\varphi(x) = \dfrac{ax}{bx+cy+d}$.

Ivlev 功能性反应函数 $\varphi(x) = a(1 - \mathrm{e}^{-bx})$, $a, b > 0$.

$\varphi(x) = bx^{\frac{n}{n+1}}$, n 为任意正整数.

$\varphi(x) = \dfrac{ax^{\alpha}}{1 + bx^{\alpha} + cx^{2\alpha}}$.

第4章　不育控制的单种群模型

4.1　无种群结构的非自传播不育控制

4.1.1　常微分方程模型

在自然状态下, 害鼠种群动态满足 Logistic 模型

$$\frac{\mathrm{d}N}{\mathrm{d}t} = rN\left(1 - \frac{N}{K}\right).$$

其中, $N(t)$ 为 t 时刻种群密度, K 为环境容纳量, r 为内禀增长率, 为出生率 b 与死亡率 d 的差. 在不育控制下, 种群分为可育和不育两个子种群, 用 $F(t)$ 和 $S(t)$ 分别表示在时刻 t 可育个体和不育个体的数量; 用 α 表示单位时间内可育个体转化为不育个体的比例, 即不育率; 假设新生个体都是可育的, 密度制约因素只作用于种群的出生率. 害鼠可能因食用不育剂导致死亡, 也可能因化学药物灭杀导致死亡, 还可能因人工捕获而减少. 不去确切区分害鼠减少的原因, 分别用 p 和 q 表示对可育个体和不育个体的收获率. 这样, 可以建立模型 (4.1)(王莲花等, 2010).

$$\begin{cases} F' = bF\left(1 - \dfrac{F+S}{K}\right) - dF - \alpha F - pF, \\ S' = -dS + \alpha F - qS. \end{cases} \tag{4.1}$$

考虑到模型的实际背景, 只在 $F \geqslant 0$, $S \geqslant 0$ 的范围内讨论.

首先, 通过计算可以知道, 系统 (4.1) 总有零平衡点 $O(0,0)$; 当 $R \triangleq b-d-\alpha-p > 0$ 时, 还有唯一的正平衡点 $E(F^*, S^*)$, 其中 $F^* = \dfrac{(d+q)RK}{b(\alpha+d+q)}$, $S^* = \dfrac{\alpha RK}{b(\alpha+d+q)}$.

定理 4.1　当 $R < 0$ 时, 零平衡点 O 局部渐近稳定; 当 $R > 0$ 时, 零平衡点 O 不稳定, 正平衡点 E 局部渐近稳定.

证明　模型 (4.1) 在平衡点 (F, S) 处的雅可比矩阵为

$$\begin{bmatrix} b\left(1 - \dfrac{F+S}{k}\right) - \dfrac{bF}{k} - d - \alpha - p & -\dfrac{bF}{k} \\ \alpha & -d - q \end{bmatrix}.$$

易知, 模型 (4.1) 在零平衡点 O 处的特征方程为 $(R - \lambda)(d+q+\lambda)=0$, 因此特征根为 R 和 $-d-q < 0$. 故当 $R < 0$ 时, 零平衡点 O 局部渐近稳定; 当 $R > 0$ 时, 零平衡点 O 不稳定.

当 $R > 0$ 时, 有唯一的正平衡点 E, 模型 (4.1) 在正平衡点 E 处的特征方程为

$$\lambda^2 + \left[d + q + \frac{R(d+q)}{\alpha + d + q} \right] \lambda + R(d+q) = 0.$$

所以特征根 λ_1, λ_2 满足 $\lambda_1 + \lambda_2 = -d - q - \dfrac{R(d+q)}{\alpha + d + q}$, $\lambda_1 \lambda_2 = R(d+q)$. 当 $R > 0$ 时, $\lambda_1 + \lambda_2 < 0$, $\lambda_1 \lambda_2 > 0$, 故正平衡点 E 局部渐近稳定.

定理 4.2 当 $R > 0$ 时, 正平衡点 E 全局渐近稳定; 当 $R < 0$ 时, 零平衡点 O 全局渐近稳定.

证明 下面只证明当 $R > 0$ 时, 正平衡点 E 全局渐近稳定, O 全局稳定性的证明类似.

在 FOS 平面上, 构造三角形区域 OAB(图 4.1), 其中, 直线 AB 的方程为 $F + S = K$, 直线 OE 的方程为 $\alpha F - (d+\mu)S = 0$.

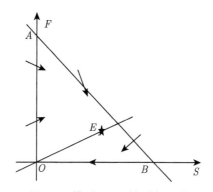

图 4.1 模型 (4.1) 的不变区域

在 S 轴正半轴上, 即当 $F = 0$, $S > 0$ 时, 有 $F' = 0$, $S' = -(d+q)S < 0$.

在 F 轴正半轴上, 即当 $S = 0$, $F > 0$ 时, 有 $F' = \left(R - \dfrac{bF}{K} \right)F$, $S' = \alpha F > 0$. 所以, 当 $0 < F < \dfrac{RK}{b}$ 时, 有 $F' > 0$; 当 $F = \dfrac{KR}{b}$ 时, 有 $F' = 0$; 当 $K > F > \dfrac{KR}{b}$ 时, 有 $F' < 0$.

在 $F + S = K$ 上, $F' = -(d + \alpha + p)F < 0$, $S' = (d + q + \alpha)F - (d+q)K$, 且有

$$\frac{\mathrm{d}F}{\mathrm{d}S} = \frac{-1}{1 - \dfrac{(d+q)(K-F) + (d+p)F}{(\alpha + d + q)}} < -1$$

所以, 在三角形区域 OAB 的边界上, 轨线如图 4.1 所示的方向进入区域 OAB, 即区域 OAB 为不变集.

取 Dulac 函数 $B = \dfrac{1}{F}$, 则当 $F > 0$ 时, $\dfrac{\partial (BF')}{\partial F} + \dfrac{\partial (BS')}{\partial S} = -\dfrac{b}{K} - \dfrac{d+q}{F} < 0$, 所以在区域 OAB 内无闭轨. 由 E 局部渐近稳定、区域 OAB 为不变集、其内无闭轨得到 E 全局渐近稳定.

由前面的分析可以知道在控制害鼠上 α 和 p 有相同的作用. 当 $\alpha + p$ 大于种群的自然增长率 $b - d$ 时, 种群灭绝; 当 $\alpha + p$ 小于种群的自然增长率 $b - d$ 时, 种群被控制在 $\dfrac{(b - d - \alpha - p)K}{b}$ 水平, 且随着 $\alpha + p$ 的增大, 种群规模减少.

在正平衡点 E 处有 $S^* + F^* = \dfrac{(b - d - \alpha - p)K}{b}$, 因此, 不育个体的收获率 q 对正平衡状态处种群的总规模没有影响; 但 q 对可育种群和不育种群的大小有影响, 随着 q 的增大, 正平衡状态处不育种群的规模变小, 可育种群的规模变大. 而不育个体的收获率 p 对正平衡点处总的种群规模及两个子种群的规模都有影响, 当 p 增大时, 它们都线性减小.

吕江 (2012) 研究了模型 (4.2)~(4.4).

$$\begin{cases} F' = bF[1 - r(F + S)]^{\frac{1}{r}} - dF - \alpha F, \\ S' = -dS + \alpha F, \end{cases} \tag{4.2}$$

$$\begin{cases} F' = bF\mathrm{e}^{-F-S} - dF - \alpha F, \\ S' = -dS + \alpha F, \end{cases} \tag{4.3}$$

$$\begin{cases} F' = \dfrac{bF}{c + (F + S)^u} - dF - \alpha F, \\ S' = -dS + \alpha F, \end{cases} \tag{4.4}$$

其中, d 为害鼠死亡率, α 为不育率, 生育率 $b[1 - r(F + S)]^{\frac{1}{r}}$, $b\mathrm{e}^{-F-S}$, $\dfrac{b}{c + (F + S)^u}$ 中的 $b, c, u > 0$, $r < 0$.

定理 4.3 模型 (4.2) 总有零平衡点 $A(0, 0)$; 当 $R_1 \triangleq \dfrac{b}{d + \alpha} > 1$ 时, 模型 (4.2) 还有唯一的正平衡点 $B\left(\dfrac{d}{r(d + \alpha)}\left(1 - \dfrac{1}{R_1^r}\right), \dfrac{\alpha}{r(d + \alpha)}\left(1 - \dfrac{1}{R_1^r}\right)\right)$. 当 $R_1 < 1$ 时, A 局部渐近稳定; 当 $R_1 > 1$ 时, B 局部渐近稳定.

定理 4.4 模型 (4.3) 总有零平衡点 $C(0, 0)$; 当 $R_2 \triangleq \dfrac{b}{d + \alpha} > 1$ 时, 模型 (4.3) 还有唯一的正平衡点 $D\left(\dfrac{d \ln R_2}{d + \alpha}, \dfrac{\alpha \ln R_2}{d + \alpha}\right)$. 当 $R_2 < 1$ 时, C 局部渐近稳定; 当 $R_2 > 1$ 时, D 局部渐近稳定.

定理 4.5 模型 (4.4) 总有零平衡点 $E(0, 0)$; 当 $R_3 \triangleq \dfrac{b}{c(d + \alpha)} > 1$ 时, 模型 (4.4) 还有唯一的正平衡点 $G\left(\dfrac{d}{d + \alpha}\sqrt[u]{c(R_3 - 1)}, \dfrac{\alpha}{d + \alpha}\sqrt[u]{c(R_3 - 1)}\right)$. 当 $R_3 < 1$

时, E 局部渐近稳定; 当 $R_3 > 1$ 时, G 局部渐近稳定.

Barlow 等 (1997) 在不同婚配制度和不同不育策略下提出了如下两个模型

$$\begin{cases} Q' = (1 - Q)[s - f(N)Q], \\ N' = N[f(N)(1 - Q) - g(N)], \end{cases}$$

$$\begin{cases} Q' = (1 - Q)[s - f(N)(1 - Q)], \\ N' = N[f(N)(1 - Q^2) - g(N)], \end{cases}$$

其中, N 为种群密度, Q 为雌性中不生育者所占比例, $f(N)$ 为种群的补充函数, $g(N)$ 为种群的死亡率, s 为不育率.

4.1.2　差分方程模型

在不育控制下, 害鼠种群分为可育和不育两个子种群, 分别用 $N(n), F(n), S(n)$ 表示在时刻 n 的种群规模、可育子种群规模、不育子种群规模. 设生育函数为 $b[1 - rN(n)]^{\frac{1}{r}}$, 其中 $b > 0, r < 0$; 可育个体和不育个体的死亡率分别为 d_1 和 $d_2(d_1, d_2 < b)$; 可育个体到不育个体的转化率为 α; 不育个体生育能力的恢复率为 δ. 这样, 可以建立模型 (4.5)(李秋英等, 2014a).

$$\begin{cases} F(n + 1) = b[1 - rN(n)]^{\frac{1}{r}}F(n) + (1 - d_1 - \alpha)F(n) + \delta S(n), \\ S(n + 1) = \alpha F(n) + (1 - d_2 - \delta)S(n), & (4.5) \\ N(n) = F(n) + S(n). \end{cases}$$

根据实际意义假设 $1 - d_1 - \alpha > 0, 1 - d_2 - \delta > 0$, 模型 (4.5) 的初始条件满足 $F(0) > 0, S(0) \geqslant 0$.

定理 4.6　当 $R \triangleq \dfrac{b(d_2 + \delta)}{d_1 d_2 + d_2 \alpha + d_1 \delta} < 1$ 时, 模型 (4.5) 仅存在零平衡点 $O(0, 0)$; 当 $R > 1$ 时, 模型 (4.5) 除零平衡点 $O(0, 0)$ 外还存在正平衡点 $E(F^*, S^*)$, 其中 $F^* = \dfrac{(1 - R^{-r})(d_2 + \delta)}{r(d_2 + \alpha + \delta)}, S^* = \dfrac{\alpha(1 - R^{-r})}{r(d_2 + \alpha + \delta)}.$

引理 4.7　设二维离散系统在其平衡点 E 处的线性化系统为 $X(m + 1) = WX(m)$, 其中 W 为该系统在平衡点 E 处的雅可比矩阵. 若 W 特征根的绝对值都小于 1, 则平衡点 E 局部渐近稳定. 而 W 特征根的绝对值小于 1 等价于 W 同时满足 3 个 Jury 条件: ① $1 - \text{tr}W + \det W > 0$; ② $1 + \text{tr}W + \det W > 0$; ③ $1 - \det W > 0$.

定理 4.8　当 $R < 1$ 时, 模型 (4.5) 的零平衡点 O 局部渐近稳定.

证明　令 $\psi = 1 - d_1 - \alpha, \mu = 1 - d_2 - \delta$, 则模型 (4.5) 在 O 处的雅可比矩阵 $W^O = \begin{bmatrix} b + \psi & \delta \\ \alpha & \mu \end{bmatrix}$. 易知 $\text{tr}W^O = b + \psi + \mu > 0$, $\det W^O = (b + \psi)\mu - \alpha\delta > 0$. 于是

$$1-\mathrm{tr}W^O+\det W^O=(d_1d_2+d_2\alpha+d_1\delta)(1-R)>0,$$

$$1-\det W^O>\alpha(1-d_2)+(b-d_1)(d_2+\delta)>0,\quad 1+\mathrm{tr}W^O+\det W^O>0,$$

因此平衡点 O 局部渐近稳定.

定理 4.9　当 $R>1$ 时, 模型 (4.5) 的正平衡点 E 局部渐近稳定.

证明　模型 (4.5) 在 E 处的雅可比矩阵为

$$W^*=\begin{bmatrix}1-C-\dfrac{\alpha\delta}{d_2+\delta} & \delta-C \\ \alpha & \mu\end{bmatrix}.$$

其中 $C=bF^*(1-rN^*)^{\frac{1}{r}-1}=\dfrac{b(d_2+\delta)}{R(d_2+\alpha+\delta)}\cdot\dfrac{1-R^r}{-r}.$

令 $f(x)=\dfrac{1-x^{-r}}{-r}\ \left(x>\dfrac{d_1}{b}\right)$, 显然有 $f'(x)=-x^{-r-1}<0$. 故当 $x>\dfrac{d_1}{b}$ 时,

$$f(x)\leqslant f\left(\dfrac{d_1}{b}\right)=\dfrac{-1}{r}\left[1-\left(\dfrac{d_1}{b}\right)^{-r}\right].$$

令 $g(t)=1-\left(\dfrac{d_1}{b}\right)^t-t\ (t>0)$, 从而 $t>0$ 时, $g'(t)=\left(\dfrac{d_1}{b}\right)^t\ln\dfrac{d_1}{b}-1<0$, 且有 $g(0)=0$. 因此, $g(t)<0$, 即 $\dfrac{1}{t}\left[1-\left(\dfrac{d_1}{b}\right)^t\right]<1\ (t>0)$, 所以 $\dfrac{1-R^r}{-r}<1$. 从而

$$C<\dfrac{d_1d_2+d_2\alpha+d_1\delta}{d_2+\alpha+\delta}.$$

由 W^*, 得

$$\mathrm{tr}W^*=1-C+\mu-\dfrac{\alpha\delta}{d_2+\delta}>1-\dfrac{d_1d_2+d_2\alpha+d_1\delta}{d_2+\alpha+\delta}-\dfrac{\alpha\delta}{d_2+\delta}>0,$$

$$\det W^*=\mu\left(1-C-\dfrac{\alpha\delta}{d_2+\delta}\right)-\alpha\delta+\alpha C.$$

所以,

$$1-\mathrm{tr}W^*+\det W^*=C(d_2+\delta)+\alpha C>0,$$

$$1-\det W^*=(d_2+\delta)(1-C)+(1-\alpha)C+\dfrac{\alpha\delta}{d_2+\delta}>0.$$

由引理 4.7 得正平衡点 E 局部渐近稳定.

定理 4.10　当 $R<1$ 时, 模型 (4.5) 的零平衡点 O 全局渐近稳定.

证明　因为 $R < 1$, 所以 $b - d_1 < \dfrac{\alpha d_2}{d_2 + \delta} < 1$. 定义 Lypunov 函数 $V(F, S) = F(n) + S(n)$, 则有

$$\Delta V(F(n), S(n))\big|_{(4.5)} = V(F(n+1), S(n+1)) - V(F(n), S(n))$$
$$= (b - d_1)F(n) - d_2 S(n) \leqslant \Theta V(F(n), S(n)),$$

其中 $\Theta = \min\{b - d_1, d_2\}$, 显然 $0 < \Theta < 1$. 从而平衡点 O 全局渐近稳定.

为证明模型 (4.5) 的解是持续生存的, 先引进引理 4.11. 考虑系统

$$u(n+1) = (1-d)u(n) + \omega, \tag{4.6}$$

其中 $\omega \geqslant 0$, $0 < d < 1$ 是正的常数.

引理 4.11(Xu and Teng, 2010)　令 $u(n)$ 是系统 (4.6) 满足 $u(0) > 0$ 的解, 则有

(1) $\lim\limits_{n \to \infty} u(n) = \dfrac{\omega}{d}$;

(2) 任给常数 $\varepsilon > 0$, $M > 0$, 存在正常数 $\hat{\delta}(\varepsilon)$ 和 $\hat{n}(\varepsilon, M)$, 使得当 $\omega < \hat{\delta}$, $|u_0| < M$, $n > n_0 + \hat{n}$ 时, $u(n, n_0, u_0) < \varepsilon$ 成立.

定理 4.12　当 $\delta = 0$, $R < 1$ 时, 模型 (4.5) 的解一致持续生存.

证明　容易证明 (4.5) 是耗散的, 即存在常数 $M > 0$, 使得集合 $\Omega = \{(F, S) \,|\, 0 \leqslant F_n \leqslant M, 0 \leqslant S_n \leqslant M\}$ 为 (4.5) 的正向不变集.

考虑方程

$$v(n+1) = (1-d)v(n) + e(n). \tag{4.7}$$

令 $v(n, n_0, v_0)$ 为 (4.7) 的解. 根据引理 4.11, 对于 $n_0 \in Z^+$, $0 \leqslant v_0 \leqslant M$, 给定 $\varepsilon_1 > 0$ 和正常数 M, 存在常数 $\delta_0 = \delta_0(\varepsilon_1) > 0$ 和 $n^* = n^*(\varepsilon_1, M) > 0$, 使得当 $e(n) < \delta_0$, $n \geqslant n_0 + n^*$ 时, 有 $0 \leqslant v(n, n_0, v_0) < \varepsilon_1$. 由定理条件知, 存在常数 η 和 ε_1 满足 $\dfrac{1}{r} - \dfrac{1}{r}\left(\dfrac{d_1 + \alpha}{b}\right)^{\frac{1}{r}} > \varepsilon_1 + \eta$, $\alpha\eta < \delta_0$, 即

$$b(1 - r\varepsilon_1 - r\eta)^r - d_1 - \alpha > 0, \quad \alpha\eta < \delta_0. \tag{4.8}$$

首先证明对 (4.5) 的任意解 $(F(n), S(n))$ 都有

$$\lim_{n \to +\infty} \sup F(n) \geqslant \eta. \tag{4.9}$$

若 (4.9) 不成立, 则存在一个解满足 $\lim\limits_{n \to +\infty} \sup F(n) < \eta$. 因此, 存在 n_1, 当 $n > n_1$ 时, 有 $S(n+1) \leqslant (1-d_2)S(n) + \alpha\eta$. 根据 (4.7) 的结论和比较定理, 可得当 $n \geqslant n_1 + n^*$ 时, 有 $S(n) < \varepsilon_1$, 从而当 $n \geqslant n_1 + n^*$ 时, 有 $F(n+1) \geqslant b(1 - r\varepsilon_1 - r\eta)^r F(n) + (1 - $

$d_1 - \alpha)F(n)$. 根据不等式 (4.8), 可得 $\lim\limits_{n \to +\infty} F(n) = +\infty$, 这与 (4.5) 的解有界矛盾, 从而 (4.9) 成立.

下面证明存在常数 β, 使得对于 (4.5) 的任意解都有

$$\lim_{n \to +\infty} \inf F(n) > \beta. \tag{4.10}$$

若 (4.10) 不成立, 则存在初始序列 $\{\theta^{(m)}\} = \{(\theta_1^{(m)}, \theta_2^{(m)})\}$, 使得 $\lim\limits_{n \to +\infty} \inf F(n, \theta^{(m)}) < \dfrac{\eta}{(m+1)^2}$, $m = 1, 2, \cdots$. 另一方面, 由 (4.9) 可得 $\lim\limits_{n \to +\infty} \inf F(n, \theta^{(m)}) \geqslant \eta$, 因此, 对于每个 m 存在时间数列 $\{s_q^{(m)}\}$, $\{t_q^{(m)}\}$, 满足 $0 < s_1^{(m)} < t_1^{(m)} < s_2^{(m)} < t_2^{(m)} < \cdots < s_q^{(m)} < t_q^{(m)} < \cdots$, $\lim\limits_{n \to +\infty} s_q^{(m)} = +\infty$, 且

$$F(s_q^{(m)}, \theta^{(m)}) \geqslant \frac{\eta}{m+1}, \quad F(t_q^{(m)}, \theta^{(m)}) \leqslant \frac{\eta}{(m+1)^2},$$

$$\frac{\eta}{(m+1)^2} \leqslant F(n, \theta^{(m)}) \leqslant \frac{\eta}{m+1}, \quad n \in [s_q^{(m)} + 1, t_q^{(m)} - 1].$$

由解的有界性知对每个 m, 存在 $K^{(m)}$, 使得当 $n > K^{(m)}$ 时, 有 $F(n, \theta^{(m)}) < M$, $S(n, \theta^{(m)}) < M$. 又因为 $\lim\limits_{q \to +\infty} s_q^{(m)} = +\infty$, 所以存在 $K_1^{(m)}$, 使得当 $q > K_1^{(m)}$ 时, $s_q^{(m)} > K^{(m)}$. 令 $q \geqslant K_1^{(m)}$, 故当 $n \in [s_q^{(m)} + 1, t_q^{(m)} - 1]$ 时, 有

$$F(n + 1, \theta^{(m)}) \geqslant F(n, \theta^{(m)})[b(1 - rM - rM)^r + 1 - d_1 - \alpha].$$

取 $\gamma = \min\left\{ b(1 - rM - rM)^r + 1 - d_1 - \alpha, \dfrac{1}{2} \right\}$, 从而可得

$$\frac{\eta}{(m+1)^2} \geqslant F(t_q^{(m)}, \theta^{(m)}) \geqslant F(s_q^{(m)}, \theta^{(m)}) \gamma^{(t_q^{(m)} - s_q^{(m)})} \geqslant \frac{\eta}{m+1} \gamma^{(t_q^{(m)} - s_q^{(m)})}.$$

故当 $q \geqslant K_1^{(m)}$, $m = 1, 2, \cdots$ 时, $t_q^{(m)} - s_q^{(m)} \geqslant \dfrac{\ln(m+1)}{-\ln \gamma}$, 进而可取 $\hat{m}_0$, 使得 $m \geqslant \hat{m}_0$, $q \geqslant K_1^{(m)}$ 时, 有 $t_q^{(m)} - s_q^{(m)} \geqslant n^*$. 对任意的 $m \geqslant \hat{m}_0$, $q \geqslant K_1^{(m)}$ 及 $n \in [s_q^{(m)}, t_q^{(m)}]$, 有

$$S(n + 1) \leqslant \frac{\alpha \eta}{m+1} + (1 - d_2 - \delta)S(n)$$

成立. 设 $v(n)$ 是 (4.7) 满足 $v(s_q^{(m)}) = S(s_q^{(m)})$ 的解, 则当 $m \geqslant \hat{m}_0$, $q \geqslant K_1^{(m)}$, $n \in [s_q^{(m)}, t_q^{(m)}]$ 时, 有

$$S(n, \theta^{(m)}) \leqslant v(n).$$

取 $n_0 = s_q^{(m)}$, $v_0 = S(s_q^{(m)})$, 由于 $0 < v_0 < M$, $\alpha\eta < \delta_1$, 因此可得 $n \in [s_q^{(m)} + n^*, t_q^{(m)}]$ 时, 方程 (4.7) 的解 $v(n, s_q^{(m)}, u(s_q^{(m)}))$ 满足

$$v(n) = v(n, s_q^{(m)}, u(s_q^{(m)})) < \varepsilon_1.$$

故当 $n \in [s_q^{(m)} + n^*, t_q^{(m)}]$, $m \geqslant \hat{m}_0$ 时, 有 $S(n, \theta^{(m)}) < \varepsilon_1$.

根据 (4.5) 的第一个方程和比较定理, 可得当 $m \geqslant \hat{m}_0$, $q \geqslant K_1^{(m)}$, $n \in [s_q^{(m)} + n^*, t_q^{(m)}]$ 时,

$$F(n+1, \theta^{(m)}) \geqslant F(n, \theta^{(m)})[b(1-r\eta-r\varepsilon_1)^r + 1 - d_1 - \alpha] \geqslant F(n, Z^{(m)})$$

成立. 因此

$$\frac{\eta}{(m+1)^2} \geqslant F(s_q^{(m)}, \theta^{(m)}) \geqslant F(s_q^{(m)}-1, \theta^{(m)})[b(1-r\eta-r\varepsilon_1)^r+1-d_1-\alpha] > \frac{\alpha_0}{(m+1)^2}.$$

这导致矛盾. 因此, 存在 $\eta > 0$ 使得对于 (4.5) 的任意解 $(F(n), S(n))$, 都有 $\lim\limits_{n \to +\infty} \inf F(n) > \eta$, 类似可得, 存在 η', 使得 $\lim\limits_{n \to +\infty} \inf S(n) > \eta'$. 从而定理得证.

李秋英和李晓霞 (2013) 还研究了模型 (4.11).

$$\begin{cases} F(n+1) = b[1-rN(n)]F(n) + (1-d_1-\alpha)F(n), \\ S(n+1) = \alpha F(n) + (1-d_1)S(n), \\ N(n) = F(n) + S(n). \end{cases} \tag{4.11}$$

定理 4.13 模型 (4.11) 总有零平衡点 $E_0(0, 0)$; 当 $R_0 \stackrel{\Delta}{=} \dfrac{d_1 + \alpha - \alpha d_1}{b} < 1$ 时, 模型 (4.11) 还有唯一正平衡点 $E^* \left(\dfrac{d_1(1-R_0^r)}{brR_0}, \dfrac{\alpha(1-d_1)(1-R_0^r)}{brR_0} \right)$. 当 $R_0 > 1$ 时, E_0 全局渐近稳定; 当 $R_0 < 1$ 时, E_0 不稳定, E^* 局部渐近稳定, 系统的解一致持续生存.

4.1.3 脉冲微分方程模型

在很多地方, 害鼠的繁殖具有季节性, 如果繁殖季节很短, 可以将新个体的出生近似看作瞬时完成. 考虑这种情况, 李秋英等 (2014b) 建立了害鼠不育控制的脉冲微分方程模型 (4.12)~(4.14).

$$\begin{cases} \left. \begin{array}{l} F'(t) = -dF - \alpha F, \\ S'(t) = \alpha F - dS, \end{array} \right\} & m < t < m+1, \ m \in Z^+ \\ \left. \begin{array}{l} \Delta F(m) = b[1 - r(F(m^-) + S(m^-))]^{\frac{1}{r}} F(m^-), \\ \Delta S(m) = 0, \end{array} \right\} & t = m, \ m \in Z^+. \end{cases} \tag{4.12}$$

$$\begin{cases} \left. \begin{array}{l} F'(t) = -dF - \alpha F, \\ S'(t) = \alpha F - dS, \end{array} \right\} & m < t < m+1, \ m \in Z^+, \\ \left. \begin{array}{l} \Delta F(m) = bF(m^-)\mathrm{e}^{-F(m^-)-S(m^-)}, \\ \Delta S(m) = 0, \end{array} \right\} & t = m, \ m \in Z^+. \end{cases} \tag{4.13}$$

$$
\begin{cases}
\left.\begin{aligned}
F'(t) &= -dF - \alpha F, \\
S'(t) &= \alpha F - dS,
\end{aligned}\right\} & m < t < m+1, \ m \in Z^+, \\[2mm]
\left.\begin{aligned}
\Delta F(m) &= \dfrac{bF(m^-)}{c + (F(m^-) + S(m^-))^k}, \\
\Delta S(m) &= 0,
\end{aligned}\right\} & t = m, \ m \in Z^+.
\end{cases} \tag{4.14}
$$

其中, $F(t)$, $S(t)$ 分别表示 t 时刻可育个体和不育个体的数量, d 表示害鼠种群的死亡率, α 表示可育个体向不育个体的转化率, Z^+ 为正整数集合, 参数 b, c, $k > 0$, $r < 0$.

假设系统 (4.12)~(4.14) 的初始条件满足 $F(0) > 0$, $S(0) \geqslant 0$, 三个模型的研究方法类似, 下面只研究模型 (4.12).

先将脉冲微分系统 (4.12) 转化为相应的离散动力系统. 记 $F_m = F(m)$, $S_m = S(m)$, 在 m 和 $m+1$ 之间解 (4.12) 的前两个方程得到

$$
\begin{cases}
F(t) = F_m e^{-(d+\alpha)(t-m)}, \\
S(t) = [S_m + F_m(1 - e^{-\alpha(t-m)})]e^{-d(t-m)}.
\end{cases} \tag{4.15}
$$

由 (4.12) 中后两个等式及 (4.15) 可以得到频闪映射 (4.16).

$$
\begin{cases}
F_{m+1} = F_m e^{-d-\alpha}\left\{1 + b\left[1 - re^{-d}(S_m + F_m)\right]^{\frac{1}{r}}\right\}, \\
S_{m+1} = [S_m + F_m(1 - e^{-\alpha})]e^{-d}.
\end{cases} \tag{4.16}
$$

通过简单计算, 可以得到定理 4.14.

定理 4.14　系统 (4.16) 总有零平衡点 $O(0, 0)$; 当 $R \overset{\Delta}{=} \dfrac{b}{e^{d+\alpha} - 1} > 1$ 时, 系统 (4.16) 还有唯一正平衡点 $E(F^*, S^*)$, 其中 $F^* = \dfrac{1 - e^{-d}}{re^{-d}[1 - e^{-d-\alpha}]}\left(1 - \dfrac{1}{R^r}\right)$, $S^* = \dfrac{1 - e^{-\alpha}}{r(1 - e^{-d-\alpha})}\left(1 - \dfrac{1}{R^r}\right)$.

推论 4.15　系统 (4.12) 总有零周期解; 当 $R > 1$ 时, 系统 (4.12) 还有唯一正周期解 $(F(t), S(t))$, 当 $m < t \leqslant m+1$ 时, 有

$$
F(t) = \frac{1 - e^{-d}}{re^{-d}[1 - e^{-d-\alpha}]}\left(1 - \frac{1}{R^r}\right)e^{-(d+\alpha)(t-m)}, \quad S(t) = \frac{1}{re^{-d}}\left(1 - \frac{1}{R^r}\right)e^{-d(t-m)} - F(t).
$$

定理 4.16　系统 (4.12) 的解是非负有界的.

证明　易知系统 (4.12) 的解是非负的, 下面证明其有界. 记 $N(t) = F(t) + S(t)$, $N_m = F_m + S_m$, 由系统 (4.12) 的前两个方程可得 $N(t) = N_m e^{-d(t-m)}$ $(m < t \leqslant m+1)$, 从而有

$$
\begin{cases}
N(t) = N_m e^{-d(t-m)}, & m < t \leqslant m+1, \\
\Delta N(m) \leqslant b[1 - rN(m^-)]^{\frac{1}{r}}N(m^-), & t = m, \ m \in Z^+.
\end{cases} \tag{4.17}
$$

故有

$$N(m+1) \leqslant be^{-d}N(m)[1-re^{-d}N(m)]^{\frac{1}{r}} + e^{-d}N(m). \tag{4.18}$$

显然, 不等式 (4.18) 右端的函数关于 $N(m)$ 单调增加, 而 $N(t)$ 在 $m < t \leqslant m+1$ 时关于 t 单调递减. 对出生函数 $b(1-rN)^{\frac{1}{r}}$, 显然存在 $M, \beta > 0$, 使得 $e^d - 1 - \beta > 0$ 和 $b(1-rM)^{\frac{1}{r}} < e^d - 1 - \beta$ 成立. 对于系统 (4.12) 的任一解 $N(t)$, 一定属于下面两种情形之一: ① 存在 T, 使得对任意 $t > T$, 有 $N(t) \leqslant M$; ② 对任意的 T, 存在 $t_0 > T$, 使得 $N(t_0) > M$.

若解 $N(t)$ 属于情况①, 则定理得证. 若系统 (4.12) 存在解 $N(t)$ 属于情形②, 则存在 $n \in Z^+$, 使得 $n \leqslant t < n+1$ 时, 有 $N(t) > M$. 由 (4.17), 得

$$N(n+1) \leqslant be^{-d}N(n)[1-re^{-d}N(n)]^{\frac{1}{r}} + e^{-d}N(n) < (1-e^{-d})N(n).$$

从而存在 $n_1 \in Z^+$, 使得 $N(n_1^-) \leqslant M$. 又因为 (4.17) 的第二个不等式的右端关于 N 单调增加, 故

$$N(n_1) \leqslant bN(n_1^-)[1-rN(n_1^-)]^{\frac{1}{r}} + N(n_1^-) \leqslant bM(1-rM)^{\frac{1}{r}} + M < (e^d - \beta)M.$$

因此, 对任意的 $t > n_1$, 有 $N(t) \leqslant (e^d - \beta)M$, 定理得证.

定理 4.17 当 $R < 1$ 时, 系统 (4.12) 的零解全局渐近稳定.

证明 当 $R < 1$ 时, 存在 $\beta > 0$, 使得 $b < e^{d+\alpha} - 1 - \beta$. 由系统 (4.12) 的第一个和第三个方程得到

$$\begin{cases} F'(t) = -dF - \alpha F, & m < t < m+1, \ m \in Z^+, \\ F(m+1) \leqslant be^{-d-\alpha}F(m)[1-re^{-d-\alpha}F(m)]^{\frac{1}{r}} + e^{-d-\alpha}F(m). \end{cases}$$

由于 $be^{-d-\alpha}[1-re^{-d-\alpha}F(m)]^{\frac{1}{r}}$ 关于 F 单调递减, 因此有

$$\begin{cases} F'(t) = -dF - \alpha F, & m < t < m+1, \ m \in Z^+, \\ F(m+1) \leqslant (1-\beta e^{-d-\alpha})F(m). \end{cases}$$

进而 $F(t) \leqslant F(0)e^{-(d+\alpha)t} + [t]\ln(1-\beta e^{-d-\alpha})$, 即 $\lim\limits_{t \to +\infty} F(t) = 0$. 因此任给 $\varepsilon > 0$, 存在 T, 使得当 $t > T$ 时, 有 $F(t) < \varepsilon$. 由系统 (4.12) 的第二个方程得 $S'(t) < \alpha\varepsilon - dS(t)$, 从而有 $S(t) < \dfrac{\alpha\varepsilon}{d} + ce^{-dt}$, 由 ε 的任意性, 可得 $\lim\limits_{t \to +\infty} S(t) = 0$. 定理得证.

定理 4.18 当 $R > 1$ 时, 系统 (4.12) 的解一致持续生存.

证明 由定理 4.16 可得, 系统 (4.12) 是耗散的, 即存在常数 M, 使得集合 $\Omega = \{(F,S) | 0 \leqslant F \leqslant M, \ 0 \leqslant S \leqslant M\}$ 为系统 (4.12) 的正向不变集. 根据定理条件, 存在常数 α, β 满足

$$b\left(1 - r\eta - \frac{r\alpha\eta}{d}\right)^{\frac{1}{r}} > (1+\beta)e^{d+\alpha} - 1. \tag{4.19}$$

其中 η 的含义在后面给出.

考虑方程

$$v'(t) = -dv(t) + g(t). \tag{4.20}$$

令 $v(t, t_0, v_0)$ 为 (4.20) 的解. 对于 $t_0 \in R_+$, 给定正常数 η 和 M, 存在常数 $\delta_0 = \delta_0(\eta)$ 和 T^*, 使得 $g(t) < \delta_0$, $0 \leqslant v_0 \leqslant M$ 时, 对 $t \geqslant t_0 + T^*$, 有

$$0 \leqslant v(t, t_0, v_0) \leqslant \eta.$$

为了证明系统 (4.12) 的解一致持续生存, 首先证明对系统 (4.12) 的任意解 $(F(t), S(t))$, 有

$$\limsup_{t \to +\infty} F(t) \geqslant \eta. \tag{4.21}$$

若不成立, 则至少存在一个解 $(F(t), S(t))$ 满足 $\limsup_{t \to +\infty} F(t) < \eta$. 即存在 T_1, 使得当 $t > T_1$ 时, 有 $F(t) < \eta$. 再结合系统 (4.12) 的第二个方程可得

$$S'(t) \leqslant -dS(t) + \alpha\eta.$$

根据比较定理及 (4.20) 的结论, 可得当 $t \geqslant T_1 + T^*$ 时, 有 $S(t) < \dfrac{\alpha\eta}{d}$. 从而, 当 $t \geqslant T_1 + T^*$ 时, 有

$$\begin{cases} F(t) = F_m e^{-(d+\alpha)(t-m)}, & m < t < m+1, \\ F(m+1) \geqslant bF_m e^{-d-\alpha}\left[1 - r\eta - \dfrac{r\alpha\eta}{d}\right]^{\frac{1}{r}} + F_m e^{-d-\alpha}. \end{cases}$$

根据不等式 (4.19), 进而得

$$\begin{cases} F(t) = F_m e^{-(d+\alpha)(t-m)}, & m < t < m+1, \\ F(m+1) \geqslant (1+\beta)F_m, \end{cases}$$

故 $\lim\limits_{t \to +\infty} F(t) = +\infty$. 显然这与定理 4.16 的结论矛盾, 故 (4.21) 成立.

下面证明存在常数 η 使得对于系统 (4.21) 的任意解 $(F(t), S(t))$ 满足

$$\liminf_{t \to +\infty} F(t) \geqslant \eta. \tag{4.22}$$

实际上, 若不等式 (4.22) 不成立. 则存在数列 $\{(\theta_1^{(n)}, \theta_2^{(n)})\}$ 满足

$$\liminf_{t \to +\infty} F(t, (\theta_1^{(n)}, \theta_2^{(n)})) < \frac{\eta}{(n+1)^2}, \quad n = 1, 2, \cdots.$$

另一方面, 根据 (4.21) 得 $\limsup\limits_{t\to+\infty} F(t, (\theta_1^{(n)}, \theta_2^{(n)})) \geqslant \eta$. 故对于每个 n, 存在正整数时间序列 $\{s_q^{(n)}\}$ 和 $\{t_q^{(n)}\}$, 满足

$$0 < s_1^{(n)} < t_1^{(n)} < s_2^{(n)} < t_2^{(n)} < \cdots < s_q^{(n)} < t_q^{(n)} < \cdots, \quad \lim_{q\to+\infty} s_q^{(n)} = +\infty,$$

$$F(s_q^{(n)}, (\theta_1, \theta_2)) \geqslant \frac{\eta}{n+1}, \quad F(t_q^{(n)}, (\theta_1, \theta_2)) \leqslant \frac{\eta}{(n+1)^2}, \tag{4.23}$$

$$\frac{\eta}{(n+1)^2} \leqslant F(t, (\theta_1, \theta_2)) \leqslant \frac{\eta}{n+1}, \quad t \in [s_q^{(n)}, t_q^{(n)}].$$

根据解的有界性, 任给 n, 存在 $K^{(n)}$, 使得当 $t > K^{(n)}$ 时, 有 $N(t, (\theta_1^{(n)}, \theta_2^{(n)})) \leqslant M$. 因为 $\lim\limits_{q\to+\infty} s_q^{(n)} = +\infty$, 所以存在 $K_1^{(n)}$, 使得当 $q > K_1^{(n)}$ 时, 有 $s_q^{(n)} > K^{(n)}$. 因此, 当 $q > K_1^{(n)}$ 时, 对于 $t \in [s_q^{(n)}, t_q^{(n)}]$, 有

$$\begin{cases} F'(t) = -(d+\alpha)F(t), \quad m < t < m+1, \\ F(m+1) \geqslant bF_m e^{-d-\alpha}(1-rM)^{\frac{1}{r}} + F_m e^{-d-\alpha}. \end{cases}$$

取 $\sigma = \left|\ln\left[be^{-d-\alpha}(1-rM)^{\frac{1}{r}} + e^{-d-\alpha}\right] - d - \alpha\right|$, 根据 (4.23), 有

$$\frac{\eta}{(n+1)^2} \geqslant F(t_q^{(n)}, (\theta_1, \theta_2)) \geqslant F(s_q^{(n)}, (\theta_1, \theta_2))\left[be^{-d-\alpha}(1-rM)^{\frac{1}{r}} + e^{-d-\alpha}\right]e^{\sigma(t_q^{(n)}-s_q^{(n)})}$$

$$= \frac{\ln\left[be^{-d-\alpha}(1-rM)^{\frac{1}{r}} + e^{-d-\alpha}\right]\eta}{n+1}e^{\sigma(t_q^{(n)}-s_q^{(n)})}.$$

故当 $q > K_1^{(n)}$ 时,

$$t_q^{(n)} - s_q^{(n)} \geqslant \frac{1}{\sigma}\ln\frac{n+1}{be^{-d-\alpha}(1-rM)^{\frac{1}{r}} + e^{-d-\alpha}}.$$

因而, 存在充分大的 $\widehat{n}_0$, 使得当 $n > \widehat{n}_0$, $q > K_1^{(n)}$ 时, 有 $t_q^{(n)} - s_q^{(n)} \geqslant T^*$. 对任意的 $n > \widehat{n}_0$, $q > K_1^{(n)}$ 和 $t \in [s_q^{(n)}, t_q^{(n)}]$, 有

$$S'(t) \leqslant \frac{\alpha\eta}{n+1} - dS(t).$$

设 $v(t)$ 为 (4.20) 满足 $v(s_q^{(n)}) = S(s_q^{(n)})$ 的解, 则当 $n > \widehat{n}_0$, $q > K_1^{(n)}$, $t \in [s_q^{(n)}, t_q^{(n)}]$ 时, 有

$$S(t, (\theta_1^{(n)}, \theta_2^{(n)})) \leqslant v(t).$$

取 $t_0 = s_q^{(n)}$, $v_0 = S(s_q^{(n)})$, 因为 $v_0 < M$, $\alpha\eta < \delta_0$, 结合 (4.20) 可得当 $t \in [s_q^{(n)} + T^*, t_q^{(n)}]$ 时, 有 $0 \leqslant v(t, t_0, v_0) \leqslant \eta$. 因此, 当 $n > \widehat{n}_0$, $q > K_1^{(n)}$, $t \in [s_q^{(n)} + T^*, t_q^{(n)}]$ 时, 有

$$\left|S(t, (\theta_1^{(n)}, \theta_2^{(n)}))\right| \leqslant \varepsilon_1.$$

由比较定理, 得当 $n > \widehat{n}_0$, $q > K_1^{(n)}$, $t \in [s_q^{(n)} + T^*,\ t_q^{(n)}]$ 时, 有

$$
\begin{cases}
F(t) = F_m \mathrm{e}^{-(d+\alpha)(t-m)}, & m < t < m+1, m \in z^+, \\
F(m) \geqslant b F_{m^-} (1-2r\eta)^{\frac{1}{r}} + F_{m^-}, & m \in z^+.
\end{cases}
$$

从而有

$$
\begin{aligned}
\frac{\eta}{(n+1)^2} &\geqslant F(t_q^{(n)},\ (\theta_1^{(n)},\ \theta_2^{(n)})) \\
&\geqslant F(t_q^{(n)} - 1,\ (\theta_1^{(n)},\ \theta_2^{(n)})) \left[b\mathrm{e}^{-d-\alpha}(1-2r\eta)^{\frac{1}{r}} + \mathrm{e}^{-d-\alpha} \right] > \frac{\eta}{(n+1)^2}.
\end{aligned}
$$

上面不等式显然不成立, 故存在 η, 使得对于系统 (4.12) 的任意解 $(F(t), S(t))$, 有 $\liminf\limits_{t\to+\infty} F(t) > \eta$. 类似可证存在 η', 满足 $\liminf\limits_{t\to+\infty} S(t) \geqslant \eta'$. 定理得证.

　　考虑害鼠的脉冲式繁殖、在繁殖季节对害鼠捕获, 以及长期对害鼠不育控制, 吕江 (2012) 建立了脉冲微分方程模型 (4.24)~(4.26).

$$
\begin{cases}
F'(t) = -dF - \alpha F, \\
S'(t) = \alpha F - dS,
\end{cases} \quad t \neq 1,\ 2,\ 3,\ \cdots,
$$
$$
\begin{cases}
F(m^+) = b[1 - r(F(m^-) + S(m^-))]^{\frac{1}{r}} F(m^-) + (1-\Theta)F(m^-), \\
S(m^+) = (1-\Theta)S(m^-),
\end{cases} \quad m = 1,\ 2,\ 3,\ \cdots,
$$
$$(4.24)$$

$$
\begin{cases}
F'(t) = -dF - \alpha F, \\
S'(t) = \alpha F - dS,
\end{cases} \quad t \neq 1,\ 2,\ 3,\ \cdots,
$$
$$
\begin{cases}
F(m^+) = b\mathrm{e}^{-(F(m^-)-S(m^-))} F(m^-) + (1-\Theta)F(m^-), \\
S(m^+) = (1-\Theta)S(m^-),
\end{cases} \quad m = 1,\ 2,\ 3,\ \cdots,
$$
$$(4.25)$$

$$
\begin{cases}
F'(t) = -dF - \alpha F, \\
S'(t) = \alpha F - dS,
\end{cases} \quad t \neq 1,\ 2,\ 3,\ \cdots,
$$
$$
\begin{cases}
F(m^+) = \dfrac{bF(m^-)}{c + [F(m^-) + S(m^-)]^u} + (1-\Theta)F(m^-), \\
S(m^+) = (1-\Theta)S(m^-),
\end{cases} \quad m = 1,\ 2,\ 3,\ \cdots,
$$
$$(4.26)$$

其中 Θ 为按比例捕获率.

　　在通过不育剂对害鼠进行不育控制时, 害鼠取食不育剂后几天就导致不育, 因此可以将不育控制看作是瞬时完成的. 假设害鼠种群的增长满足 Logistic 模型, 在不育控制下, 将种群分为可育及不育两个子种群, 分别用 $f(t)$, $s(t)$ 表示在时刻 t 两

个子种群的规模. 不育子种群不能产生后代, 其死亡率为 d, 假设每隔固定时间 T 控制一次, 不育率为 q, Liu 等 (2017) 研究了脉冲不育控制模型 (4.27).

$$\begin{cases} f' = rf\left(1 - \dfrac{f+s}{K}\right), & t \neq nT, \\ s' = -ds, & t \neq nT, \\ f(nT^+) = (1-q)f(nT), & t = nT, \\ s(nT^+) = s(nT) + qf(nT), & t = nT. \end{cases} \tag{4.27}$$

在害鼠防治中, 不应当见鼠就治, 应当先确定害鼠的防治阈值, 只有当害鼠数量超过防治阈值时才进行防治. 对此, 李晓霞 (2013) 建立了一个不育控制下状态脉冲灭杀的害鼠防治模型 (4.28), 并研究了阶 1 周期解的存在性和稳定性.

$$\begin{cases} \left.\begin{array}{l} F'(t) = [r - k(F+S)]F - \mu S, \\ S'(t) = \mu F - dS, \end{array}\right\} & F < h, \\ \left.\begin{array}{l} \Delta F(t) = -pF, \\ \Delta S(t) = -pS, \end{array}\right\} & F = h, \end{cases} \tag{4.28}$$

其中, μ 为不育率, p 是灭杀率, h 为防治阈值; 当可育害鼠密度达到 h 时, 实施灭杀控制, 否则, 只进行不育控制.

4.1.4 随机微分方程模型

鼠类的生长和不育控制的实施都会受到许多小的随机因素干扰, 如天气、自然环境、人类干扰、其他生物等, 综合起来认为是白噪声作用, 因此, 考虑随机微分方程模型更具有实际意义. 假设许多细小的随机干扰主要作用在不育转化率上, 冯变英等 (2015) 建立了一个不育控制下具随机干扰的单种群模型 (4.29).

$$\begin{cases} \mathrm{d}F(t) = F[b - d_1 - \mu - k(F(t) + S(t))]\mathrm{d}t - \sigma F(t)\mathrm{d}B(t), \\ \mathrm{d}S(t) = [\mu F(t) - d_1 S(t)]\mathrm{d}t + \sigma F(t)\mathrm{d}B(t), \end{cases} \tag{4.29}$$

其中, $F(t)$, $S(t)$ 分别表示 t 时刻害鼠种群的可育个体, 不育个体密度; k 是密度制约系数, μ 是不育率, b, d_1 分别是种群的出生率和死亡率; $\mathrm{d}B(t)$ 为标准白噪声, $B(t)$ 是定义在完备概率空间 (Ω, F, P) 上的 Brown 运动, σ^2 为随机干扰的强度. 模型 (4.29) 的初始条件为 $(F(0), S(0)) = (\varphi_1(0), \varphi_2(0)) \in R_+^2$.

定理 4.19 对任意给定的初值 $(F(0), S(0)) \in R_+^2$, 模型 (4.29) 的解 $(F(t), S(t))$ 有界.

证明 选取李亚普诺夫函数 $V(t) = F(t) + S(t)$, 由伊藤公式, 得

$$\mathrm{d}V\big|_{(4.29)} = [b - d_1 - kF(t) + S(t)']F(t) - d_1 S(t)\mathrm{d}t.$$

故 $\mathrm{d}V\big|_{(4.29)} < \dfrac{b^2}{4k} - d_1 V(t)$, 从而得到 $V(F(t),\, S(t)) < \dfrac{b^2}{4k} + \left(v(0) - \dfrac{b^2}{4k}\right)\mathrm{e}^{-d_1 t}$. 定理得证.

定理 4.20　当 $\mu > b - d_1 + \dfrac{\sigma^2}{2}$ 时, 模型 (4.29) 的零平衡点随机全局渐近稳定.

证明　考虑正定函数 $V(t) = \dfrac{1}{2}F^2(t) + \dfrac{c_1}{2}S^2(t)$, 由伊藤公式, 得

$$\mathrm{d}V\big|_{(4.29)} = L\mathrm{d}t + \sigma F(t)[S(t) - F(t)]\mathrm{d}B(t).$$

其中

$$L(F,\, S) = \left[b - d_1 - \mu + \frac{1}{2}\sigma^2(1 + c_1)\right]F^2 - kF^2(F + S) - c_1 d_1 S^2 + c_1 \mu F S$$

$$\leqslant \left[b - d_1 - \mu + \frac{1}{2}\sigma^2(1 + c_1)\right]F^2 - c_1 d_1 S^2 + c_1 \mu F S.$$

记 $L_1(F,S) \triangleq \left[b - d_1 - \mu + \dfrac{1}{2}\sigma^2(1 + c_1)\right]F^2 - c_1 d_1 S^2 + c_1 \mu F S$, 并取 $c_1 = \dfrac{2d_1\left(d_1 + \mu - b - \dfrac{1}{2}\sigma^2\right)}{2d_1\sigma^2 + \mu^2}$, 则有

$$L_1(F,\, S) = -\frac{d_1 + \mu - b - \dfrac{1}{2}\sigma^2}{2d_1\sigma^2 + \mu^2}[(\mu F - d_1 S)^2 + d_1 \sigma^2 F^2 + d_1^2 S^2].$$

所以, 当 $\mu > b - d_1 + \dfrac{\sigma^2}{2}$ 时, 有 $L_1 \leqslant 0$, 从而 L 负定, 因此模型 (4.29) 在零平衡点处随机全局渐近稳定.

定理 4.21　当 $\mu < b - d_1$ 时, 模型 (4.9) 的任意解 $(F(t),\, S(t))$ 依概率 1 满足

$$\limsup_{t \to +\infty} \frac{1}{t}\int_0^t \{[F(v) - F^*]^2 + [S(v) - S^*]^2\}\mathrm{d}v \leqslant \frac{\sigma^2}{W}\left[\frac{\sigma^2 d_1(b - d_1 - \mu)}{2k(d_1 + \mu)} + \frac{\sigma^2 b^2}{32k\mu d_1^2}\right].$$

这里,

$$F^* = \frac{d_1(b - d_1 - \mu)}{k(d_1 + \mu)}, \qquad S^* = \frac{\mu(b - d_1 - \mu)}{k(d_1 + \mu)},$$

$$W = \max\left\{k - \frac{\varepsilon\sigma^2(4\mu d_1 + b^2)}{16\mu d_1},\ \frac{kd_1}{\mu} - \frac{\varepsilon\sigma^2 b^2(4kd_1 + b^2)}{64\mu k d_1^2}\right\},$$

$$\varepsilon = \min\left\{\frac{8\mu d_1 k}{\sigma^2(4\mu d_1 + b^2)},\ \frac{32d_1^3 k^2}{\sigma^2 b^2(4kd_1 + b^2)}\right\}.$$

证明　定义正定函数

$$V(t) = F(t) - F^* - F^* \ln\frac{F(t)}{F^*} + \frac{c_2}{2}[S(t) - S^*]^2.$$

由伊藤公式得

$$\mathrm{d}V\big|_{(4.29)} = L\mathrm{d}t + \sigma[-F(t) + F^* + c_2 F(t)(S(t) - S^*)]\mathrm{d}B(t).$$

其中,

$$L(F,\ S) = -k(F - F^*)^2 + (c_2\mu - k)(F - F^*)(S - S^*) - c_2 d_1(S - S^*)^2 + \frac{\sigma^2 F^* + c_2\sigma^2 F^2}{2}.$$

取 $c_2 = \dfrac{k}{\mu}$, 则

$$L(F,\ S) \leqslant -k(F - F^*)^2 - \frac{kd_1}{\mu}(S - S^*)^2 + \frac{\sigma^2 d_1(b - d_1 - \mu)}{2k(d_1 + \mu)} + \frac{\sigma^2 b^4}{32k\mu d_1^2}.$$

进而可得

$$V(F,\ S) \leqslant V(F(0),\ S(0)) + \int_0^t \left[k(F(v) - F^*)^2 - \frac{kd_1}{\mu}(S(v) - S^*) \right]^2 \mathrm{d}v$$

$$+ \int_0^t \left\{ \left[\frac{\sigma^2 d_1(b - d_1 - \mu)}{2k(d_1 + \mu)} + \frac{\sigma^2 b^4}{32k\mu d_1^2} \right] \mathrm{d}v \right.$$

$$\left. + \sigma \left[-F(v) + F^* + \frac{k}{\mu}F(v)(S(v) - S^*) \right] \right\} \mathrm{d}B(v). \qquad (4.30)$$

这里 $M \overset{\triangle}{=} \displaystyle\int_0^t \sigma \left[-F(v) + F^* + \frac{k}{\mu}F(v)(S(v) - S^*) \right] \mathrm{d}B(v)$ 为局部鞅, 其二次变分为

$$\langle M(t),\ M(t) \rangle = \int_0^t \sigma^2 \left[F(v) - F^* - \frac{k}{\mu}F(v)(S(v) - S^*) \right]^2 \mathrm{d}v.$$

根据指数鞅不等式和 Borel-Cantelli 引理, 可以找到集合 $\Omega' \subset \Omega$, 满足 $P(\Omega')=1$, 对其中任意给定元素 $\omega \in \Omega'$, 存在 $k_0(\omega)$, 使得对任意 $K > k_0$ 及 ε, 有

$$M(t) \leqslant \frac{\varepsilon}{4}\langle M(t),\ M(t) \rangle + \frac{4\ln K}{\varepsilon}, \quad 0 \leqslant t \leqslant K. \qquad (4.31)$$

将 (4.31) 代入 (4.30) 得到

$$V(F,\ S) \leqslant V(F(0),\ S(0)) - \int_0^t \left[k - \frac{\varepsilon\sigma^2(4\mu d_1 + b^2)}{16\mu d_1} \right] (F(v) - F^*)^2 \mathrm{d}v$$

$$- \int_0^t \left[\frac{kd_1}{\mu} - \frac{\varepsilon\sigma^2 b^2(4kd_1 + b^2)}{64\mu k d_1^2} \right] [S(v) - S^*]^2 \mathrm{d}v$$

$$+ \left[\frac{\sigma^2 d_1(b - d_1 - \mu)}{2k(d_1 + \mu)} + \frac{\sigma^2 b^4}{32k\mu d_1^2} \right] t + \frac{4\ln K}{\varepsilon}.$$

对任意给定元素 $\omega \in \Omega'$, $K > k_0(\omega)$ 和 $0 \leqslant t \leqslant K$ 成立.

由于

$$k - \frac{\varepsilon\sigma^2(4\mu d_1 + b^2)}{16\mu d_1} > 0, \quad \frac{kd_1}{\mu} - \frac{\varepsilon\sigma^2 b^2(4kd_1 + b^2)}{64\mu k d_1^2} > 0.$$

因此, 对任意给定元素 $\omega \in \Omega'$, $K > k_0(\omega)$ 和 $0 \leqslant t \leqslant K$, 有

$$V(F,\, S) + \int_0^t \left[k - \frac{\varepsilon\sigma^2(4\mu d_1 + b^2)}{16\mu d_1} \right] (F(v) - F^*)^2 \mathrm{d}v$$

$$+ \int_0^t \left(\frac{kd_1}{\mu} - \frac{\varepsilon\sigma^2 b^2(4kd_1 + b^2)}{64\mu k d_1^2} \right) [S(v) - S^*]^2 \mathrm{d}v$$

$$\leqslant V(F(0),\, S(0)) + \left[\frac{\sigma^2 d_1(b - d_1 - \mu)}{2k(d_1 + \mu)} + \frac{\sigma^2 b^4}{32k\mu d_1^2} \right] t + \frac{4\ln K}{\varepsilon}.$$

从而有

$$\frac{1}{t}V(F,\, S) + \frac{1}{t}\int_0^t \left[k - \frac{\varepsilon\sigma^2(4\mu d_1 + b^2)}{16\mu d_1} \right] [F(v) - F^*]^2 \mathrm{d}v$$

$$+ \frac{1}{t}\int_0^t \left(\frac{kd_1}{\mu} - \frac{\varepsilon\sigma^2 b^2}{64\mu k d_1^2} \right) [S(v) - S^*]^2 \mathrm{d}v$$

$$\leqslant \frac{1}{t}V(F(0),\, S(0)) + \frac{\sigma^2 d_1(b - d_1 - \mu)}{2k(d_1 + \mu)} + \frac{\sigma^2 b^4}{32k\mu d_1^2} + \frac{4\ln K}{\varepsilon t}.$$

所以, 有

$$\limsup_{t \to +\infty} \frac{1}{t}\int_0^t \{[F(v) - F^*]^2 + [S(v) - S^*]^2\}\mathrm{d}v \leqslant \frac{\sigma^2}{W}\left[\frac{\sigma^2 d_1(b - d_1 - \mu)}{2k(d_1 + \mu)} + \frac{\sigma^2 b^4}{32k\mu d_1^2} \right].$$

定理得证.

假设随机干扰主要作用在种群的死亡率上, Li 等 (2017) 建立了一个不育控制下具随机干扰的单种群模型 (4.32).

$$\begin{cases} \mathrm{d}F(t) = F[b - d_1 - \mu - k(F(t) + S(t))]\mathrm{d}t - \sigma F(t)\mathrm{d}B(t), \\ \mathrm{d}S(t) = [\mu F(t) - d_1 S(t)]\mathrm{d}t - \sigma S(t)\mathrm{d}B(t). \end{cases} \tag{4.32}$$

定理 4.22　对任意初值, 模型 (4.32) 以概率 1 存在唯一解, 且随机一致有界.

定理 4.23　当 $\mu > b - d_1 + \frac{\sigma^2}{2}$ 且 $d_1 > \frac{\sigma^2}{2}$ 时, 模型 (4.32) 的平凡解依概率全局渐近稳定.

4.1.5　反馈控制模型

文卜玉 (2012) 和文卜玉等 (2013) 研究了具有不育控制和反馈控制的非自治单

种群模型 (4.33).

$$\begin{cases} \dfrac{\mathrm{d}x_1(t)}{\mathrm{d}t} = x_1(t)[b(t) - k(t)x_1(t)(x_1(t) + x_2(t)) - \mu(t) - c_1(t)u(t)], \\ \dfrac{\mathrm{d}x_2(t)}{\mathrm{d}t} = \mu(t)x_1(t) - x_2(t)[d(t) + k(t)x_2(t)(x_1(t) + x_2(t)) + c_2(t)u(t)], \quad (4.33) \\ \dfrac{\mathrm{d}u(t)}{\mathrm{d}t} = -e(t)u(t) + f_1(t)x_1(t) + f_2(t)x_2(t). \end{cases}$$

其中, $x_1(t)$, $x_2(t)$ 分别为可育害鼠和不育害鼠在时间 t 的密度, $u(t)$ 是控制变量, $b(t)$ 是内禀增长率, 等于出生率减去死亡率, $k(t)$ 是种群的密度制约系数, $d(t)$ 是个体的额外死亡率, $\mu(t)$ 是可育个体到不育个体的转化率. 函数 $b(t)$, $d(t)$, $\mu(t)$, $c_i(t)$ 和 $f_i(t)(i=1, 2)$ 在 $R^+ = [0, +\infty)$ 上有界连续, 且非负. 系统 (4.33) 满足初始条件

$$x_1(t_0) = x_{10} > 0, \quad x_2(t_0) = x_{20} > 0, \quad u(t_0) = u_0 > 0.$$

其中 $t_0 > 0$ 是初始时刻.

在分析模型 (4.33) 时, 需要用到如下假设:

(H$_1$) 存在正的常数 $\omega > 0$, 使得 $\liminf\limits_{t \to +\infty} \int_t^{t+\omega} b(s)\mathrm{d}s > 0$;

(H$_2$) 存在正的常数 $\lambda > 0$, 使得 $\liminf\limits_{t \to +\infty} \int_t^{t+\lambda} k(s)\mathrm{d}s > 0$;

(H$_3$) 存在正的常数 $\sigma > 0$, 使得 $\liminf\limits_{t \to +\infty} \int_t^{t+\sigma} \mu(s)\mathrm{d}s > 0$;

(H$_4$) 存在正的常数 $\tau > 0$, 使得 $\liminf\limits_{t \to +\infty} \int_t^{t+\tau} d(s)\mathrm{d}s > 0$;

(H$_5$) 存在正的常数 $\gamma > 0$, 使得 $\liminf\limits_{t \to +\infty} \int_t^{t+\gamma} e(s)\mathrm{d}s > 0$;

(H$_6$) 存在正的常数 $\delta > 0$, 使得 $\liminf\limits_{t \to +\infty} \int_t^{t+\delta} [b(s) - \mu(s)]\mathrm{d}s > 0$.

对任意定义在 $I \subset R$ 上的有界函数 $f(t)$, 定义 $f^L = \inf\limits_{t \in I} f(t)$ 和 $f^M = \sup\limits_{t \in I} f(t)$. 考虑下面一般形式的伯努利方程

$$\frac{\mathrm{d}x(t)}{\mathrm{d}t} = x(t)(a(t) - b(t)x^\alpha(t)), \quad (4.34)$$

其中, $\alpha \geqslant 1$ 为常数, $a(t)$ 和 $b(t)$ 为定义在 R^+ 上的连续有界函数, 且对所有 $t \geqslant 0$ 有 $b(t) \geqslant 0$.

引理 4.24 假设存在常数 $\lambda_1 > 0$ 和 $\lambda_2 > 0$, 使得

$$\liminf\limits_{t \to +\infty} \int_t^{t+\lambda_1} b(s)\mathrm{d}s > 0, \quad \liminf\limits_{t \to +\infty} \int_t^{t+\lambda_2} a(s)\mathrm{d}s > 0,$$

那么

(1) 存在常数 $M \geqslant m > 0$, 使得对方程 (4.34) 的任意正解 $x(t)$, 都有

$$m \leqslant \liminf_{t \to +\infty} x(t) \leqslant \limsup_{t \to +\infty} x(t) \leqslant M.$$

(2) 对方程 (4.34) 的任意两个正解 $x^{(1)}(t)$ 和 $x^{(2)}(t)$, 都有

$$\lim_{t \to +\infty} (x^{(1)}(t) - x^{(2)}(t)) = 0.$$

考虑线性方程

$$\frac{\mathrm{d}x(t)}{\mathrm{d}t} = a(t) - b(t)x(t), \tag{4.35}$$

其中, $a(t)$ 和 $b(t)$ 为定义在 R^+ 上的连续有界函数. 应用引理 4.24 可以得到下面结论.

引理 4.25 假设对任意 $t \geqslant 0$ 有 $a(t) \geqslant 0$, 且存在常数 $\sigma_1 > 0$ 和 $\sigma_2 > 0$, 使得 $\liminf\limits_{t \to +\infty} \int_t^{t+\sigma_1} b(s)\mathrm{d}s > 0$, $\liminf\limits_{t \to +\infty} \int_t^{t+\sigma_2} a(s)\mathrm{d}s > 0$. 那么

(1) 存在常数 $M \geqslant m > 0$, 使得对方程 (4.35) 的任意正解 $x(t)$, 都有

$$m \leqslant \liminf_{t \to +\infty} x(t) \leqslant \limsup_{t \to +\infty} x(t) \leqslant M.$$

(2) 对方程 (4.35) 的任意二个正解 $x^{(1)}(t)$ 和 $x^{(2)}(t)$, 都有

$$\lim_{t \to +\infty} (x^{(1)}(t) - x^{(2)}(t)) = 0.$$

进一步考虑线性方程

$$\frac{\mathrm{d}x(t)}{\mathrm{d}t} = f(t) - b(t)x(t) + a(t), \tag{4.36}$$

其中 $f(t)$, $a(t)$ 和 $b(t)$ 为定义在 R^+ 上连续有界函数, 且对一切 $t \geqslant 0$, 函数 $f(t)$ 和 $b(t)$ 非负. 设 $x(t, t_0, x_0)$ 是方程 (4.36) 满足初始条件 $x(t_0) = x_0$ 的解. 设 $u(t)$ 为方程

$$\frac{\mathrm{d}u(t)}{\mathrm{d}t} = f(t) - b(t)u(t),$$

满足初始条件 $u(0)=0$ 的解. 则有下面的引理 4.26.

引理 4.26(Hu et al., 2009) 假设存在常数 $\gamma > 0$, 使得 $\liminf\limits_{t \to +\infty} \int_t^{t+\gamma} b(s)\mathrm{d}s > 0$, 则对任意常数 $\varepsilon > 0$ 和 $M > 0$, 存在常数 $\delta = \delta(\varepsilon) > 0$ 和 $T_0 = T_0(\varepsilon, M) > 0$, 使得对任意的 $t_0 \in R^+$, $x_0 \in R$, 且 $|x_0| \leqslant M$, $|a(t)| < \delta$ $(t \geqslant t_0)$, 有

$$|x(t, t_0, x_0) - u(t)| < \varepsilon \quad (t > t_0 + T_0).$$

若 $f(t)=0$, 则方程 (4.36) 为方程 (4.35), 由引理 4.26 可以得到推论 4.27.

推论 4.27(Wang et al., 2008) 假设存在常数 $\gamma > 0$, 使得 $\liminf\limits_{t \to +\infty} \int_t^{t+\gamma} b(s)\mathrm{d}s > 0$, 则对任意常数 $\varepsilon > 0$ 和 $M > 0$, 存在常数 $\delta = \delta(\varepsilon) > 0$ 和 $T_0 = T_0(\varepsilon, M) > 0$, 使得对任意的 $t_0 \in R^+$, $x_0 \in R$, 且 $|x_0| \leqslant M$, $|a(t)| < \delta$ $(t \geqslant t_0)$, 有

$$|x(t, t_0, x_0)| < \varepsilon \quad (t > t_0 + T_0).$$

其中 $x(t, t_0, x_0)$ 是方程 (4.35) 满足初始条件 $x(t_0) = x_0$ 的解.

定理 4.28 对任意初始时刻 $t_0 > 0$, 设 $(x_1(t), x_2(t), u(t))$ 是系统 (4.33) 满足初始条件 $(x_1(t_0), x_2(t_0), u(t_0)) = (x_{10}, x_{20}, u_0)$ 的解. 若 $x_{10}, x_{20}, u_0 > 0$, 则对任何 $t > t_0$, 有 $x_1(t), x_2(t) > 0$, $u(t) > 0$.

证明 将 (4.33) 中第一个方程等号两边同除以 $x_1(t)$, 再从 t_0 到 $t(> t_0)$ 积分, 得

$$x_1(t) = x_1(t_0) \exp\left\{ \int_{t_0}^t [b(s) - k(s)x_1(s)(x_1(s) + x_2(s)) - \mu(s) - c_1(s)u(s)]\,\mathrm{d}s \right\}.$$

由条件 $x_1(t_0) = x_{10} > 0$, 易知 $x_1(t) > 0$.

由系统 (4.33) 的第二个方程, 得

$$\frac{\mathrm{d}x_2(t)}{\mathrm{d}t} \geqslant -x_2(t)[d(t) + k(t)x_2(t)(x_1(t) + x_2(t)) + c_2(t)u(t)].$$

设 $y_2(t)$ 是方程

$$\frac{\mathrm{d}y_2(t)}{\mathrm{d}t} = -y_2(t)[d(t) + k(t)y_2(t)(x_1(t) + y_2(t)) + c_2(t)u(t)]$$

满足初始条件 $y_2(t_0) = x_{20}$, $t_0 > 0$ 的解. 上式等号两边同除以 $y_2(t)$, 再从 t_0 到 $t(> t_0)$ 积分, 得

$$y_2(t) = y_2(t_0) \exp\left\{ -\int_{t_0}^t [d(s) + k(s)y_2(s)(x_1(s) + y_2(s)) + c_2(s)u(s)]\,\mathrm{d}s \right\} > 0.$$

再由比较原理知 $x_2(t) \geqslant y_2(t) > 0$.

由系统 (4.33) 的第三个方程, 得

$$\frac{\mathrm{d}u(t)}{\mathrm{d}t} \geqslant -e(t)u(t).$$

设 $v(t)$ 是方程

$$\frac{\mathrm{d}v(t)}{\mathrm{d}t} = -e(t)v(t)$$

满足初始条件 $v(t_0) = u_0$, $t_0 > 0$ 的解, 则有

$$v(t) = v(t_0) \exp\left[\int_{t_0}^{t} -e(s)\mathrm{d}s\right] > 0.$$

由比较原理知 $u(t) \geqslant v(t) > 0$.

定理 4.29   假设 $(\mathrm{H}_1) \sim (\mathrm{H}_5)$ 成立, 那么存在常数 $M > 0$, 使得对系统 (4.33) 的任意正解 $(x_1(t), x_2(t), u(t))$ 都满足条件

$$\limsup_{t \to +\infty} x_1(t) < M, \quad \limsup_{t \to +\infty} x_2(t) < M, \quad \limsup_{t \to +\infty} u(t) < M.$$

证明   令 $(x_1(t), x_2(t), u(t))$ 是系统 (4.33) 的任意正解, 由 (4.33) 的第一个方程, 得对所有 $t \geqslant t_0$ 有

$$\frac{\mathrm{d}x_1(t)}{\mathrm{d}t} \leqslant x_1(t)[b(t) - k(t)x_1^2(t)]. \tag{4.37}$$

考虑辅助方程

$$\frac{\mathrm{d}y_1(t)}{\mathrm{d}t} = y_1(t)[b(t) - k(t)y_1^2(t)]. \tag{4.38}$$

由假设 (H_1), (H_2) 和引理 4.24 知, 存在一个常数 $M_1 > 0$, 使得对方程 (4.38) 满足初始条件 $y_1(t_0) = x_1(t_0)$ 的解 $y_1(t)$ 有 $\limsup\limits_{t \to +\infty} y_1(t) < M_1$. 由 (4.37) 和比较原理得到对所有 $t \geqslant t_0$, 有 $x_1(t) \leqslant y_1(t)$. 因此得到

$$\limsup_{t \to +\infty} x_1(t) \leqslant \limsup_{t \to +\infty} y_1(t) < M_1.$$

所以, 存在一个常数 $T_1 > 0$, 使得对所有 $t > T_1$, 有 $x_1(t) < M_1$.

由系统 (4.33) 的第二个方程知道对所有 $t \geqslant T_1$, 有

$$\frac{\mathrm{d}x_2(t)}{\mathrm{d}t} \leqslant M_1\mu(t) - d(t)x_2(t). \tag{4.39}$$

考虑辅助方程

$$\frac{\mathrm{d}y_2(t)}{\mathrm{d}t} = M_1\mu(t) - d(t)y_2(t), \tag{4.40}$$

由假设 (H_3), (H_4) 和引理 4.25 知存在一个常数 $M_2 > 0$, 使得对方程 (4.40) 满足初始条件 $y_2(T_1) = x_2(T_1)$ 的解 $y_2(t)$ 有 $\limsup\limits_{t \to +\infty} y_2(t) < M_2$. 由 (4.39) 和比较原理得到对所有 $t \geqslant T_1$, 有 $x_2(t) \leqslant y_2(t)$. 因此得到

$$\limsup_{t \to +\infty} x_2(t) \leqslant \limsup_{t \to +\infty} y_2(t) < M_2.$$

所以, 存在一个常数 $T_2 > T_1$, 使得对所有 $t > T_2$, 有 $x_1(t) < M_1$, $x_2(t) < M_2$.

由系统 (4.33) 的第三个方程知道对所有 $t \geqslant T_2$, 有

$$\frac{\mathrm{d}u(t)}{\mathrm{d}t} \leqslant -e(t)u(t) + M_1 f_1(t) + M_2 f_2(t). \tag{4.41}$$

考虑辅助方程

$$\frac{\mathrm{d}v(t)}{\mathrm{d}t} = -e(t)v(t) + M_1 f_1(t) + M_2 f_2(t). \tag{4.42}$$

由假设 (H$_5$) 和引理 4.25 知存在一个常数 $M_3 > 0$, 使得对方程 (4.42) 满足初始条件 $v(T_2) = u(T_2)$ 的解 $v(t)$ 有 $\limsup\limits_{t \to +\infty} v(t) < M_3$. 由 (4.41) 和比较原理, 得对所有 $t \geqslant T_2$ 有 $u(t) \leqslant v(t)$. 因此

$$\limsup_{t \to +\infty} u(t) \leqslant \limsup_{t \to +\infty} v(t) < M_3.$$

选择 $M = \max\{M_1, M_2, M_3\}$, 那么

$$\limsup_{t \to +\infty} x_1(t) < M, \quad \limsup_{t \to +\infty} x_2(t) < M, \quad \limsup_{t \to +\infty} u(t) < M.$$

定理 4.30 设 (H$_1$)$\sim$(H$_6$) 成立, 则存在一个常数 $m > 0$, 使得对系统 (4.37) 的任意解 $(x_1(t), x_2(t), u(t))$ 有

$$\liminf_{t \to +\infty} x_1(t) > m, \quad \liminf_{t \to +\infty} x_2(t) > m.$$

证明 令 $(x_1(t), x_2(t), u(t))$ 是系统 (4.34) 的任意正解, 根据定理 4.29, 存在 $T' > 0$, 使得当 $t \geqslant T'$ 时, 有 $x_1(t) \leqslant M, x_2(t) \leqslant M, u(t) \leqslant M$. 由假设 (H$_6$), 存在常数 $\varepsilon_0 > 0, \eta > 0$ 和 $T_0 > 0$, 使得对所有 $t \geqslant T_0$ 有

$$\int_t^{t+\delta} [b(s) - \mu(s) - \varepsilon_0 c_1(s) - 2\varepsilon_0^2 k(s)] \mathrm{d}s > \eta. \tag{4.43}$$

考虑系统 (4.33) 的第三个方程, 对上面的 $\varepsilon_0 > 0$ 和定理 4.29 中的常数 $M > 0$, 由推论 4.27, 知存在 $\delta_0 = \delta_0(\varepsilon_0) > 0$ 和 $T_1 = T_1(\varepsilon, M) > 0$, 且 $\delta_0 < \varepsilon_0$, 使得对任意 $t_0 \in R^+$ 和 $u_0 \in R$, 且 $|u_0| < M$, $|f_1(t)x_1(t) + f_2(t)x_2(t)| \leqslant \delta_0 \ (t \geqslant t_0)$, 有

$$|u(t, t_0, u_0)| < \varepsilon_0, \tag{4.44}$$

对所有 $t \geqslant t_0 + T_1$ 成立, 其中 $u(t, t_0, u_0)$ 是模型 (4.33) 中第三个方程满足初始条件 $u(t_0) = u_0$ 的解.

选取常数 $0 < \alpha_0 \leqslant \min\left\{\varepsilon_0, \dfrac{\delta_0}{1 + f_1^M + f_2^M}\right\}$, 进一步考虑方程

$$\frac{\mathrm{d}N(t)}{\mathrm{d}t} = \mu(t)x_1(t) - d(t)N(t). \tag{4.45}$$

由推论 4.27 可得对上述 $\alpha_0 > 0$, 存在 $\delta_1 < \alpha_0$ 和 $T_0' = T_0'(\alpha_0, M) > 0$, 使得对任何 $t_0 \in R^+$ 和 $N_0 \in R^+$ 且 $|N_0| < M$, $\mu(t)x_1(t) < \delta_1$ $(t \geq t_0)$, 有

$$|N(t, t_0, N_0)| < \alpha_0, \tag{4.46}$$

对所有 $t \geq t_0 + T_0'$ 成立, 其中 $N(t, t_0, N_0)$ 是方程 (4.45) 满足初始条件 $N(t_0) = N_0$ 的解.

再选取常数 $0 < \alpha_1 \leq \min\left\{\varepsilon_0, \dfrac{\delta_1}{1 + \mu^M}\right\}$, 对 $x_1(t)$ 有下面三种情形.

情形 1: 存在常数 $T^* \geq T_1$, 使得对所有 $t \geq T^*$, 有 $x_1(t) \leq \alpha_1$;

情形 2: 存在常数 $T^* \geq T_1$, 使得对所有 $t \geq T^*$, 有 $x_1(t) \geq \alpha_1$;

情形 3: 存在一个序列 $\{[s_k, t_k]\}$, 且 $T_1 \leq s_1 < t_1 < s_2 < t_2 < \cdots < s_k < t_k < \cdots$, $\lim\limits_{k \to +\infty} s_k = +\infty$, 使得当 $t \in \bigcup\limits_{k=1}^{+\infty}[s_k, t_k]$ 时, 有 $x_1(t) \leq \alpha_1$, 当 $t \notin \bigcup\limits_{k=1}^{+\infty}[s_k, t_k]$ 时, 有 $x_1(t) > \alpha_1$.

对于情形 1, 由于对一切 $t \geq T^*$, 有 $\dfrac{\mathrm{d}x_2(t)}{\mathrm{d}t} \leq \mu(t)x_1(t) - d(t)x_2(t)$. 考虑比较方程

$$\frac{\mathrm{d}N(t)}{\mathrm{d}t} = \mu(t)x_1(t) - d(t)N(t).$$

设 $N(t)$ 是其满足初始条件 $N(T^*) = x_2(T^*)$ 的解, 则对一切 $t \geq T^*$, 有 $x_2(t) \leq N(t)$. 由于对一切 $t \geq T^*$, 有 $x_1(t) \leq \alpha_1$, 因而 $\mu(t)x_1(t) \leq \delta_1$, 且 $|N(T^*)| \leq M$. 故根据 (4.46) 式得到对一切 $t \geq T^* + T_0'$, 有 $N(t) \leq \alpha_0$, 从而有 $x_2(t) \leq \alpha_0$. 所以, 对一切 $t \geq T^* + T_0'$, 有

$$x_1(t) \leq \alpha_1, \quad x_2(t) \leq \alpha_0, \quad u(t) < M.$$

因此, 对任意的 $t \geq T^* + T_0'$, 有 $f_1(t)x_1(t) + f_2(t)x_2(t) < \delta_0$ 和 $u(T^* + T_0') \leq M$. 在 (4.44) 中选择 $t_0 = T^* + T_0'$, 可得对所有 $t \geq T^* + T_0' + T_1$, 有

$$|u(t, T^* + T_0', u(T^* + T_0'))| < \varepsilon_0.$$

因此, 对所有 $t \geq T^* + T_0' + T_1$, 有 $x_1(t) \leq \alpha_1 < \varepsilon_0$, $x_2(t) \leq \alpha_0 < \varepsilon_0$, $u(t) < \varepsilon_0$.

由于对任意 $t \geq T^* + T_0' + T_1$, 有

$$\frac{\mathrm{d}x_1(t)}{\mathrm{d}t} \geq x_1(t)[b(t) - 2\varepsilon_0^2 k(t) - \mu(t) - \varepsilon_0 c_1(t)].$$

从 $T^* + T_0' + T_1$ 到 $t(t > T^* + T_0' + T_1)$ 积分, 得

$$x_1(t) \geq x_1(T^* + T_0' + T_1) \exp\left\{\int_{T^* + T_0' + T}^{t} [b(s) - 2\varepsilon_0^2 k(s) - \mu(s) - \varepsilon_0 c_1(s)]\mathrm{d}s\right\}.$$

由 (4.43), 当 $t \to +\infty$ 时, 有 $x_1(t) \to +\infty$, 矛盾.

对于情形 2, 从对所有 $t \geqslant T^*$, 有 $x_1(t) \geqslant \alpha_1$ 成立, 得到定理成立.

对于情形 3, 对任意 $t \in [s_k, t_k]$, 有 $x_1(t) \leqslant \alpha_1$ 和 $x_1(s_k) = x_1(t_k) = \alpha_1$.

如果 $t_k - s_k \leqslant T_0' + T_1$, 选取常数

$$h = \sup_{t \geqslant 0} \left\{ |b(t)| + 2\varepsilon_0^2 k(t) + \mu(t) + Mc_1(t) \right\}, \quad \sigma = \exp[h(T_0' + T_1 + \omega)].$$

在区间 $[s_k, t_k]$ 上积分系统 (4.33) 的第一个方程得

$$
\begin{aligned}
x_1(t) &= x_1(s_k) \exp \left\{ \int_{s_k}^{t} [b(s) - k(s)x_1(s)(x_1(s) + x_2(s)) - \mu(s) - c_1(s)u(s)]\mathrm{d}s \right\} \\
&\geqslant x_1(s_k) \exp \left\{ \int_{s_k}^{t} [b(s) - k(s)(x_{10} + \varepsilon_0)(x_{10} + \varepsilon_0) - \mu(s) - Mc_1(s)]\mathrm{d}s \right\} \\
&\geqslant \alpha_1 \exp \left\{ \int_{s_k}^{t} [b(s) - 2\varepsilon_0^2 k(s) - \mu(s) - Mc_1(s)]\mathrm{d}s \right\} \\
&\geqslant \alpha_1 \exp[-h(T_0' + T_1)].
\end{aligned}
$$

如果 $t_k - s_k > T_0' + T_1$, 由于对任意 $t \in [s_k, t_k]$, 有 $x_1(t) \leqslant \alpha_1$, 从而 $\mu(t)x_1(t) \leqslant \delta_1$ 且 $|N(T^*)| \leqslant M$. 因此对 $t \in [s_k + T_0', t_k]$, 有 $N(t) \leqslant \alpha_0$, 从而 $x_2(t) \leqslant \alpha_0$, 即 $x_1(t) \leqslant \alpha_1$, $x_2(t) \leqslant \alpha_0$, $u(t) < M$ 同时成立, 因此有 $f_1(t)x_1(t) + f_2(t)x_2(t) < \delta_0$. 在 (4.44) 中, 取 $t_0 = s_k + T_0'$, 可得对所有 $t \in [s_k + T_0' + T_1, t_k]$, 有

$$|u(t, s_k + T_0', u(s_k + T_0'))| < \varepsilon_0.$$

对任意 $t \in [s_k, t_k]$, 若 $t \leqslant s_k + T_0' + T_1$, 从前面对 $t_k - s_k \leqslant T_0' + T_1$ 情形的讨论知道有 $x_1(t) \geqslant \alpha_1 \exp[-h(T_0' + T_1)]$, 特别地, 有 $x_1(s_k + T_0' + T_1) \geqslant \alpha_1 \exp[-h(T_0' + T_1)]$. 若 $t > s_k + T_0' + T_1$, 选择一个常数 $p \geqslant 0$, 使得 $t \in (s_k + T_0' + T_1 + p\omega, s_k + T_0' + T_1 + (p+1)\omega]$, 从 $s_k + T_0' + T_1$ 到 $t(t > s_k + T_0' + T_1)$ 积分系统 (4.33) 的第一个方程得到

$$
\begin{aligned}
x_1(t) &= x_1(s_k + T_0' + T_1) \exp \left\{ \int_{s_k + T_0' + T_1}^{t} [b(s) - k(s)x_1(s)(x_1(s) + x_2(s)) \right. \\
&\quad \left. - \mu(s) - c_1(s)u(s)]\mathrm{d}s \right\} \\
&\geqslant \alpha_1 \exp[-h(T_0' + T_1)] \exp \left[\int_{s_k + T_0' + T_1}^{t} [b(s) - 2\varepsilon_0^2 k(s) - \mu(s) - \varepsilon_0 c_1(s)] \,\mathrm{d}s \right] \\
&= \alpha_1 \exp[-h(T_0' + T_1)] \exp \left[\left(\int_{s_k + T_0' + T_1}^{s_k + T_0' + T_1 + p\omega} + \int_{s_k + T_0' + T_1 + p\omega}^{t} \right) (b(s) \right. \\
&\quad \left. - 2\varepsilon_0^2 k(s) - \mu(s) - \varepsilon_0 c_1(s))\mathrm{d}s \right]
\end{aligned}
$$

$$\geqslant \alpha_1 \exp[-h(T_0' + T_1)] \exp\left[\int_{s_k + T_0' + T_1 + p\omega}^{t} (b(s) - 2\varepsilon_0^2 k(s) - \mu(s) - \varepsilon_0 c_1(s))\mathrm{d}s\right]$$

$$\geqslant \alpha_1 \exp[-h(T_0' + T_1)] \exp(-h\omega)$$

$$= \alpha_1 \sigma.$$

因此, 对所有 $t \in \bigcup\limits_{k=1}^{+\infty}[s_k, t_k]$, 有 $x_1(t) \geqslant \alpha_1\sigma$. 此外, 由于对任意 $t \notin \bigcup\limits_{k=1}^{+\infty}[s_k, t_k]$, 有 $x_1(t) > \alpha_1$, 故总有 $x_1(t) \geqslant \alpha_1$ 成立. 因此, 对于情形 3, 对所有 $t \geqslant T^*$, 有 $x_1(t) \geqslant \alpha_1\sigma$. 选择 $m_1 = \alpha_1\sigma$, 那么有

$$\liminf_{t \to +\infty} x_1(t) > m_1. \tag{4.47}$$

考虑系统 (4.33) 的第二个方程, 由定理 4.29 有

$$\frac{\mathrm{d}x_2(t)}{\mathrm{d}t} = \mu(t)x_1(t) - x_2(t)[d(t) + k(t)x_2(t)(x_1(t) + x_2(t)) + c_2(t)u(t)]$$

$$\geqslant m_1\mu(t) - x_2(t)[d(t) + 2M^2 k(t) + Mc_2(t)]. \tag{4.48}$$

考虑方程

$$\frac{\mathrm{d}y(t)}{\mathrm{d}t} = m_1\mu(t) - y(t)[d(t) + 2M^2 k(t) + Mc_2(t)]. \tag{4.49}$$

由于

$$\liminf_{t \to +\infty} \int_t^{t+\omega_1} m_1\mu(s)\mathrm{d}s > 0,$$

$$\liminf_{t \to +\infty} \int_t^{t+\omega_2} \left[d(s) + 2M^2 k(s) + Mc_2(s)\right]\mathrm{d}s > 0,$$

由引理 4.25 知, 存在一个常数 $m_2 > 0$, 使得对方程 (4.49) 的任意正解 $y(t)$, 都有 $\liminf\limits_{t \to +\infty} y(t) > m_2$. 再由 (4.48) 和比较原理知

$$\liminf_{t \to +\infty} x_2(t) \geqslant \liminf_{t \to +\infty} y(t) > m_2. \tag{4.50}$$

取 $m = \min\{m_1, m_2\}$, 故由 (4.47) 和 (4.50) 得到

$$\liminf_{t \to +\infty} x_1(t) > m, \quad \liminf_{t \to +\infty} x_2(t) > m.$$

作为定理 4.30 的推论有如下结果.

推论 4.31　若系统 (4.34) 是周期的, 即系统 (4.34) 中的所有系数是周期为 ω 的连续函数, 则假设 $(H_1)\sim(H_6)$ 等同于

$$\int_0^\omega b(s)\mathrm{d}s > 0, \qquad \int_0^\omega k(s)\mathrm{d}s > 0, \qquad \int_0^\omega \mu(s)\mathrm{d}s > 0,$$

$$\int_0^\omega d(s)\mathrm{d}s > 0, \quad \int_0^\omega e(s)\mathrm{d}s > 0, \quad \int_0^\omega (b(s) - \mu(s))\mathrm{d}s > 0.$$

从而由定理 4.28~定理 4.30 知道满足上述条件的系统 (4.33) 是持久的.

推论 4.32 若系统 (4.33) 是自治的, 即系统 (4.33) 的所有系数是非负常数, 如果 $b-\mu > 0$, 显然系统满足假设 $(H_1)\sim(H_6)$, 从而由定理 4.28~定理 4.30 知道系统 (4.33) 是持久的.

文卜玉 (2012) 还研究了如下具有不育控制、反馈控制和时滞的非自治单种群模型

$$\begin{cases} \dfrac{\mathrm{d}x_1(t)}{\mathrm{d}t} = x_1(t)[b - k(x_1(t) + x_2(t)) - \mu - c_1 u(t)], \\[2mm] \dfrac{\mathrm{d}x_2(t)}{\mathrm{d}t} = \mu x_1(t) - x_2(t)[d + k(x_1(t) + x_2(t)) + c_2 u(t)], \\[2mm] \dfrac{\mathrm{d}u(t)}{\mathrm{d}t} = -e u(t) + f_1 x_1(t) + f_2 x_2(t), \end{cases}$$

$$\begin{cases} \dfrac{\mathrm{d}x_1(t)}{\mathrm{d}t} = x_1(t)\left[b(t) - k(t)\left(x_1(t) + \int_{-\infty}^0 r_1(s)x_2(t+s)\mathrm{d}s\right)\right. \\[3mm] \qquad\qquad \left. -\mu(t) - c_1(t)\int_{-\infty}^0 h_1(s)u(t+s)\mathrm{d}s\right], \\[3mm] \dfrac{\mathrm{d}x_2(t)}{\mathrm{d}t} = \mu(t)\int_{-\infty}^0 r_3(s)x_1(t+s)\mathrm{d}s - x_2(t)\left[d(t)\right. \\[3mm] \qquad\qquad \left. + k(t)\left(\int_{-\infty}^0 r_2(s)x_1(t+s)\mathrm{d}s + x_2(t)\right) + c_2(t)\int_{-\infty}^0 h_2(s)u(t+s)\mathrm{d}s\right], \\[3mm] \dfrac{\mathrm{d}u(t)}{\mathrm{d}t} = -e(t)u(t) + f_1(t)\int_{-\infty}^0 l_1(s)x_1(t+s)\mathrm{d}s + f_2(t)\int_{-\infty}^0 l_2(s)x_2(t+s)\mathrm{d}s, \end{cases}$$

$$\begin{cases} \dfrac{\mathrm{d}x_1(t)}{\mathrm{d}t} = x_1(t)\left[b(t) - k(t)x_1(t)\left(x_1(t-\tau) + \int_{-\infty}^0 r_1(s)x_2(t+s)\mathrm{d}s\right)\right. \\[3mm] \qquad\qquad \left. -\mu(t) - c_1(t)\int_{-\infty}^0 h_1(s)u(t+s)\mathrm{d}s\right], \\[3mm] \dfrac{\mathrm{d}x_2(t)}{\mathrm{d}t} = \mu(t)\int_{-\infty}^0 r_3(s)x_1(t+s)\mathrm{d}s - x_2(t)\left[d(t)\right. \\[3mm] \qquad\qquad \left. + k(t)x_2(t)\left(\int_{-\infty}^0 r_2(s)x_1(t+s)\mathrm{d}s + x_2(t)\right) + c_2(t)\int_{-\infty}^0 h_2(s)u(t+s)\mathrm{d}s\right], \\[3mm] \dfrac{\mathrm{d}u(t)}{\mathrm{d}t} = -e(t)u(t) + f_1(t)\int_{-\infty}^0 l_1(s)x_1(t+s)\mathrm{d}s + f_2(t)\int_{-\infty}^0 l_2(s)x_2(t+s)\mathrm{d}s. \end{cases}$$

4.2 具有性别结构的非自传播不育控制

4.2.1 只对雌性进行不育控制

在使用不育剂控制害鼠时, 有的不育剂只对雌性起作用, 有的不育剂只对雄性

起作用, 有的不育剂 (或两种不育剂的混合) 对两性都起作用. 李秋英等 (2009) 建立了只对雌性害鼠进行不育控制的动态模型 (4.51).

$$\begin{cases} x_1' = x_1[r - k(x_1 + x_2 + x_3) - d - \mu], \\ x_2' = \mu x_1 - [k(x_1 + x_2 + x_3) + d + \delta]x_2, \\ x_3' = rx_1 - [k(x_1 + x_2 + x_3) + d]x_3, \end{cases} \tag{4.51}$$

其中, $x_1(t)$, $x_2(t)$, $x_3(t)$ 分别是在时刻 t 可育雌性、不育雌性、可育雄性的数量; r 为出生率, 新生个体的性别比为 1:1; 害鼠的死亡是密度制约的, k 为密度制约系数; d 为死亡率, 其中包括自然死亡率和因灭杀导致的死亡; 只对雌鼠进行连续不育控制, 不育率为 μ, δ 为不育鼠的额外死亡率. 考虑到模型的实际意义, 只在区域 $\{(x_1, x_2, x_3) | x_1 > 0, x_2 \geqslant 0, x_3 \geqslant 0\}$ 内进行讨论.

定理 4.33　区域 R_+^3 是模型 (4.51) 的正不变集.

证明　由 (4.51) 的第一个方程可得

$$x_1(t) = x_1(0) \exp\left\{ \int_0^t [r - k(x_1(s) + x_2(s) + x_3(s)) - d - \mu] \mathrm{d}s \right\},$$

故当 $t > 0$ 时, 有 $x_1(t) > 0$. 对于 $t > 0$, 系统 (4.51) 的解 $x_2(t) > 0$, 否则, 即 $x_2(t)$ 在某一有限的时刻等于零, 令 $T = \inf\{t | x_2(t) = 0\}$, 则 $x_2(T)=0$, 且 $x_2'(T) \leqslant 0$. 根据 (4.51) 的第二个方程, 可得 $x_2'(T) = \mu x_1(T) > 0$, 这导致矛盾. 故对于任意的 t, 都有 $x_2(t) > 0$. 类似可证明对任意的 $t > 0$, 都有 $x_3(t) > 0$.

定理 4.34　模型 (4.51) 的解是最终有界的.

证明　令函数 $Q(t) = x_1(t) + x_2(t) + x_3(t)$, 则函数 $Q(t)$ 沿 (4.51) 的解的导数为

$$Q'\big|_{(4.51)} = 2rx_1(t) - k(x_1 + x_2 + x_3)^2 - d(x_1 + x_2 + x_3) - \delta x_2.$$

所以有

$$Q'\big|_{(4.51)} - dQ = 2rx_1(t) - k(x_1 + x_2 + x_3)^2 - \delta x_2.$$

故存在一个常数 $M > 0$, 使得 $Q'\big|_{(4.51)} + dQ < M$, 由此得 $Q(t) < M + Q(0)\mathrm{e}^{-dt}$, 即 (4.51) 的解是正的且最终有界.

记 $R = r - d - \mu$, 当 $R < 0$ 时, 模型 (4.51) 只有平凡平衡点 $O(0, 0, 0)$; 当 $R > 0$ 时, 除 O 外, 模型还有唯一的正平衡点 $E(x_1^*, x_2^*, x_3^*)$, 其中

$$x_1^* = \frac{(r - d - \mu)(r + \delta - \mu)(r - \mu)}{k[r(r - \mu + \delta) + (r + \delta)(r - \mu)]}, \quad x_2^* = \frac{\mu}{d + \delta - \mu}x_1^*, \quad x_3^* = \frac{r}{r - \mu}x_1^*.$$

定理 4.35　当 $R < 0$ 时, 平凡平衡点 O 全局渐近稳定; 当 $R > 0$ 时, 平衡点 O 不稳定.

证明 易得模型 (4.51) 在平衡点 O 处的特征方程为

$$(\lambda - r - d + \mu)(\lambda + d + \delta)(\lambda + d) = 0.$$

显然, 当 $R < 0$ 时, 特征方程的根都是负的, 所以零平衡点 O 局部渐近稳定; 当 $R > 0$ 时, 特征方程有正根, 平衡点 O 不稳定.

下面证明当 $R < 0$ 时, O 全局渐近稳定. 构造 Lyapunov 函数 $V(t) = \mu r x_1 + \frac{1}{2} r k x_2^2 + \frac{1}{2} k \mu x_3^2$, 则有

$$
\begin{aligned}
\left. \frac{\mathrm{d}V}{\mathrm{d}t} \right|_{(4.51)} =\ & r\mu R x_1 - rk\mu x_1^2 - rk^2(x_1 + x_2 + x_3)x_2^2 - rk(d+\delta)x_2^2 \\
& - k^2\mu(x_1 + x_2 + x_3)x_3^2 - k\mu d x_3^2 \\
\leqslant\ & r\mu R x_1 - r\mu k x_1^2 - rk(d+\delta)x_2^2 - dk\mu x_3^2.
\end{aligned}
$$

选择 $m = \min\{d + \mu - r,\ 2(d+\delta)\}$, 则 $\left. \dfrac{\mathrm{d}V}{\mathrm{d}t} \right|_{(4.51)} \leqslant -mV$, 从而 $\lim\limits_{t \to +\infty} V(t) = 0$, 所以, O 全局渐近稳定.

定理 4.36 当 $R > 0$ 时, 正平衡点 E 局部渐近稳定.

证明 模型 (4.51) 在平衡点 E 处的雅可比矩阵为

$$
J_E = \begin{bmatrix}
-kx_1^* & -kx_1^* & -kx_1^* \\
\mu - kx_2^* & \mu - r - \delta - kx_2^* & -kx_2^* \\
r - kx_3^* & -kx_3^* & \mu - r - kx_3^*
\end{bmatrix}.
$$

设其特征根为 $\lambda_1, \lambda_2, \lambda_3$, 且 $\mathrm{Re}(\lambda_1) \leqslant \mathrm{Re}(\lambda_2) \leqslant \mathrm{Re}(\lambda_3)$. 注意到

$$\det J_E = (\mu - r)(r + \delta)kx_1^* - (r - \mu + \delta)krx_1^*.$$

所以 $\lambda_1 \lambda_2 \lambda_3 < 0$, 这样三个特征根只能有两种情形: ① $\mathrm{Re}(\lambda_1) \leqslant \mathrm{Re}(\lambda_2) \leqslant \mathrm{Re}(\lambda_3) < 0$; ② $\mathrm{Re}(\lambda_1) < 0 < \mathrm{Re}(\lambda_2) \leqslant \mathrm{Re}(\lambda_3)$.

因为 $\mathrm{tr}J_E = -k(x_1^* + x_2^* + x_3^*) - 2(r - \mu) - \delta < 0$, 所以 $\lambda_1 + \lambda_2 + \lambda_3 < 0$, 由此得到 $\mathrm{Re}(\lambda_1) + \mathrm{Re}(\lambda_2) < 0$ 及 $\mathrm{Re}(\lambda_1) + \mathrm{Re}(\lambda_3) < 0$.

矩阵 J_E 的第二复合加性矩阵为

$$
J_E^{[2]} = \begin{bmatrix}
\mu - r - \delta - k(x_1^* + x_2^*) & -kx_2^* & kx_1^* \\
-kx_3^* & \mu - r - k(x_1^* + x_3^*) & -kx_1^* \\
kx_3^* - r & \mu - kx_2^* & 2\mu - 2r - \delta - k(x_2^* + x_3^*)
\end{bmatrix}.
$$

直接计算, 得

$$
\begin{aligned}
\det J_E^{[2]} =\ & -k^2 x_1^* x_2^*(r - kx_3^*) - k^2 x_1^* x_3^*(\mu - kx_2^*) - kx_1^*[r - \mu + k(x_1^* + x_3^*)](r - kx_3^*) \\
& - \{[r - \mu + k(x_1^* + x_3^*)](r + \delta - \mu + kx_1^*) + kx_2^*(r - \mu + kx_1^*)\}[2r - 2\mu + \delta \\
& + k(x_2^* + x_3^*)] - kx_1^*(\mu - kx_2^*)[r - \mu + \delta + k(x_1^* + x_2^*)].
\end{aligned}
$$

根据平衡点的坐标, 得

$$\mu - kx_2^* = \frac{\mu(d + \delta + \mu)(r - \mu) + r\mu(d + \delta - \mu)}{(d + \delta)(r - \mu) + r(d + \delta - \mu)} > 0,$$

$$r - kx_3^* = \frac{r(r + \delta)(r - \mu) + r(r + \delta - \mu)(d + \mu)}{(r + \delta)(r - \mu) + r(r + \delta - \mu)} > 0.$$

所以 $\det J_E^{[2]} < 0$, 根据第二复合加性矩阵的性质, $J_E^{[2]}$ 的特征根为 $\lambda_i + \lambda_j$, $1 \leqslant i < j \leqslant 3$, 所以 $(\lambda_1 + \lambda_2)(\lambda_1 + \lambda_3)(\lambda_2 + \lambda_3) < 0$.

注意到 $\mathrm{Re}(\lambda_1 + \lambda_2) < 0$ 及 $\mathrm{Re}(\lambda_1 + \lambda_3) < 0$, 则 $\mathrm{Re}(\lambda_2 + \lambda_3) < 0$. 这说明情形②不成立, 所以 $\mathrm{Re}(\lambda_1) \leqslant \mathrm{Re}(\lambda_2) \leqslant \mathrm{Re}(\lambda_3) < 0$, 因此平衡点 E 局部渐近稳定.

为了证明正平衡点的全局稳定性, 引进引理 4.37.

设 X 是一个完备度量空间, 假设 $X^0 \subset X$, $X_0 \subset X$, $X^0 \cap X_0 = \varnothing$. $T(t)$ 是 X 上一个 C_0 半群, 且满足

$$T(t): X^0 \to X^0, \quad T(t): X_0 \to X_0. \tag{4.52}$$

令 $T_b(t) = T(t)|_{X_0}$, A_b 是 $T_b(t)$ 的全局吸引子.

引理 4.37(Wang and Ma, 1995)　假设 $T(t)$ 满足 (4.52), 并且

(1) 存在一个 $t_0 > 0$, 当 $t > t_0$ 时, $T(t)$ 是紧的;

(2) $T(t)$ 在 X 上是耗散的;

(3) $\bar{A}_b = \bigcup_{x \in A_b} \omega(x)$ 是孤立的, 并且存在一个非循环覆盖 $\bar{M}$, 这里 $\bar{M} = \{M_1, M_2, \cdots, M_n\}$;

(4) $W^s(M_i) \cap X^0 = \varnothing$, $i = 1, 2, \cdots, n$.

则 X_0 关于 X^0 是一致排斥的, 即存在一个 $\varepsilon > 0$, 使得对于任意的 $x \in X^0$, 有 $\liminf\limits_{t \to +\infty} d(T(t)x(t), X_0) > \varepsilon$, 这里 d 是由 X_0 到 $T(t)x(t)$ 的距离.

定理 4.38　当 $R > 0$ 时, (4.51) 的解是一致持续生存的.

证明　由定理 4.34 知道模型 (4.51) 的解有上界, 下面证明其有下界. 首先证明 x_2—x_3 平面一致排斥模型 (4.51) 的正解. 记

$$T(t)(x_1, x_2, x_3) = (x_1(t), x_2(t), x_3(t)),$$

$$C_0 = \{(\varphi_1, \varphi_2, \varphi_3) | \varphi_1(0) = 0\}, \quad C^0 = C(0, R_+^3),$$

$$X_0 = \{(x_1, x_2, x_3) \in R^3 | x_2 \geqslant 0, x_3 \geqslant 0, x_1 = 0\},$$

$$X^0 = \{(x_1, x_2, x_3) \in R^3 | x_1 > 0, x_2 \geqslant 0, x_3 \geqslant 0\},$$

$$X = X^0 \cup X_0.$$

要证明存在一个正数 ε_0, 使对从 C^0 出发的模型 (4.51) 的任意正解 $x(t) = (x_1(t),\ x_2(t),\ x_3(t))$, 都有 $\liminf\limits_{t \to +\infty} d(T(t)x(t),\ X_0) > \varepsilon_0$, 只需证明引理 4.37 的条件都成立. 易知 X_0 和 X^0 这两个集合是 (4.51) 的正不变集, 显然满足引理 4.37 的条件 (1), (2), 下面验证条件 (3), (4) 成立.

模型 (4.51) 在 X_0 集合上存在一个常数解 $O(0,0,0)$, 在 $x_2 - x_3$ 平面上 (4.51) 变为

$$\begin{cases} x_2' = -[k(x_2 + x_3) + d + \delta]x_2, \\ x_3' = -[k(x_2 + x_3) + d]x_3. \end{cases} \tag{4.53}$$

易知 (4.53) 的零平衡点是全局渐近稳定的, 由此可得 $O(0,0,0)$ 在 $x_2 - x_3$ 平面上是全局渐近稳定的. 故由 C_0 出发的任意解 $(x_1(t),\ x_2(t),\ x_3(t))$ 都满足 $(x_1(t),\ x_2(t),\ x_3(t)) \to O(0,0,0)$. 又因为 O 在平面 $x_2 - x_3$ 上是孤立的奇点, 且不稳定, 因此 $\{O\}$ 是孤立的且是非循环覆盖. 这样, 条件 (3) 成立.

假设等式 $W^s(E_0) \cap X^0 = \varnothing$ 不成立, 则 (4.51) 存在正解 $(x_1(t),\ x_2(t),\ x_3(t))$, 使得

$$(x_1(t), x_2(t), x_3(t)) \to O(0,0,0) \quad (t \to +\infty).$$

则对于任意的 $\varepsilon > 0$, 存在 $t_0 > 0$, 使得当 $t > t_0$ 时, 有 $x_2(t) < \varepsilon$, $x_3(t) < \varepsilon$. 选择 ε 使 $r - d - \mu - 2k\varepsilon > 0$, 则当 $t > t_0$ 时, 有

$$x_1'(t) > [r - d - \mu - 2k\varepsilon - kx_1(t)]x_1(t),$$

则

$$\liminf_{t \to +\infty} x_1(t) \geqslant \frac{r - d - \mu - 2k\varepsilon}{k},$$

这导致矛盾, 所以有 $W^s(E_0) \cap X^0 = \varnothing$, 即条件 (4) 成立.

至此引理 4.37 的条件全部成立, 因此 X_0 一致排斥 (4.51) 出发于 C^0 的正解, 因此存在 $\varepsilon_0 > 0$, 使得 $\liminf\limits_{t \to +\infty} x_1(t) \geqslant \varepsilon_0$. 下证存在 $\varepsilon_1 > 0$, 使得 $\liminf\limits_{t \to +\infty} x_2(t) \geqslant \varepsilon_1$, $\liminf\limits_{t \to +\infty} x_3(t) \geqslant \varepsilon_1$. 由 (4.51) 的第一个和第二个方程得

$$x_1'(t) + x_2'(t) \leqslant [r - d - k(x_1 + x_2)](x_1 + x_2).$$

所以存在 $M = \dfrac{r - d}{k} > \varepsilon_0$, 使得

$$\limsup_{t \to +\infty}(x_1(t) + x_2(t)) \leqslant M, \quad \limsup_{t \to +\infty} x_3(t) \leqslant \frac{rM}{d}.$$

由模型 (4.51) 得

$$\begin{cases} x_2' > \mu\varepsilon_0 - \left[k\left(M + \dfrac{rM}{d}\right) + d + \delta\right]x_2, \\ x_3' > r\varepsilon_0 - \left[k\left(M + \dfrac{rM}{d}\right) + d\right]x_3. \end{cases}$$

令 $\varepsilon_1 = \dfrac{\mu\varepsilon_0}{kM + \dfrac{rkM}{d} + d + \delta}$, 根据比较定理可得 $\varliminf\limits_{t\to+\infty} x_2(t) \geqslant \varepsilon_1$, 同理可得

$$\varliminf\limits_{t\to+\infty} x_3(t) \geqslant \dfrac{r\varepsilon_0}{kM + \dfrac{rkM}{d} + d} > \varepsilon_1,$$

即系统 (4.51) 是一致持续生存的.

由定理 4.36 及 Kuang (1993) 中定理 8.2.3 可得定理 4.39.

定理 4.39　当 $R > 0$ 时, 正平衡点 E 全局渐近稳定.

此外, 王文娟和李秋英 (2011) 还研究了模型 (4.54), Li 等 (2009) 研究了模型 (4.55),

$$\begin{cases} x_1' = x_1[r - k(x_1 + x_2 + x_3) - d_1 - \mu_1 - \mu_2], \\ x_2' = \mu_1 x_1 - [k(x_1 + x_2 + x_3) + d_1 + \delta + \mu_2]x_2, \\ x_3' = rx_1 - [k(x_1 + x_2 + x_3) + d_2 + \mu_2]x_3, \end{cases} \tag{4.54}$$

$$\begin{cases} x_1' = x_1[r - k(x_1 + x_2 + x_3) - d - \mu_1 - \mu_2], \\ x_2' = \mu_1 x_1 - (d + \mu_2 + \delta)x_2, \\ x_3' = [r - k(x_1 + x_2 + x_3)]x_1 + (d + \mu_2)x_3. \end{cases} \tag{4.55}$$

在 (4.54) 中, 雌雄害鼠的死亡率不同; 在 (4.55) 中, 密度制约作用在出生率上.

4.2.2　对两性进行不育控制

连欣欣等 (2012) 和连欣欣 (2013) 研究了对两性进行不育控制的害鼠种群动态模型 (4.56).

$$\begin{cases} F' = F\left[\dfrac{p}{2(q + N)} - d - \beta\right], \\ f' = \beta F - df, \\ M' = \dfrac{pF}{2(q + N)} - dM - \alpha M, \\ m' = \alpha M - dm, \\ N(t) = F(t) + f(t) + M(t) + m(t). \end{cases} \tag{4.56}$$

这里以 $F(t)$, $f(t)$, $M(t)$, $m(t)$ 分别表示在时刻 t 的可育雌性、不育雌性、可育雄性、不育雄性害鼠数量; 害鼠的出生是密度制约的, 出生率为 $\dfrac{p}{q + N}$, 且新生幼鼠中雌雄各占一半; d 为害鼠死亡率; β 为雌性不育率; α 为雄性不育率; 所有参数都是非负常数. 根据模型的实际意义, 仅在区域 $G = \{(F(t), f(t), M(t), m(t))|F(t) \geqslant 0, f(t) \geqslant 0, M(t) \geqslant 0, m(t) \geqslant 0\}$ 内对系统 (4.56) 进行讨论.

定理 4.40　系统 (4.56) 的解是有界的, 即种群规模不会无限制增大.

证明　首先说明 F 是有界的. 若 $\frac{p}{2q} \leqslant d+\beta$, 则由模型 (4.56) 的第一个方程知道 $F' \leqslant 0$, 从而 F 有界. 若 $\frac{p}{2q} > d+\beta$, 且 F 为无穷大, 则 N 为无穷大, $\frac{p}{2(q+N)}$ 为无穷小, 所以 $F' = F\left[\frac{p}{2(q+N)} - d - \beta\right] < 0$, 则 F 为减函数, 这与 F 为无穷大相矛盾. 总之, F 有界, 再利用模型 (4.56) 中的其他方程可得 f, M, m 都是有界的.

通过简单计算可得下面的定理 4.41.

定理 4.41　模型 (4.56) 总有零平衡点 $O(0,0,0,0)$; 当 $\frac{p}{2q} > d+\beta$ 时, 还有正平衡点 $E(F^*, f^*, M^*, m^*)$, 其中

$$F^* = \frac{d}{2(d+\beta)}N^*, \quad f^* = \frac{\beta}{d}F^*, \quad M^* = \frac{d(d+\beta)}{2(d+\alpha)}F^*, \quad m^* = \frac{\alpha}{d}M^*,$$

$$N^* = F^* + f^* + M^* + m^* = \frac{p}{2(d+\beta)} - q.$$

定理 4.42　当 $\frac{p}{2q} < d+\beta$ 时, 模型 (4.56) 的零平衡点 O 全局渐近稳定; 当 $\frac{p}{2q} > d+\beta$ 时, O 不稳定.

证明　容易知道模型 (4.56) 在平衡点 O 处的特征方程为

$$(\lambda+b)^2(\lambda+d+\alpha)\left(\lambda+d+\beta+\frac{p}{2q}\right) = 0.$$

当 $\frac{p}{2q} < d+\beta$ 时, 特征根全为负, 所以 O 局部渐近稳定; 当 $\frac{p}{2q} > d+\beta$ 时, 有正特征根, 所以 O 不稳定.

当 $\frac{p}{2q} < d+\beta$ 时, 由模型 (4.56) 的第一个方程得

$$F' = F\left[\frac{p}{2(q+N)} - d - \beta\right] < F\left[\frac{p}{2q} - d - \beta\right] < 0,$$

所以 $\lim\limits_{t \to +\infty} F(t) = 0$. 再利用模型 (4.56) 中的其他方程, 可得 $\lim\limits_{t \to +\infty} f(t) = 0$, $\lim\limits_{t \to +\infty} M(t) = 0$, $\lim\limits_{t \to +\infty} m(t) = 0$, 即 O 全局渐近稳定.

定理 4.43　当 $\frac{p}{2q} > d+\beta$ 时, 模型 (4.56) 的正平衡点 E 全局渐近稳定.

证明　模型 (4.56) 在平衡点 E 处的特征方程为

$$(\lambda+d)(\lambda+d+\alpha)\left\{\lambda^2 + (2A+d)\lambda + \left[d+\beta+\frac{p}{2(q+N^*)}\right]A\right\} = 0,$$

其中 $A = \frac{pF^*}{2(q+N^*)^2}$. 因此, 两个特征跟 $\lambda_1 = -d, \lambda_2 = -d-\alpha$ 均为负; 另外两个特征根 λ_3, λ_4 满足

$$\lambda_3 + \lambda_4 = -2A-d < 0, \quad \lambda_3\lambda_4 = \left[d+\beta+\frac{p}{2(q+N^*)}\right]A > 0,$$

从而均具有负实部. 所以, E 局部渐近稳定.

为了研究 E 的全局稳定性, 用模型 (4.56) 的第一个方程以及四个方程的和组成模型 (4.57),

$$
\begin{cases}
F' = F\left[\dfrac{p}{2(q+N)} - d - \beta\right] \triangleq P(F,\,N), \\[3mm]
N' = \dfrac{pF}{q+N} - dN \triangleq Q(F,\,N).
\end{cases}
\tag{4.57}
$$

同时, (4.56) 的平衡点 E 转换为 (4.57) 的平衡点 $E^*(F^*,\,N^*)$, 可以知道 E^* 局部渐近稳定, 且 E^* 全局渐近稳定时 E 也全局渐近稳定.

在 FON 平面上构造区域 $OABCDO$(图 4.2), 其中, OA 的方程为 $F = N$, AB 的方程为 $F = N^*$, BC 的方程为 $N = T$, T 是方程 $dN^2 + dqN - pN^* = 0$ 的正解.

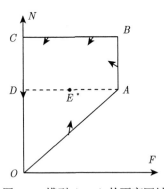

图 4.2　模型 (4.57) 的不变区域

容易知道 CD 为模型 (4.57) 的轨线, 在线段 CD 上 $N' < 0$, 在线段 AB 上 $F' < 0$, 在线段 OA 上有 $N' > 0$, $F' > 0$, $\dfrac{\mathrm{d}N}{\mathrm{d}F} = \dfrac{\dfrac{p}{q+F} - d}{\dfrac{p}{q+F} - d - \beta} > 1$. 所以轨线如图 4.2 所示进入区域 $OABCDO$, 即区域 $OABCDO$ 为不变集.

取 $B(F,\,N) = \dfrac{1}{FN}$, 则有

$$
\frac{\partial(BP)}{\partial F} + \frac{\partial(BQ)}{\partial N} = \frac{-p(2N+q)}{2(q+N)^2 N^2} < 0,
$$

由 Dulac 判别法可得在区域 $OABCDO$ 内无闭轨. 所以, E^* 全局渐近稳定, 从而 E 全局渐近稳定.

连欣欣等 (2012) 及连欣欣 (2013) 在模型 (4.56) 的基础上, 考虑竞争性繁殖干扰作用, 建立了模型 (4.58).

$$
\begin{cases}
F' = F\left[\dfrac{p}{2(q+N)}\dfrac{M}{M+m} - d - \beta\right], \\[2mm]
f' = \beta F - df, \\[2mm]
M' = \dfrac{pF}{2(q+N)}\dfrac{M}{M+m} - dM - \alpha M, \\[2mm]
m' = \alpha M - dm, \\[2mm]
N(t) = F(t) + f(t) + M(t) + m(t).
\end{cases}
\tag{4.58}
$$

定理 4.44 当 $\dfrac{p}{2q} > \dfrac{(d+\alpha)(d+\beta)}{d}$ 时, 模型 (4.58) 有正平衡点 $E^*(F^*, f^*, M^*, m^*)$, 其中

$$
F^* = \frac{d}{2(d+\beta)}N^*, \quad f^* = \frac{\beta}{d}F^*, \quad M^* = \frac{d+\beta}{d+\alpha}F^*, \quad m^* = \frac{\alpha}{d}M^*,
$$

$$
N^* = F^* + f^* + M^* + m^* = \frac{pd}{2(d+\alpha)(d+\beta)} - q.
$$

将定理 4.41 与定理 4.44 相比较, 可以知道在竞争性繁殖干扰作用下, 正平衡点更容易存在, 且在正平衡点处种群规模更小.

此外, 刘汉武等 (2008b) 研究了模型 (4.59), 张振宇和张凤琴 (2012) 及张振宇 (2013) 研究了模型 (4.60),

$$
\begin{cases}
F' = \left[\delta b - d - \alpha - \dfrac{(b-d)(\delta\varepsilon + 1 - \varepsilon)N}{K}\right]F, \\[2mm]
f' = \alpha F - \left[d + \dfrac{(1-\varepsilon)(b-d)N}{K}\right]f, \\[2mm]
M' = \delta\left[b - \dfrac{\varepsilon(b-d)N}{K}\right]F - \left[d + \beta + \dfrac{(1-\varepsilon)(b-d)N}{K}\right]M, \\[2mm]
m' = \beta M - \left[d + \dfrac{(1-\varepsilon)(b-d)N}{K}\right]m, \\[2mm]
N(t) = F(t) + f(t) + M(t) + m(t),
\end{cases}
\tag{4.59}
$$

$$
\begin{cases}
F' = p\dfrac{M}{M+m}\left(b - \dfrac{rN}{K}\right)F - dF - \alpha F + af, \\[2mm]
f' = \alpha F - df - af, \\[2mm]
M' = (1-p)\dfrac{M}{M+m}\left(b - \dfrac{rN}{K}\right)F - dM - \beta M + cm, \\[2mm]
m' = \beta M - dm - cm, \\[2mm]
N(t) = F(t) + f(t) + M(t) + m(t).
\end{cases}
\tag{4.60}
$$

在模型 (4.59) 中, 种群的出生和死亡都是密度制约的, 考虑了竞争性繁殖干扰作用, 但繁殖干扰系数为常数; 在模型 (4.60) 中, 种群按 Logistic 方程增长, 考虑了竞争性繁殖干扰作用和生育能力的恢复.

4.3　具有阶段结构的非自传播不育控制

有时将害鼠分为成体和幼体, 由于幼体不能进行繁殖, 不育控制实际上只作用于成体. 王荣欣 (2013) 通过模型 (4.61) 研究了短效不育剂控制下具有阶段结构的害鼠种群的动态行为.

$$
\begin{cases}
x' = rf\left(1 - \dfrac{x+f+s}{K}\right) - \alpha x - \eta x, \\
f' = \alpha x - \mu f - pf + \beta s, \\
s' = pf - \beta s - \mu s,
\end{cases}
\tag{4.61}
$$

其中, $x(t)$, $f(t)$, $s(t)$ 分别表示在时刻 t 幼体、可育成体、不育成体的数量; 幼体和成体具有不同的死亡率, 分别用 η 和 μ 表示; r 为成体的生育率, 假设幼体的出生受密度制约, K 为环境容纳量; α 为幼体向成体的转移率; p 为不育率, 对短效不育剂, 经过一段时间, 不育鼠会恢复生育能力, 转化为可育鼠, 设恢复率为 β; 所有参数都是非负常数.

定理 4.45　记 $R \overset{\triangle}{=} \mu(r\alpha - \mu\alpha - \eta\mu) - \mu(p+\beta)(\alpha+\eta) + r\alpha\beta$, 模型 (4.61) 总有平衡点 $O(0,0,0)$, 当 $R > 0$ 时, 还有平衡点 $E(x^*, f^*, s^*)$, 其中,

$$
x^* = \frac{\mu(\mu+\beta+p)f^*}{\alpha(\mu+\beta)}, \quad s^* = \frac{pf^*}{\mu+\beta}, \quad f^* = \frac{RK}{r(\mu+\alpha)(\mu+\beta+p)}.
$$

定理 4.46　当 $R < 0$ 时, 平衡点 O 全局渐近稳定; 当 $R > 0$ 时, O 不稳定.

证明　模型 (4.61) 在平衡点 O 处的雅可比矩阵为

$$
\begin{bmatrix}
-\alpha-\eta & r & 0 \\
\alpha & -\mu-p & \beta \\
0 & p & -\mu-\beta
\end{bmatrix}.
$$

所以, 特征方程为 $\lambda^3 + a_1\lambda^2 + a_2\lambda + a_3 = 0$, 其中, $a_1 = \alpha+p+\beta+\eta+2\mu$, $a_2 = (\alpha+\eta)(\mu+p) + (\mu+p)(\mu+\beta) + (\mu+\beta)(\alpha+\eta) - p\beta - r\alpha$, $a_3 = -R$.

当 $R < 0$ 时,

$$
H_2 = \begin{vmatrix} a_1 & a_3 \\ 1 & a_2 \end{vmatrix} = \frac{1}{\mu+\beta} \begin{vmatrix} \alpha+p+\beta+\eta+2\mu & -R \\ -\alpha-p-\eta-\mu & (\alpha+\eta+\mu)[(\mu+\beta)^2+p\beta]+\mu^2 p \end{vmatrix} > 0,
$$

$$H_1 = a_1 > 0, \quad H_3 = -RH_2 > 0,$$

所以, 根据 Hurwitz 判据, 特征根均具有负实部, O 局部渐近稳定.

当 $R > 0$ 时, 由 $H_3 = -RH_2$ 知 H_2 和 H_3 异号, 所以三个特征根 $\lambda_1, \lambda_2, \lambda_3$ 不全具有负实部, 又 $\lambda_1\lambda_2\lambda_3 = R > 0$, 所以 $\lambda_1, \lambda_2, \lambda_3$ 中至少有一个为正, 所以平衡点 O 不稳定.

下面利用 Lasalle 不变集原理 (廖晓昕, 1999) 证明当 $R < 0$ 时, 平衡点 O 全局渐近稳定. 在空间直角坐标系 $Oxfs$ 中, 将由平面 $xOf, fOs, sOx, x + f + s = K$ 所围成的四面体区域记为 D, 在 D 的顶点、棱、面上分析 x, f, s 以及 $(x + f + s)$ 的正负后, 可以知道 D 为模型 (4.61) 的正不变集.

取函数 $V = \dfrac{\alpha}{\alpha + \eta}x + f + \dfrac{\beta}{\mu + \beta}s$, 则有

$$\left.\frac{\mathrm{d}V}{\mathrm{d}t}\right|_{(4.61)} = \frac{-f}{\alpha + \eta}\left[\frac{r\alpha}{K}(x + f + s) - \frac{R}{\mu + \beta}\right],$$

当 $R < 0$ 时, $\left.\dfrac{\mathrm{d}V}{\mathrm{d}t}\right|_{(4.61)} \leqslant 0$, 又

$$E = \left\{(x, f, s)\left|\left.\frac{\mathrm{d}V}{\mathrm{d}t}\right|_{(4.61)} = 0\right.\right\} = \left\{f = 0\right\},$$

则当 $t \to +\infty$ 时, 有 $f \to 0$. 由 $f \to 0$, 利用模型 (4.61) 的第三个方程得 $s = -(\mu + \beta)s$, 所以 $s(t) = s_0\mathrm{e}^{-(\mu + \beta)t} \to 0(t \to +\infty)$. 由 $f \to 0$, $s \to 0$, 利用模型 (4.61) 的第一个方程得 $x = -(\alpha + \eta)x$, 所以 $x(t) = x_0\mathrm{e}^{-(\alpha + \eta)t} \to 0(t \to +\infty)$. 综上, 平衡点 O 全局渐近稳定.

类似于定理 4.43 的证明, 根据 Hurwitz 判据可以证明如下定理.

定理 4.47 当 $R > 0$ 时, 平衡点 E 局部渐近稳定.

如果对害鼠种群进行不育控制, 则 R 的值, 以及种群持续存在时平衡点处的种群规模 $\Sigma = \dfrac{K(r\alpha - \alpha\mu - \eta\mu)}{\alpha} - \dfrac{pK\mu(\alpha + \eta)}{\alpha(\beta + \mu)}$ 都随不育率 p 的增大而减小, 随恢复率 β 的增加而增加. 所以, 高的不育率和低的恢复率会达到更好的控制效果; 不育剂的短效限制了不育控制的作用, 减小了害鼠种群灭绝的可能, 也增大了害鼠种群持续存在时的种群规模. 但是, 也可以看出 β 的负面作用并不是使 p 的作用线性减少.

害鼠摄食过多不育剂会有一定的致死作用, 即起到灭杀控制和不育控制的双重作用 (魏万红等, 1999a; 张知彬等, 2004). 这相当于幼体死亡率 η 和成体死亡率 μ 增加, 由 R 及平衡点 E 处的种群规模的表达式 Σ 可以知道当 η 增加时, R 及 Σ

都减小, 这有利于对害鼠的控制; 但 μ 增加时, R 及 Σ 可能增加, 也可能减小, 这要看其他参数的取值情况. 这可能是由于 μ 增加时, 不育个体的数量减少, 限制了不育控制的作用.

张美明 (2011) 研究了模型 (4.62),

$$
\begin{cases}
x' = \left[b - \dfrac{r(x + F + f + M)}{K} \right] F - d_1 x - \beta x, \\
F' = \dfrac{1}{2} \beta x - dF - \alpha F, \\
f' = \alpha F - df, \\
M' = \dfrac{1}{2} \beta x - dM,
\end{cases}
\tag{4.62}
$$

其中, x, F, f, M 分别为幼体、可育雌性、不育雌性、雄性的数量, 只对成年雌性进行不育控制.

此外, 焦守文 (2011) 和焦守文等 (2011) 研究了模型 (4.63),

$$
\begin{cases}
F_1' = bF_2 - c(F_1 + F_2 + S_2)F_2 - d_1 F_2 - \alpha F_1, \\
F_2' = \alpha(1 - \beta)F_1 - d_2 F_2, \\
S_2' = \alpha \beta F_1 - d_2 S_2,
\end{cases}
\tag{4.63}
$$

其中, F_1, F_2, S_2 分别表示在时刻 t 可育幼体、可育成体、不育成体害鼠的种群规模, 幼体成熟后有的可育, 有的不可育.

4.4　具有季节动态的非自传播不育控制

由于环境、食物供给的季节性变化, 有些鼠类是季节性繁殖的, 其种群规模呈波浪式变化. 针对这种情况, Liu 等 (2012a) 建立了不育控制和灭杀控制下季节性繁殖害鼠的动态模型 (4.67). 假设害鼠的繁殖季节为 4~8 月, 非繁殖季节为 9 月 ~ 次年 3 月. 在第 n 年 4 月害鼠的种群规模为 x_n, 在第 n 年 8 月害鼠的种群规模为 y_n. 在非繁殖季节, 由于死亡, 害鼠种群规模逐渐减小, 4 月与前一年 8 月的害鼠数量之比称为越冬存活率. 在繁殖季节, 一些新生个体会产生, 一些个体会死亡, 8 月与同年 4 月害鼠数量之比称为增殖率, 其中 8 月害鼠的数量等于当年新生个体的数量加上繁殖季节存活下来的越冬个体的数量. 进一步, 称 8 月新生个体数量与同年 4 月害鼠数量之比为出生率, 称 8 月存活的越冬个体数量与同年 4 月害鼠数量之比为繁殖季节存活率. 假设越冬存活率和增值率都是密度制约的, 即随着种群的增大, 越冬存活率和增值率都减小. 设越冬存活率 $f(x) = a/(b + x)$, 其中 x 为前一年 8 月害鼠种群规模, $a > 0$, $b > 0$ 为常数, 由越冬存活率的含义知道 $f(x) < 1$,

而当 $x=0$ 时, $f(x)$ 最大, 为 a/b, 所以 $0 < a < b$. 设增值率 $g(x) = c/(d+x)$, 其中 x 为 4 月害鼠种群规模, $c > 0$, $d > 0$ 为常数, 当 $x=0$ 时, $g(x)$ 最大, 为 c/d, 而此时必有 $g(x) > 1$, 所以 $0 < d < c$. 将 $g(x)$ 写成 $g(x) = B(x) + D(x)$, 这里 $B(x) = c(1-\varepsilon)/(d+x)$, $D(x) = c\varepsilon/(d+x)$ 分别表示出生率和繁殖季节存活率, ε 是 8 月种群中越冬个体所占的比例, 由于当 $x=0$ 时, $D(x) < 1$, 所以 $0 < \varepsilon < d/c$. 这样可以建立模型 (4.64).

$$\begin{cases} y_n = \dfrac{cx_n}{d + x_n}, \\ x_{n+1} = \dfrac{ay_n}{b + y_n}, \end{cases} \text{或} \quad x_{n+1} = \dfrac{acx_n}{bd + (b+c)x_n} \overset{\triangle}{=} H(x_n). \tag{4.64}$$

鉴于 x_n, y_n 的实际意义, 这里只考虑 $x_n \geqslant 0$, $y_n \geqslant 0$ 时的情形. 经过计算可以知道, 模型 (4.64) 总有平衡点 O_1: $x^*=0$, 当 $ac > bd$ 时, 还有平衡点 E_1: $x^*=(ac-bd)/(b+c)$.

记 $H^{k+1}(x) = H(H^k(x))$, 则有

$$H^k(x) = \begin{cases} \dfrac{(ac)^k(ac-bd)x}{(ac-bd)(bd)^k + (b+c)[(ac)^k - (bd)^k]x}, & ac \neq bd, \\ \dfrac{acx}{ac + k(b+c)x}, & ac = bd. \end{cases}$$

经过计算可得, 方程 $x = H^k(x)$ 除了 O_1 和 E_1 外没有其他解, 所以模型 (4.64) 没有 k-周期解 $(k > 1)$.

可以用数学归纳法证明模型 (4.64) 的解为

$$x_n = \begin{cases} \dfrac{(ac)^n(ac-bd)x_0}{(bd)^n(ac-bd) + (b+c)[(ac)^n - (bd)^n]x_0}, & ac \neq bd, \\ \dfrac{acx_0}{ac + n(b+c)x_0}, & ac = bd. \end{cases}$$

通过简单分析可得, 当 $ac \leqslant bd$ 时, $x_n \to 0$; 当 $ac > bd$ 时, 若 $x_0=0$, 则 $x_n=0$, 若 $x_0 \neq 0$, 则 $x_n \to (ac-bd)/(b+c)$. 所以可得定理 4.48.

定理 4.48 当 $ac \leqslant bd$ 时, 模型 (4.64) 的零平衡点 O_1 全局渐近稳定, 当 $ac > bd$ 时, E_1 全局渐近稳定 $(x_0 > 0)$.

当 $x=0$ 时, $f(x)$ 最大, 为 a/b, 称其为内禀越冬存活率; 同样, 当 $x=0$ 时, $g(x)$ 最大, 为 c/d, 称其为内禀增殖率. 所以内禀越冬存活率和内禀增殖率的乘积大于 1 时, 即 $ac > bd$ 时, 种群有全局稳定的正平衡点, 此时, 种群持续存在. 在 E_1 处, 种群的全年增长率为 1, 相应的 8 月种群规模为 $y^*=(ac-bd)/(a+d)$.

下面考虑对害鼠的控制, 当 $ac \leqslant bd$ 时, 种群灭绝, 无须控制; 当 $ac > bd$ 时, 种群持续存在, 达到一定规模时会造成危害. 所以只在条件 $ac > bd$ 下考虑对害鼠进

行控制. 假设每 $h(\geqslant 1)$ 年进行一次不育控制和一次灭杀控制, 且不育控制和灭杀控制在同一年的 4 月同时进行. 此时有 $0 < p < 1$ 比例的可育个体瞬时成为不育个体, p 称为不育率, 有 $0 < q < 1$ 比例的个体瞬时被杀死, q 称为灭杀率. 在控制下, 害鼠种群分为可育和不育两个子种群, 用 f_n, s_n 分别表示第 n 年 4 月可育个体和不育个体的数量, 用 F_n, S_n 分别表示第 n 年 8 月可育个体和不育个体的数量, 在繁殖季节不育个体不能繁殖, 只能死亡. 如果在第 n 年 4 月进行控制, 则 f_n, s_n, F_n, S_n 与 f_{n+1}, s_{n+1} 的关系由模型 (4.65) 确定,

$$\begin{cases} F_n = \dfrac{c(1-q)(1-p)f_n}{d+(1-q)(f_n+s_n)}, \\ S_n = \dfrac{c\varepsilon(1-q)(s_n+pf_n)}{d+(1-q)(f_n+s_n)}, \\ f_{n+1} = \dfrac{aF_n}{b+F_n+S_n}, \\ s_{n+1} = \dfrac{aS_n}{b+F_n+S_n}, \end{cases} \text{或}$$

$$\begin{cases} f_{n+1} = \dfrac{ac(1-q)(1-p)f_n}{bd+(1-q)(b+c-cp+c\varepsilon p)f_n+(1-q)(b+c\varepsilon)s_n}, \\ s_{n+1} = \dfrac{ac\varepsilon(1-q)(s_n+pf_n)}{bd+(1-q)(b+c-cp+c\varepsilon p)f_n+(1-q)(b+c\varepsilon)s_n}. \end{cases} \tag{4.65}$$

如果第 n 年 4 月不进行控制, 则 f_n, s_n, F_n, S_n 与 f_{n+1}, s_{n+1} 的关系由模型 (4.66) 确定,

$$\begin{cases} F_n = \dfrac{cf_n}{d+f_n+s_n}, \\ S_n = \dfrac{c\varepsilon s_n}{d+f_n+s_n}, \\ f_{n+1} = \dfrac{aF_n}{b+F_n+S_n}, \\ s_{n+1} = \dfrac{aS_n}{b+F_n+S_n}, \end{cases} \text{或} \quad \begin{cases} f_{n+1} = \dfrac{acf_n}{bd+(b+c)f_n+(b+c\varepsilon)s_n}, \\ s_{n+1} = \dfrac{ac\varepsilon s_n}{bd+(b+c)f_n+(b+c\varepsilon)s_n}. \end{cases} \tag{4.66}$$

假设只在第 $nh(n \in \mathbf{N}, h \geqslant 1)$ 年的 4 月进行控制, 且用 $\bar{f}_n$, $\bar{s}_n$, $\bar{F}_n$, $\bar{S}_n$ 分别表示 f_{nh}, s_{nh}, F_{nh}, S_{nh}, 则 $\bar{f}_n$, $\bar{s}_n$ 与 $\bar{f}_{n+1}$, $\bar{s}_{n+1}$ 之间的如下关系 (4.67) 可由 (4.65) 和 (4.66) 递推得到,

$$\begin{cases} \bar{f}_{n+1} = \dfrac{A\bar{f}_n}{B+C\bar{f}_n+D\bar{s}_n}, \\ \bar{s}_{n+1} = \dfrac{E(\bar{s}_n+p\bar{f}_n)}{B+C\bar{f}_n+D\bar{s}_n}. \end{cases} \tag{4.67}$$

其中,

$$A = (1-q)(1-p)(ac)^h, \quad B = (bd)^h,$$

$$C = \frac{(1-q)(1-p)(b+c)}{bd-ac}[(bd)^h - (ac)^h] + \frac{p(1-q)(b+c\varepsilon)}{bd-ac\varepsilon}[(bd)^h - (ac\varepsilon)^h],$$

$$D = \frac{(1-q)(b+c\varepsilon)}{bd-ac\varepsilon}[(bd)^h - (ac\varepsilon)^h], \quad E = (1-q)(ac\varepsilon)^h$$

在模型 (4.65)~(4.67) 中, 只考虑 $f_n \geqslant 0$, $s_n \geqslant 0$, $F_n \geqslant 0$, $S_n \geqslant 0$ 时的情形. 记 $R_2 = (1-q)(1-p)(ac)^h - (bd)^h$, $Q_2 = 1 - p - \varepsilon^h$, 则模型 (4.67) 总有平衡点 O_2: $\bar{f}^* = \bar{s}^* = 0$, 当 $R_2 > 0$ 时, 还有正平衡点 E_2:

$$\bar{s}^* = \frac{\varepsilon^h p \bar{f}^*}{1-p-\varepsilon^h}, \quad \bar{f}^* = \frac{(A-B)(A-E)}{AC-EC+pDE}.$$

由模型 (4.67), 得 $\dfrac{\bar{s}_{n+1}}{\bar{f}_{n+1}} = \dfrac{E}{A} \cdot \dfrac{\bar{s}_n}{\bar{f}_n} + \dfrac{pE}{A}$, 因此, 当 $Q_2 = 0$, 即 $A = E$ 时, 有

$$\frac{\bar{s}_n}{\bar{f}_n} = \frac{\bar{s}_0}{\bar{f}_0} + np. \tag{4.68}$$

当 $Q_2 \neq 0$, 即 $A \neq E$ 时, 有

$$\frac{\bar{s}_n}{\bar{f}_n} = \left(\frac{\bar{s}_0}{\bar{f}_0} - \frac{pE}{A-E}\right)\left(\frac{E}{A}\right)^n + \frac{pE}{A-E}. \tag{4.69}$$

当 $Q_2 = 0$ 时, $B > A = E$, 由 (4.67) 和 (4.68) 得

$$\bar{f}_n = \frac{\bar{f}_0}{\left[1 + \dfrac{D\bar{s}_0 + C\bar{f}_0}{B-A} + \dfrac{pAD\bar{f}_0}{(B-A)^2}\right]\left(\dfrac{B}{A}\right)^n + \dfrac{npD\bar{f}_0}{A-B} + \dfrac{D\bar{s}_0 + C\bar{f}_0}{A-B} - \dfrac{pAD\bar{f}_0}{(B-A)^2}}. \tag{4.70}$$

当 $R_2 = 0$ 时, $A = B > E$, $Q_2 > 0$, 由 (4.67) 和 (4.69) 得

$$\bar{f}_n = \frac{\bar{f}_0}{\dfrac{D}{E-A}\left(\bar{s}_0 - \dfrac{pE\bar{f}_0}{A-E}\right)\left(\dfrac{E}{A}\right)^n + \dfrac{n(AC-EC+PDE)\bar{f}_0}{A(A-E)} + 1 + \dfrac{D}{A-E}\left(\bar{s}_0 - \dfrac{pE\bar{f}_0}{A-E}\right)}. \tag{4.71}$$

当 $R_2 \neq 0$, $Q_2 \neq 0$ 时, 由 (4.67) 和 (4.69) 得

$$\bar{f}_n = \bar{f}_0 \bigg/ \left[1 + \frac{D\bar{s}_0}{B-E} + \frac{(EC-BC+pDE)\bar{f}_0}{(E-B)(B-A)}\right]\left(\frac{B}{A}\right)^n$$

$$- \left[\frac{D\bar{s}_0}{B-E} - \frac{pDE\bar{f}_0}{(B-E)(A-E)}\right]\left(\frac{E}{A}\right)^n + \frac{(AC-EC+pDE)\bar{f}_0}{(A-B)(A-E)}. \tag{4.72}$$

利用 (4.68)~(4.72), 可以证明下面的定理 4.49.

定理 4.49　当 $R_2 \leqslant 0$ 时, 模型 (4.67) 的平衡点 O_2 全局渐近稳定; 当 $R_2 > 0$ 时, 模型 (4.67) 的平衡点 E_2 全局渐近稳定 (除去 $\bar{f}_0 = 0$ 的情形).

证明　只证明 $R_2 > 0$ 的情况, 其余情况可类似证明. 此时, $Q_2 > 0$ 且有 $A > B > E$.

若 $\bar{f}_0 = 0$, 则 $\bar{f}_n = 0$, $\bar{s}_n = \dfrac{\bar{s}_0}{\left(1 + \dfrac{D\bar{s}_0}{B-E}\right)\left(\dfrac{B}{E}\right)^n - \dfrac{D\bar{s}_0}{B-E}} \to 0 \ (n \to +\infty)$.

若 $\bar{f}_0 \neq 0$, 则 $\bar{f}_n$ 由 (4.72) 确定, 并且有

$$\bar{s}_n = \left(\bar{s}_0 + \frac{pE\bar{f}_0}{A-E}\bar{f}_0\right)\left(\frac{E}{A}\right)^n + \frac{pE\bar{f}_0}{A-E}\bigg/\left[1 + \frac{Z\bar{s}_0}{X-V} - \frac{(YX-YV+pVZ)\bar{f}_0}{(U-X)(X-V)}\right]\left(\frac{X}{U}\right)^n$$

$$- \left[\frac{Z\bar{s}_0}{X-V} - \frac{pZV\bar{f}_0}{(X-V)(U-V)}\right]\left(\frac{V}{U}\right)^n + \frac{(YU-YV+pVZ)\bar{f}_0}{(U-X)(U-V)}.$$

由 $A > B > E$, 容易知道 $(\bar{f}_n, \bar{s}_n) \to E_2^* \ (n \to +\infty)$.

对任意正整数 k, 由 (4.67) 递推可得

$$\bar{f}_{n+k} = A^k\bar{f}_n/B^k + \frac{C(B^k-A^k)}{B-A}\bar{f}_n + \frac{pDE[(A-E)B^k + (B-A)E^k + (E-B)A^k]}{(B-A)(A-E)(B-E)}\bar{f}_n$$

$$+ \frac{D(B^k-E^k)}{B-E}\bar{s}_n, \tag{4.73}$$

$$\bar{s}_{n+k} = \frac{pE}{E-A}(E^k-A^k)\bar{f}_n + E^k\bar{s}_n/B^k + \frac{C(B^k-A^k)}{B-A}\bar{f}_n$$

$$+ \frac{pDE[(A-E)B^k + (B-A)E^k + (E-B)A^k]}{(B-A)(A-E)(B-E)}\bar{f}_n + \frac{D(B^k-E^k)}{B-E}\bar{s}_n. \tag{4.74}$$

在由 (4.73) 和 (4.74) 式组成的系统中, 除了 O_2, E_2 外没有其他平衡点, 所以模型 (4.67) 没有 $k(>1)$-周期解.

从模型 (4.67) 正平衡点 E_2 存在和稳定的条件 $(1-q)(1-p)(ac)^h > (bd)^h$ 可以看出, 不育率 p 和灭杀率 q 在决定种群是否灭绝上的作用是相同的, 只要乘积 $(1-p)(1-q)$ 足够小, 就能使种群灭绝.

在正平衡点 E_2 处, 4 月份种群规模为

$$\Pi = \frac{(1-\varepsilon^h)[(1-q)(1-p)(ac)^h - (bd)^h]}{(1-q)(1-p)\Gamma + (1-q)\Lambda},$$

其中

$$\Gamma = \frac{(b+c)[(bd)^h - (ac)^h]}{bd-ac} - \frac{(b+c\varepsilon)[(bd)^h - (ac\varepsilon)^h]}{bd-ac\varepsilon},$$

$$\Lambda = \frac{(b+c\varepsilon)[(bd)^h - (ac\varepsilon)^h]}{bd - ac\varepsilon} - \frac{\varepsilon^h(b+c)[(bd)^h - (ac)^h]}{bd - ac}.$$

由 Π 的表达式可以看出, 不育率 p 和灭杀率 q 在决定平衡点 E_2 处种群规模上的作用是不对称的. 特别 $p=0$, 即只进行灭杀控制时, E_2 处的种群规模为

$$\Pi_L = \frac{[(ac)^h(1-q) - (bd)^h](bd - ac)}{[(bd)^h - (ac)^h](b+c)(1-q)};$$

$q=0$, 即只进行不育控制时, E_2 处的种群规模为

$$\Pi_S = \frac{(1-\varepsilon^h)[(ac)^h(1-p) - (bd)^h]}{\dfrac{p(b+c\varepsilon)}{bd - ac\varepsilon}[(bd)^h - (ac\varepsilon)^h] + \dfrac{(1-p-\varepsilon^h)(b+c)}{bd - ac}[(bd)^h - (ac)^h]}.$$

如果前面两种特殊情况中, 灭杀率 q 和不育率 p 相等, 则

$$\frac{\Pi_S}{\Pi_L} = \frac{1-p-\varepsilon^h + p\varepsilon^h}{1-p-\varepsilon^h + \dfrac{p(b+c\varepsilon)(ac - bd)[(bd)^h - (ac\varepsilon)^h]}{(bd - ac\varepsilon)(b+c)[(ac)^h - (bd)^h]}},$$

由于 $\dfrac{(b+c\varepsilon)(ac - bd)[(bd)^h - (ac\varepsilon)^h]}{(bd - ac\varepsilon)(b+c)[(ac)^h - (bd)^h]} > \varepsilon^h$, 所以 $\Pi_S < \Pi_L$, 即在同样的控制率下, 只进行不育控制比只进行灭杀控制有较好的效果.

Π 对 p 的导数为

$$\frac{\mathrm{d}\Pi}{\mathrm{d}p} = \frac{\Gamma(1-\varepsilon^h)(1-q)[(1-q)(ac)^h - (bd)^h]}{-[(1-q)(1-p)\Gamma + (1-q)\Lambda]^2},$$

注意到 $\Gamma > 0$, 有 $\dfrac{\mathrm{d}\Pi}{\mathrm{d}p} < 0$, 所以 Π 关于 p 递减; 容易知道 Π 关于 q 也是递减的. $\Pi(p, q) < \Pi(0, 0) = \dfrac{ac - bd}{b+c}$, 此为无控制时正平衡点 E_1 处 4 月份的种群规模. 因此在进行控制时, 随着不育率 p 和灭杀率 q 的增大, 正平衡点处 4 月份的种群规模逐渐减小, 当 p, q 增大到一定程度时 ($R_2 \leqslant 0$), 正平衡点消失, 种群趋向灭绝.

Π 对 h 的导数为

$$\frac{\mathrm{d}\Pi}{\mathrm{d}h} = \frac{\dfrac{(1-\varepsilon)(a+d)bcp\varepsilon^h \ln \varepsilon}{(bd - ac\varepsilon)(bd - ac)(1-\varepsilon^h)^2}\left[z(\varepsilon^h) - z\left(\left(\dfrac{bd}{ac}\right)^h\right)\right]\left(\dfrac{bd}{ac}\right)^h \ln \dfrac{bd}{ac}}{(1-q)\left\{\dfrac{p(b+c\varepsilon)}{bd - ac\varepsilon} + \left[\dfrac{b+c}{bd - ac} - \dfrac{bcp(1-\varepsilon)(a+d)}{(bd - ac\varepsilon)(bd - ac)(1-\varepsilon^h)}\right]\left[\left(\dfrac{bd}{ac}\right)^h - 1\right]\right\}^2}.$$

其中 $z(x) = \dfrac{h(1-x)[(1-p)(1-q) - x]}{x \ln x}$. 对满足 $0 < x < (1-p)(1-q)$ 的 x, 有

$$z'(x) = \frac{h(1-x+\ln x)[x - (1-p)(1-q)] + x(x-1)\ln x}{(x \ln x)^2} > 0.$$

所以 $z(x)$ 是增函数, 再注意到 $\varepsilon < bd/ac < (1-p)(1-q)$, 有 $z(\varepsilon^h) < z((bd/ac)^h)$ 及 $\mathrm{d}\Pi/\mathrm{d}h > 0$. 所以随着 h 的增大, 在平衡点 E_2 处的种群规模增大, 特别是当 $h=1$ 时控制效果最好. 当 h 趋向 ∞ 时, Π 趋于 $\dfrac{ac-bd}{b+c}$, 相当于没有控制. 由平衡点 E_2 存在的条件 $(1-p)(1-q)(ac)^h > (bd)^h$ 可以得到, h 较大时, 需要较大的 p 和 q 才能使这一条件成立.

引理 4.50　设 $a > 1$, $x > 0$, 函数 $\varphi_n(x)=1+x+x^2+\cdots+x^n$, 则 $\varphi_n(ax)/\varphi_n(x)$ 递增.

证明　首先

$$\left(\frac{\varphi_1(ax)}{\varphi_1(x)}\right)' = \left(\frac{1+ax}{1+x}\right)' = \frac{a-1}{(1+x)^2} > 0,$$

注意到 $\left(\dfrac{a^{n+1}\varphi_n(x) - \varphi_n(ax)}{x^{n+1}}\right)' < 0$, 容易由 $\left(\dfrac{\varphi_n(ax)}{\varphi_n(x)}\right)' > 0$, 得到 $\left(\dfrac{\varphi_{n+1}(ax)}{\varphi_{n+1}(x)}\right)' > 0$.

将平衡点 E_2 处 4 月份种群规模改写为

$$\Pi = \frac{(1-p)(1-q)(ac)^h - (bd)^h}{(1-q)\left\{\dfrac{b+c}{ac-bd}[(1-p)(ac)^h - (bd)^h] + \dfrac{pbc(a+d)(bd)^{h-1}\varphi_{h-1}(ac\varepsilon/bd)}{(ac-bd)\varphi_{h-1}(\varepsilon)}\right\}}.$$

注意到 $ac > bd$, 容易得到当 $h > 1$ 时, Π 随 ε 的增大而减小; 当 $h=1$ 时, $\Pi = \dfrac{(1-p)(1-q)ac-bd}{(1-q)(b+c-pc)}$, 不随 ε 变化.

参数 p, h, ε 不仅影响平衡点 E_2 处的种群规模, 还影响种群中可育个体与不育个体的比例. 容易得到, $\dfrac{\bar{s}^*}{\bar{f}^*} = \dfrac{\varepsilon^h p}{1-p-\varepsilon^h}$ 随 p 的增大而增大, 随 h 的增大而减小, 随 ε 的增大而增大.

通过模拟可以更清楚地理解控制对害鼠种群动态的影响, 模拟时参数 $a=70.4$, $b=71.7$, $c=58.3$, $d=17.1$, $\varepsilon=0.24$. 模型 (4.67) 中, p, q 在决定正平衡点 E_2 是否存在上的对称性可从图 4.3 中看出来, 其中在区域 D_0, 种群不会灭绝, E_2 存在; 在区域 D_1, D_2, D_3, 分别只需每一年、每两年、每三年控制一次就可使种群灭绝, 否则 E_2 存在; 在区域 D_4, 需要至少每四年控制一次, 种群才会灭绝.

模型 (4.67) 中, 在种群趋向于平衡点的过程中, p, q 的作用是不对称的, 如图 4.4 所示. 在初始的 4 月, $\bar{f}_n, \bar{s}_n$ 的值分别为 22.14 和 0. 每年控制一次, 黑线是种群总的规模, 灰线是不育个体的数量. 实线是当 $p=0.4, q=0.8$ 时的情形, 点线是 $p=0.8, q=0.4$ 的情形, 这两种情形下, 种群都趋向灭绝.

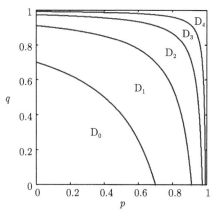

图 4.3 模型 (4.67) 中, p, q 在决定正平衡点 E_2 是否存在上的对称性

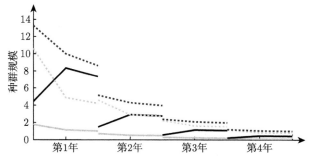

图 4.4 在种群趋向于平衡点 E_2 的过程中, p, q 的作用不对称

前面的分析说明在相同的控制率下, 与灭杀控制相比, 不育控制能将种群控制到更低的水平. 不仅如此, 在控制过程中, 不育控制下的种群连续而缓慢地下降, 灭杀控制下的种群会有剧烈的变化. 图 4.5 是每两年控制一次, 控制率为 0.8 时, 不育控制下 (点线) 和灭杀控制下 (实线) 的种群动态. 图 4.6 是每一年控制一次, 控制率为 0.8 时, 不育控制下 (点线) 和灭杀控制下 (实线) 的种群动态.

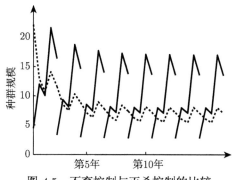

图 4.5 不育控制与灭杀控制的比较

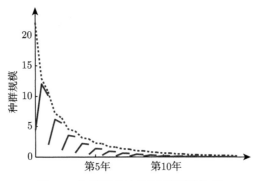

图 4.6　不育控制与灭杀控制的比较

较大的不育率和灭杀率, 以及较短的控制间隔会达到更好的控制效果, 使种群较小, 甚至灭绝. 在决定种群是否灭绝上, 不育率和灭杀率的作用是一样的, 虽然如此, 它们的作用并不能叠加, 即 0.4 的不育率加上 0.5 的灭杀率不等于 0.9 的控制率, 一种控制可以使另一种控制有更好的效果, 即能使种群灭绝的条件 $(1-q)(1-p)(ac)^h < (bd)^h$ 更容易达到.

作为控制害鼠多种方法中的两种, 不育控制和灭杀控制分别有各自的特点. 不育控制下, 种群规模连续下降, 灭杀控制下, 种群规模经过多次剧烈降低和反弹降低到较低的水平. 害鼠作为生态系统中重要的组成成分, 其数量的骤然变化会导致系统中能流、物流、信息流的紊乱, 当这种干扰超出生态系统的承受能力时, 可能导致整个系统的崩溃, 这样看来最好让害鼠种群逐渐减小. 有时害鼠的危害也是严重的, 所以迫切需要将害鼠的数量迅速减少. 现在, 这一对矛盾可以通过同时进行不育控制和灭杀控制加以解决, 适当选择不育率和灭杀率可以使害鼠的数量以适当的速度减少. 所以, 尽管不育控制有最终的更好的控制效果, 不育控制和灭杀控制也不能相互替代, 发挥它们各自的特点, 联合使用会有更好的综合效果.

在模型 (4.64) 和 (4.67) 中, 只能得到繁殖季节开始和结束时种群规模的动态, 不能得到连续的种群规模. 为了解决这一问题, Liu 等 (2017) 研究了种群规模连续变化的控制模型 (4.75),

$$\begin{cases} f'=r_1 f\left(1-\dfrac{f+s}{K}\right), & t\in[nT,\ nT+T_1],\ t\neq klT, \\ s'=-d_1 s, & t\in[nT,\ nT+T_1],\ t\neq klT, \\ f'=-r_2 f, & t\in[nT+T_1,\ (n+1)T],\ t\neq klT, \\ s'=-r_2 s, & t\in[nT+T_1,\ (n+1)T],\ t\neq klT, \\ f(klT^+)=(1-q)f(klT), & t=klT, \\ s(klT^+)=s(klT)+qf(klT), & t=klT. \end{cases} \quad \begin{array}{l} n=0,\ 1,\ 2,\ \cdots, \\ k=0,\ 1,\ 2,\ \cdots, \end{array}$$

$$(4.75)$$

4.5 无种群结构的自传播不育控制

4.5.1 具有双线性发生率的模型

假设在自然状态下, 害鼠种群动态满足 Logistic 模型, 它的内禀增长率 r 等于出生率 b 减去死亡率 d, 环境容纳量为 K, 在 t 时刻种群规模为 $N(t)$, 则有 $\dfrac{\mathrm{d}N}{\mathrm{d}t} = rN\left(1 - \dfrac{N}{K}\right)$. 在自传播不育控制下, 种群分为可育和不育两个子种群, 用 $F(t)$ 和 $S(t)$ 分别表示在时刻 t 可育个体和不育个体的数量; 通过接触可育个体将转化为不育个体, 用 β 表示单位时间内可育个体与不育个体的有效接触率; 假设新生个体都是可育的, 密度制约因素只作用于种群的出生率; 假设同时进行灭杀控制, 灭杀率为 μ. 这样可以建立具有标准发生率的模型 (4.76)(刘汉武和李秋英, 2009).

$$\begin{cases} F' = (b - d)\left(1 - \dfrac{F + S}{K}\right)F - \beta FS - \mu F, \\ S' = -dS + \beta FS - \mu S. \end{cases} \tag{4.76}$$

若 $b - d < 0$, 种群将自行消亡, 所以, 总是假设条件 $b - d > 0$ 成立. 考虑到模型的实际背景, 只在 $\{(F, S) \mid F \geqslant 0, S \geqslant 0\}$ 内讨论.

记 $R = b - d - \mu$, $R_0 = \dfrac{(b - d)(d + \mu)}{\beta K}$. 通过计算可以知道系统 (4.76) 总有零平衡点 $O(0, 0)$; 当 $R > 0$ 时, 有平衡点 $E^*(F^*, 0)$, 其中 $F^* = \dfrac{RK}{b - d}$; 当 $R > R_0$, 且 $\beta K > d$ 时, 还有正平衡点 $E^{**}(F^{**}, S^{**})$, 其中

$$F^{**} = \dfrac{d + \mu}{\beta}, \quad S^{**} = \dfrac{(R - R_0)K}{b - d + \beta K}.$$

定理 4.51 当 $R < 0$ 时, 零平衡点 O 全局渐近稳定.

定理 4.52 当 $0 < R < R_0$ 时, 零平衡点 O 不稳定, 平衡点 E^* 全局渐近稳定.

定理 4.53 当 $R > R_0$ 时, 零平衡点 O 不稳定, 平衡点 E^* 不稳定, 正平衡点 E^{**} 全局渐近稳定.

定理 4.51~定理 4.53 的证明方法类似, 这里只证明定理 4.53 的第三部分.

定理 4.53 的证明 模型 (4.76) 在正平衡点 E^{**} 处的雅可比矩阵为

$$\begin{bmatrix} -R_0 & \dfrac{-(b - d + \beta K)R_0}{b - d} \\ \dfrac{\beta K(R - R_0)}{b - d + \beta K} & 0 \end{bmatrix}.$$

其特征方程为 $\lambda^2 + R_0\lambda + (d+\mu)(R-R_0) = 0$, 所以特征根 λ_1, λ_2 满足

$$\lambda_1 + \lambda_2 = -R_0 < 0, \quad \lambda_1\lambda_2 = (d+\mu)(R-R_0).$$

所以当 $R > R_0$ 时, λ_1, λ_2 均为负值, 从而正平衡点 E^{**} 局部渐近稳定.

在 FOS 平面上, 构造三角形区域 OAB(图 4.7), 其中, 直线 AB 的方程为 $F + S = K$, 直线 CE^{**} 的方程为 $F = \dfrac{d+\mu}{\beta}$, 直线 E^*E^{**} 的方程为

$$F + \frac{b-d+\beta K}{b-d}S - \frac{KR}{b-d} = 0.$$

在线段 OB 上, $F' = 0$, $S' = -(d+\mu)S < 0$.

当 $S=0$, 即在 F 轴上时, $F' = -\dfrac{b-d}{K}\left(F - \dfrac{KR}{b-d}\right)F$, $S' = 0$, 所以在线段 AE^* 上 $F' < 0$, $S' = 0$; 在线段 OE^* 上 $F' > 0$, $S' = 0$.

当 $F + S = K$ 时, $F' = \beta F\left(F - K - \dfrac{\mu}{\beta}\right)$, $S' = -\beta(F-K)\left(F - \dfrac{d+\mu}{\beta}\right)$. 所以, 在线段 BD 上, $F' < 0$, $S' < 0$; 在线段 AD 上, $F' < 0$, $S' > 0$, 由于此时

$$\frac{\mathrm{d}F}{\mathrm{d}S} = \frac{F\left(F - K - \dfrac{\mu}{\beta}\right)}{(F-K)\left(F - \dfrac{d+\mu}{\beta}\right)} < -1,$$

从而轨线按图 4.7 所示的方向进入区域 OAB.

所以在三角形区域 OAB 的边界上, 轨线如图 4.7 所示, 也就是说三角形区域 OAB 为不变集.

取函数 $B = F^x S^y$, 则有

$$\frac{\partial(BF')}{\partial F} + \frac{\partial(BS')}{\partial S} = [(x+1)R - (y+1)(d+\mu)]F^x S^y$$
$$- \left[\frac{(x+2)(b-d)}{K} - (y+1)\beta\right]F^{x+1}S^y - \frac{(x+1)(b-d+\beta K)}{K}F^x S^{y+1}.$$

由代数知识知道关于 x, y 的方程组

$$(x+1)R - (y+1)(d+\mu) = 0, \quad \frac{(x+2)(b-d)}{K} - (y+1)\beta = 0$$

有唯一解 x^*, y^*, 且 $x^* \neq -1$. 所以, 若取 Dulac 函数 $B = F^{x^*}S^{y^*}$, 则

$$\frac{\partial(BF')}{\partial F} + \frac{\partial(BS')}{\partial S} = -\frac{(x^*+1)(b-d+\beta K)}{K}F^{x^*}S^{y^*+1}$$

不变号, 即在区域 OAB 内无闭轨.

当 $R > R_0$ 时, 由区域 OAB 为不变集、其内无闭轨、E^{**} 局部渐近稳定, O 和 E^* 不稳定, 可以得到 E^{**} 全局渐近稳定.

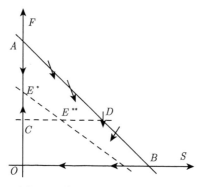

图 4.7　模型 (4.76) 的正不变集

由前面的分析可以得到如下结论:

(1) 当灭杀率 μ 足够大, 即 $\mu > b - d$ 时, 害鼠种群可以根除; 若 $\mu < b - d$, 害鼠种群不能被根除.

(2) 若 $b - d > \mu > \dfrac{(b-d)(\beta K - d)}{b - d + \beta K}$ 时, 害鼠种群中不育个体消失. 不育个体消失的原因是, 接触率 β 过小, 单位时间内, 新产生的不育个体比因自然死亡和中毒死亡的不育个体数少. 此时, 种群规模稳定到 $\dfrac{(b-d-\mu)K}{b-d}$.

(3) 若 $\mu < \dfrac{(b-d)(\beta K - d)}{b - d + \beta K}$ 时, 害鼠种群中不育个体与可育个体共存, 这时总的种群规模被控制到 $\dfrac{bK}{b - d + \beta K}$.

上面的三种情况可以利用图形更清楚地表示出来, 如图 4.8 所示, $\mu O \beta$ 平面被分成三个区域 X, Y, Z, 分别对应 (1), (2), (3) 三种情况. 参数 (μ, β) 落在区域 X 时, 害鼠可以被根除; (μ, β) 落在区域 Y 时, 不育个体消失; (μ, β) 落在区域 Z 时, 不育个体与可育个体共存.

在模型的假设下, 接触率 β 是一定值, 通过简单的计算可以知道随着灭杀率 μ 的增加种群规模逐渐减小, 直至消亡. 在选择灭杀率 μ 时, 值得注意的是, 不要让 (μ, β) 的值落在区域 Y, 因为此时种群没有被根除, 个体都是可生育的, 也就是种群脱离了不育控制

参数 (μ, β) 的值落在区域 Z 是最理想的情况, 但此时的种群规模 $\dfrac{bK}{b - d + \beta K}$ 有可能还是很高, 这时只能通过改换病毒品种, 提高病毒的传播速度, 即提高 β 值, 来降低种群规模.

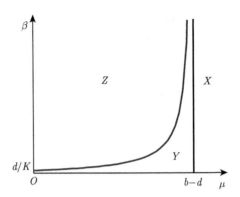

图 4.8 $\mu O\beta$ 平面被分成三个区域 X, Y, Z, 参数落在不同区域时, 模型 (4.76) 解的动态不同

焦守文 (2011) 及郑重武等 (2014) 研究了比 (4.76) 更一般的模型 (4.77), 其中出生和死亡都是密度制约的,

$$\begin{cases} F' = r\left(1 - \dfrac{F+S}{K}\right)F - \beta FS, \\[2mm] S' = -\left[d + \dfrac{r(1-\varepsilon)(F+S)}{K}\right]S + \beta FS - \mu S. \end{cases} \tag{4.77}$$

模型 (4.77) 总有零平衡点 $O(0,0)$ 和边界平衡点 $E(K,0)$, 当 $\beta K > d+\mu+r(1-\varepsilon)$ 时, 还有正平衡点 $E^*(F^*, S^*)$, 其中

$$F^* = \frac{(d+\mu)(K\beta + r) + r^2(1-\varepsilon)}{\beta(K\beta + r\varepsilon)}, \quad S^* = \frac{r[K\beta - d - \mu - r(1-\varepsilon)]}{\beta(K\beta + r\varepsilon)}.$$

定理 4.54   零平衡点 O 为鞍点; 当 $\beta K < d+\mu+r(1-\varepsilon)$ 时, 边界平衡点 E 全局渐近稳定; 当 $\beta K > d+\mu+r(1-\varepsilon)$ 时, 正平衡点 E^* 全局渐近稳定.

张梅等 (2011) 研究了模型 (4.78), 其中考虑了竞争性繁殖干扰, 并且假设并非所有被感染害鼠都不能生育,

$$\begin{cases} F' = \delta\left[b - \dfrac{r(F+S)}{K}\right][F + (1-\gamma)S] - \beta FS - dF, \\[2mm] S' = \beta FS - (d+c)S. \end{cases} \tag{4.78}$$

张梅 (2011) 还研究了模型 (4.79),

$$\begin{cases} F' = \delta\left[b - \dfrac{r\varepsilon(F+S)}{K}\right]F - \left[d + \dfrac{r(1-\varepsilon)(F+S)}{K}\right]F - \alpha FS, \\[2mm] S' = -\left[d + \dfrac{r(1-\varepsilon)(F+S)}{K}\right]S + \alpha FS. \end{cases} \tag{4.79}$$

Hood 等 (2000) 研究了模型 (4.80), 其中害鼠出生是密度制约的, 并且假设感染病毒的害鼠可以恢复, 并具有免疫.

$$\begin{cases} X' = b[X + Y + (1-\gamma)Z](1 - X - Y - Z) - (\beta Y + m)X, \\ Y' = \beta XY - (\alpha + m + v)Y, \\ Z' = vY - mZ. \end{cases} \tag{4.80}$$

4.5.2 具有标准发生率的模型

Liu 等 (2009) 建立了具有标准发生率且具有自传播不育控制和灭杀控制的单种群模型 (4.81).

$$\begin{cases} F' = (b-d)\left(1 - \dfrac{F+S}{K}\right)F - \dfrac{\beta FS}{F+S} - \mu F, \\ S' = -dS + \dfrac{\beta FS}{F+S} - \mu S, \end{cases} \tag{4.81}$$

其中, $F(t)$ 和 $S(t)$ 分别表示在时刻 t 可育个体和不育个体的数量; b 为出生率, d 为死亡率, K 为环境容纳量; β 为单位时间内可育个体与不育个体的有效接触率, μ 为灭杀率; 假设新生个体都是可育的, 密度制约因素只作用于种群的出生. 总是假设条件 $b - d > 0$ 成立, 否则种群将自行消亡.

通过计算知道, 系统 (4.81) 总有零平衡点 $O(0, 0)$; 当 $b > d+\mu$ 时, 还有平衡点 $E^*(F^*, 0)$, 其中 $F^* = \dfrac{(b-d-\mu)K}{b-d}$; 当 $b > \beta > d+\mu$ 时, 还有正平衡点 $E^{**}(F^{**}, S^{**})$, 其中

$$F^{**} = \frac{(b-\beta)(d+\mu)K}{\beta(b-d)}, \quad S^{**} = \frac{(b-\beta)(\beta-d-\mu)K}{\beta(b-d)}.$$

定理 4.55 当 $b < d+\mu$ 时, 零平衡点 O 全局渐近稳定; 当 $b > d+\mu$ 时, 零平衡点 O 不稳定.

定理 4.56 当 $\beta < d+\mu < b$ 时, 平衡点 E^* 全局渐近稳定; 当 $\beta > b > d+\mu$ 时, 平衡点 E^* 不稳定.

定理 4.57 当 $b > \beta > d+\mu$ 时, 正平衡点 E^{**} 全局渐近稳定.

三个定理的证明方法类似, 这里只证明定理 4.57.

定理 4.57 的证明 模型 (4.81) 在正平衡点 E^{**} 处的雅可比矩阵为

$$\begin{bmatrix} 2(d+\mu) - \dfrac{(d+\mu)(b+d+\mu)}{\beta} & \dfrac{-(d+\mu)(b+d+\mu-\beta)}{\beta} \\ \dfrac{(\beta-d-\mu)^2}{\beta} & \dfrac{(d+\mu)^2}{\beta} - d - \mu \end{bmatrix}.$$

其特征方程为 $\beta\lambda^2 - (\beta - b)(d + \mu)\lambda + (d + \mu)(\beta - b)(d + \mu - \beta) = 0$, 所以特征根 λ_1, λ_2 满足 $\beta(\lambda_1 + \lambda_2) = (\beta - b)(d + \mu)$, $\beta\lambda_1\lambda_2 = (d + \mu)(\beta - b)(d + \mu - \beta)$. 所以当 $b > \beta > d + \mu$ 时, λ_1, λ_2 均为负值, 从而正平衡点 E^{**} 局部渐近稳定.

在 FOS 平面上, 构造三角形区域 OAB(图 4.9), 其中, 直线 AB 的方程为 $F + S = K$, 直线 OE^{**} 的方程为 $(d + \mu - \beta)F + (d + \mu)S = 0$, D 点的纵坐标为 $\dfrac{K(d + \mu)}{\beta}$.

在线段 OB 上, $F' < 0$, $S' = -(d + \mu)S = 0$.

当 $S = 0$, 即在 F 轴上时, $F' = -\dfrac{b - d}{K}\left[F - \dfrac{(b - d - \mu)K}{b - d}\right]F$, $S' = 0$, 所以在线段 AE^* 上, $F' < 0$, $S' = 0$; 在线段 OE^* 上, $F' > 0$, $S' = 0$.

当 $F + S = K$ 时, $F' = -\dfrac{\beta}{K}\left(S + \dfrac{\mu K}{\beta}\right)F$, $S' = \dfrac{\beta}{K}S\left[F - \dfrac{(d + \mu)K}{\beta}\right]$. 所以, 在线段 BD 上, $F' < 0$, $S' < 0$; 在线段 AD 上, $F' < 0$, $S' > 0$, 且此时

$$\frac{\mathrm{d}F}{\mathrm{d}S} = \frac{-F\left(S + \dfrac{\mu K}{\beta}\right)}{S\left[F - \dfrac{(d + \mu)K}{\beta}\right]} < -1.$$

所以在三角形区域 OAB 的边界上, 轨线如图 4.9 所示, 也就是说区域 OAB 为不变集.

取函数 $B = \dfrac{1}{FS}$, 则在区域 OAB 内有 $\dfrac{\partial(BF')}{\partial F} + \dfrac{\partial(BS')}{\partial S} = \dfrac{d - b}{KS} < 0$, 即在区域 OAB 内无闭轨.

当 $b > \beta > d + \mu$ 时, 由区域 OAB 为不变集、其内无闭轨、E^{**} 局部渐近稳定, O 和 E^* 不稳定, 可以得到 E^{**} 全局渐近稳定.

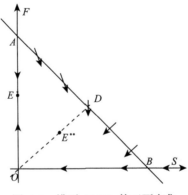

图 4.9　模型 (4.81) 的正不变集

由前面的分析可以得到如下结论:

(1) 若 $\beta < d + \mu < b$ 时, 害鼠种群中不育个体将消失. 不育个体消失的原因是, 接触率 β 过小, 单位时间内, 新产生的不育个体比因自然死亡和灭杀死亡的不育个体数少. 此时, 种群规模稳定到 $\dfrac{(b-d-\mu)K}{b-d}$, 且个体都是可育的, 也就是种群脱离了不育控制.

(2) 若 $b > \beta > d + \mu$ 时, 害鼠种群中不育个体与可育个体将共存, 这时总的种群规模被控制到 $\dfrac{(b-\beta)K}{b-d}$.

另外, 张美明 (2011) 和张美明等 (2011a) 研究了如下模型

$$\begin{cases} F' = r\left(1 - \dfrac{F+S}{K}\right)F - \dfrac{\alpha FS}{F+S}, \\[3mm] S' = -\left[d + \dfrac{r(1-\varepsilon)(F+S)}{K}\right]S + \dfrac{\alpha FS}{F+S}. \end{cases}$$

其中出生率和死亡率都是密度制约的.

4.5.3　其他自传播不育控制模型

张文英等 (2011) 和张文英 (2013) 建立了模型 (4.82)

$$\begin{cases} F' = rF - aF^2 - aFS - \dfrac{\beta FS}{1 - k + k(F+S)}, \\[3mm] S' = \dfrac{\beta FS}{1 - k + k(F+S)} - dS - aFS - aS^2, \end{cases} \tag{4.82}$$

其中, 害鼠的出生和死亡都是密度制约的, 传染率具有更一般的形式, k 是介于 0 和 1 之间的常数.

记 $R_0 = bk + \dfrac{ab(1-k)}{r}$, 其中 $b = r + d$. 通过简单计算知道模型 (4.82) 总有零平衡点 $E_0(0, 0)$ 和边界平衡点 $E_1\left(\dfrac{r}{a}, 0\right)$; 当 $R_0 < \beta$ 时, 模型 (4.82) 还有正平衡点 $E^*(F^*, S^*)$, 其中, $F^* = \dfrac{(d + aN^*)N^*}{b}$, $S^* = \dfrac{(r - aN^*)N^*}{b}$, $N^* = F^* + S^* = \dfrac{b(1-k)}{\beta - bk}$.

定理 4.58　零平衡点 E_0 不稳定; 当 $0 < \beta < R_0$ 时, 边界平衡点 E_1 全局渐近稳定; 当 $R_0 < \beta$ 时, 正平衡点 E^* 全局渐近稳定.

Courchamp 和 Cornell(2000) 建立了密度制约只作用于出生和密度制约只作用于死亡的自传播不育控制模型 (4.83) 和 (4.84), 并进行了初步研究,

$$\begin{cases} F' = rF\left(1 - \dfrac{F+S}{K}\right) - i, \\[3mm] S' = -mS + i, \end{cases} \tag{4.83}$$

$$\begin{cases} F' = rF\left(1 - \dfrac{F+S}{K}\right) - i, \\ S' = rS\left(1 - \dfrac{F+S}{K}\right) - bS + i. \end{cases} \tag{4.84}$$

在模型 (4.83) 和 (4.84) 中, 从可育个体到不育个体的转化率 i 分别取 γFS, $\dfrac{\sigma FS}{F+S}$, $\mu F + \gamma FS$, $\mu F + \dfrac{\sigma FS}{F+S}$ 四种形式.

Barlow(1994) 建立并初步研究了模型 (4.85),

$$\begin{cases} H' = aH\left(1 - \dfrac{pY}{H}\right) - H(b + sH^{\theta}) - \alpha Y, \\ Y' = q\beta Y\left(1 - \dfrac{Y}{H}\right) - Y(b + \alpha + sH^{\theta}), \end{cases} \tag{4.85}$$

其中, H 是害鼠总量, Y 为被感染害鼠数量, a 是出生率, b 是不依赖于密度的死亡率, s 是密度制约系数, θ 为种群增长曲线的形状参数, p 是感染害鼠中不育个体的比例, α 是感染病毒后的额外死亡率, q 是感染病毒害鼠中具有传染性的比例, β 是接触率.

以 (4.85) 为基础, Barlow(1994) 还建立了具有性别结构的、有恢复的、有不能被同时感染的两种病毒、有能被同时感染的两种病毒等情况下的不育控制模型.

4.6 具有性别结构的自传播不育控制

4.6.1 具有双线性发生率的模型

考虑同时对雌鼠和雄鼠进行不育控制及竞争性繁殖干扰, Liu 等 (2011) 建立了具有双线性发生率和性别结构的自传播不育控制单种群模型 (4.86) 和 (4.87),

$$\begin{cases} F' = \left(\delta b - d - \alpha f - \dfrac{rN}{K}\right)F, \\ M' = \delta bF - \left(d + \beta m + \dfrac{rN}{K}\right)M, \\ f' = \alpha Ff - \left(d + \dfrac{rN}{K}\right)f, \\ m' = \beta Mm - \left(d + \dfrac{rN}{K}\right)m, \\ N = F + M + f + m, \end{cases} \tag{4.86}$$

$$\begin{cases} F' = \left(\delta b - d - \alpha f - \dfrac{r\delta N}{K} \right) F, \\[2mm] M' = \delta \left(b - \dfrac{rN}{K} \right) F - (d + \beta m)M, \\[2mm] f' = \alpha F f - df, \\[1mm] m' = \beta M m - dm, \\[1mm] N = F + M + f + m. \end{cases} \tag{4.87}$$

在模型 (4.86) 中, 密度制约只作用在死亡率上; 在模型 (4.87) 中, 密度制约只作用在出生率上. 这里 $F(t)$, $M(t)$, $f(t)$, $m(t)$ 分别表示 t 时刻可育雌鼠、可育雄鼠、不育雌鼠及不育雄鼠的数量, b 是种群的出生率, d 是种群的死亡率, $r = b - d$ 是种群的内禀增长率, α 是雌性不育率, β 是雄性不育率, K 是环境容纳量, δ 是竞争性繁殖干扰系数.

记 $\Delta = \dfrac{(\delta b - d)K}{2r}$, $\Lambda = \dfrac{\alpha dK + 2\delta br}{\alpha^2 K}$, 关于模型 (4.86) 有下面的结论.

定理 4.59 模型 (4.86) 总有零平衡点 O: $F = M = f = m = 0$; 当 $\delta b - d > 0$ 时, 存在平衡点 E_1: $F = M = \Delta$, $f = m = 0$; 当 $\beta > \dfrac{\delta b}{\Delta} > 0$ 时, 存在平衡点 E_2: $F = \Delta$, $M = \dfrac{\delta b}{\beta}$, $f = 0$, $m = \Delta - \dfrac{\delta b}{\beta}$; 当 $\alpha > \dfrac{\delta b}{\Delta} > 0$ 时, 存在平衡点 E_3: $F = \Lambda$, $M = \dfrac{\delta b}{\alpha}$, $f = \dfrac{\delta b}{\alpha} - \Lambda$, $m = 0$; 当 $\alpha > \dfrac{\delta b}{\Delta} > 0$, $\beta > \dfrac{2r}{K} + \dfrac{\alpha d}{\delta b}$ 时, 存在平衡点 E_4: $F = \Lambda$, $M = \dfrac{\alpha \Lambda}{\beta}$, $f = \dfrac{\delta b}{\alpha} - \Lambda$, $m = \dfrac{(\beta \delta b - \alpha d)K - 2\delta br}{\alpha \beta K}$.

定理 4.60 当 $\delta b - d < 0$ 时, O 局部渐近稳定; 当 $\delta b - d > 0$ 时, O 不稳定; 当 $\delta b - d > 0$, $\beta < \dfrac{\delta b}{\Delta}$, $\alpha < \dfrac{\delta b}{\Delta}$ 时, E_1 局部渐近稳定; 当 $\delta b - d > 0$, $\beta > \dfrac{\delta b}{\Delta}$, $\alpha < \dfrac{\delta b}{\Delta}$ 时, E_2 局部渐近稳定; 当 $\delta b - d > 0$, $\beta < \dfrac{2r}{K} + \dfrac{\alpha d}{\delta b}$, $\alpha > \dfrac{\delta b}{\Delta}$ 时, E_3 局部渐近稳定; 当 $\delta b - d > 0$, $\beta > \dfrac{2r}{K} + \dfrac{\alpha d}{\delta b}$, $\alpha > \dfrac{\delta b}{\Delta}$ 时, E_4 局部渐近稳定.

证明 模型 (4.86) 的雅可比矩阵 J 为

$$\begin{bmatrix} \delta b - d - \alpha f - \dfrac{r(N+F)}{K} & \dfrac{-rF}{K} & -\alpha F - \dfrac{rF}{K} & \dfrac{-rF}{K} \\[2mm] \delta b - \dfrac{rM}{K} & -d - \beta m - \dfrac{r(N+M)}{K} & \dfrac{-rM}{K} & \dfrac{-rM}{K} - \beta M \\[2mm] \alpha f - \dfrac{rf}{K} & \dfrac{-rf}{K} & \alpha F - d - \dfrac{r(N+f)}{K} & \dfrac{-rf}{K} \\[2mm] \dfrac{-rm}{K} & \beta m - \dfrac{rm}{K} & \dfrac{-rm}{K} & \beta M - d - \dfrac{r(N+m)}{K} \end{bmatrix}.$$

J 的两个特征根为

$$\lambda_1 = -d - \beta m + \beta M - \frac{rN}{K}, \quad \lambda_2 = -d - \frac{rN}{K}. \tag{4.88}$$

另两个特征根 λ_3, λ_4 满足

$$\begin{vmatrix} \alpha F - \alpha f - d - \dfrac{rN}{K} - \lambda & \alpha f - \dfrac{2rf}{K} \\[2mm] -\delta b & \delta b - \dfrac{2rN}{K} - d - \lambda \end{vmatrix} = 0. \tag{4.89}$$

将五个平衡点的坐标代入到 (4.88) 和 (4.89) 可以得到相应的特征根或特征根满足的条件. O 的特征根为 $-d, -d, -d, \delta b - d$; E_1 的特征根为 $\beta\Delta - \delta b, -\delta b,$ $\alpha\Delta - \delta b, -\delta b + d$; E_2 的特征根为 $-\beta\Delta + \delta b, -\delta b, \alpha\Delta - \delta b, -\delta b + d$; E_3 的两个特征根为 $-d - \dfrac{2\delta br}{\alpha K} + \dfrac{\beta\delta b}{\alpha}, -d - \dfrac{2\delta br}{\alpha K}$, 另两个特征根满足 (4.90),

$$\lambda^2 + \frac{2\delta br}{\alpha K}\lambda + \left(d + \frac{2\delta br}{\alpha K}\right)(\delta b - \alpha\Lambda) = 0. \tag{4.90}$$

E_4 的两个特征根为 $d + \dfrac{2\delta br}{\alpha K} - \dfrac{\beta\delta b}{\alpha}, -d - \dfrac{2\delta br}{\alpha K}$, 另两个特征根满足 (4.90). 由此, 可以得到各平衡点的稳定性.

记 $\Xi = \dfrac{\delta bK}{\alpha K + 2\delta r}$, 关于模型 (4.87) 有下面的结论.

定理 4.61　模型 (4.87) 总有零平衡点 O^*: $F = M = f = m = 0$; 当 $\delta b - d > 0$ 时, 存在平衡点 E_1^*: $F = M = \dfrac{\Delta}{\delta}$, $f = m = 0$; 当 $\beta > \dfrac{\delta d}{\Delta} > 0$ 时, 存在平衡点 E_2^*: $F = \dfrac{\Delta}{\delta}$, $M = \dfrac{d}{\beta}$, $f = 0$, $m = \dfrac{\Delta}{\delta} - \dfrac{d}{\beta}$; 当 $\alpha > \dfrac{\delta d}{\Delta} > 0$ 时, 存在平衡点 E_3^*: $F = \dfrac{d}{\alpha}$, $M = \Xi$, $f = \Xi - \dfrac{d}{\alpha}$, $m = 0$; 当 $\alpha > \dfrac{\delta d}{\Delta} > 0$, $\beta > \dfrac{2dr}{bK} + \dfrac{\alpha d}{\delta b}$ 时, 存在平衡点 E_4^*: $F = \dfrac{d}{\alpha}$, $M = \dfrac{d}{\beta}$, $f = \Xi - \dfrac{d}{\alpha}$, $m = \Xi - \dfrac{d}{\beta}$.

定理 4.62　当 $\delta b - d < 0$ 时, O^* 局部渐近稳定; 当 $\delta b - d > 0$ 时, O^* 不稳定; 当 $\delta b - d > 0$, $\beta < \dfrac{\delta d}{\Delta}$, $\alpha < \dfrac{\delta d}{\Delta}$ 时, E_1^* 局部渐近稳定; 当 $\delta b - d > 0$, $\beta > \dfrac{\delta d}{\Delta}$, $\alpha < \dfrac{\delta d}{\Delta}$ 时, E_2^* 局部渐近稳定; 当 $\delta b - d > 0$, $\beta < \dfrac{2dr}{bK} + \dfrac{\alpha d}{\delta b}$, $\alpha > \dfrac{\delta d}{\Delta}$ 时, E_3^* 局部渐近稳定; 当 $\delta b - d > 0$, $\beta > \dfrac{2dr}{bK} + \dfrac{\alpha d}{\delta b}$ 时, $\alpha > \dfrac{\delta d}{\Delta}$, E_4^* 局部渐近稳定.

为了简单, 在模型 (4.86) 和 (4.87) 中, 假设繁殖干扰系数 δ 为一常数, 实际上, 它决定于雄性中可育个体与不育个体的比例, 以及婚配制度. 对一夫一妻制、一夫

多妻制的害鼠, $\delta = \dfrac{M}{m+M}$; 对一妻多夫制害鼠, $\delta = 1 - \left(\dfrac{m}{m+M}\right)^n$, 其中 n 为一个雌性拥有的配偶个数.

当 $\delta b - d > 0$ 时, α 和 β 的值决定着模型平衡点的个数和稳定性. α 较小时, 不育雌性将消失; β 较小时, 不育雄性将消失; 当 α 和 β 都较大时, 四个子种群共存.

雌性间的有效接触率 α 可以写为 $\alpha = c \times p$, 其中, c 是雌性间实际接触率, p 是有效接触率所占的比例, β 可类似表示. 有两种途径增加 α 和 β 的值. 一种途径是增加 c, 在控制初期 c 较大, 随着控制的进行, 害鼠数量减少, 致使 c 减小. 另一种途径是增加 p, 这可通过选择传染力较强的病毒来实现.

吕江 (2012) 和吕江等 (2013) 研究了竞争性繁殖干扰系数为 $\dfrac{M}{m+M}$ 的具有双线性发生率和性别结构的自传播不育控制单种群模型 (4.91) 以及不考虑竞争性繁殖干扰的模型 (4.92),

$$\begin{cases} F' = \dfrac{M}{2(M+m)}\left(b - \dfrac{rN}{K}\right)F - dF - \alpha Ff, \\ M' = \dfrac{M}{2(M+m)}\left(b - \dfrac{rN}{K}\right)F - dM - \beta Mm, \\ f' = \alpha Ff - df, \\ m' = \beta Mm - dm, \\ N = F + M + f + m, \end{cases} \tag{4.91}$$

$$\begin{cases} F' = \dfrac{1}{2}\left(b - \dfrac{rN}{K}\right)F - dF - \alpha Ff, \\ M' = \dfrac{1}{2}\left(b - \dfrac{rN}{K}\right)F - dM - \beta Mm, \\ f' = \alpha Ff - df, \\ m' = \beta Mm - dm, \\ N = F + M + f + m. \end{cases} \tag{4.92}$$

关于模型 (4.91) 有如下结论.

定理 4.63 当 $b > 2d$ 时, 模型 (4.91) 有平衡点 E_1: $F = M = \dfrac{K(b-2d)}{2r}$, $f = m = 0$; 当 $bK\beta > 2d(K\beta + r)$ 时, 存在平衡点 E_2: $F = \dfrac{bK}{2(K\beta + r)}$, $M = \dfrac{d}{\beta}$, $f = 0$, $m = \dfrac{bK\beta - 2dr - 2dK\beta}{2\beta(K\beta + r)}$; 当 $bK\alpha > 2d(K\alpha + r)$ 时, 存在平衡点 E_3: $F = \dfrac{d}{\alpha}$, $M = \dfrac{bK}{2(K\alpha + r)}$, $f = \dfrac{bK\alpha - 2dK\alpha - 2dr}{2\alpha(K\alpha + r)}$, $m = 0$; 当 $\beta > \alpha$, $bK\beta > 2d(K\alpha + r)$ 时, 存在平衡点 E_4: $F^* = \dfrac{d}{\alpha}$, $M^* = \dfrac{d}{\beta}$, $f^* = \dfrac{2dK(\beta - \alpha) + \Delta}{2K\alpha\beta}$, $m^* = \dfrac{\Delta}{2K\alpha\beta}$, $\Delta = \sqrt{d^2r^2 + 2bdK^2\alpha\beta} - dr - 2dK\alpha$.

定理 4.64 当 $0 < b - 2d < \min\left\{\dfrac{2dr}{K\alpha}, \dfrac{2dr}{K\beta}, 3d\right\}$ 时, E_1 局部渐近稳定; 当 $bK\alpha < 2d(K\beta + r)$ 时, E_2 局部渐近稳定; 当 $bK\beta < 2d(K\alpha + r)$ 时, E_3 局部渐近稳定; 当 $\dfrac{F^*M^*[bK - r(F^* + M^* + f^* + m^*)]}{2K(M^* + m^*)^2} > \alpha f^*$ 时, E_4 局部渐近稳定.

张美明 (2011)、张美明等 (2011b)、吕江 (2012)、吕江等 (2013) 研究了模型 (4.91) 的两种特殊情况 (4.93) 和 (4.94), 其中只对雄性或雌性进行不育控制,

$$\begin{cases} F' = \dfrac{M}{2(M + m)}\left(b - \dfrac{rN}{K}\right)F - dF, \\[2mm] M' = \dfrac{M}{2(M + m)}\left(b - \dfrac{rN}{K}\right)F - dM - \beta Mm, \\[2mm] m' = \beta Mm - dm, \\[2mm] N = F + M + m, \end{cases} \tag{4.93}$$

$$\begin{cases} F' = \dfrac{1}{2}\left(b - \dfrac{rN}{K}\right)F - dF - \alpha Ff, \\[2mm] M' = \dfrac{1}{2}\left(b - \dfrac{rN}{K}\right)F - dM, \\[2mm] f' = \alpha Ff - df, \\[2mm] N = F + M + f. \end{cases} \tag{4.94}$$

4.6.2 具有标准发生率的模型

张美明 (2011) 研究了具有标准发生率和性别结构的自传播不育控制单种群模型 (4.95) 和 (4.96),

$$\begin{cases} F' = \dfrac{M}{2(M + m)}\left(b - \dfrac{rN}{K}\right)F - dF, \\[2mm] M' = \dfrac{M}{2(M + m)}\left(b - \dfrac{rN}{K}\right)F - dM - \dfrac{\beta Mm}{N}, \\[2mm] m' = \dfrac{\beta Mm}{N} - dm, \\[2mm] N = F + M + m, \end{cases} \tag{4.95}$$

$$\begin{cases} F' = \dfrac{1}{2}\left(b - \dfrac{rN}{K}\right)F - dF - \dfrac{\alpha Ff}{N}, \\[2mm] M' = \dfrac{1}{2}\left(b - \dfrac{rN}{K}\right)F - dM, \\[2mm] f' = \dfrac{\alpha Ff}{N} - df, \\[2mm] N = F + M + f. \end{cases} \tag{4.96}$$

定理 4.65　当 $b>2d>\beta$ 时, 系统 (4.95) 的平衡点 $E_1\left(\dfrac{K(b-2d)}{2r},\dfrac{K(b-2d)}{2r},0\right)$ 局部渐近稳定; 当 $b>\beta>2d$, $b+2d>2\beta$ 时, 系统 (4.95) 的平衡点 $E_2\left(\dfrac{K(b-\beta)}{2r},\right.$ $\left.\dfrac{dK(b-\beta)}{\beta r},\dfrac{K(\beta-2d)(b-\beta)}{2\beta r}\right)$ 局部渐近稳定.

定理 4.66　当 $b>2d>\alpha$ 时, 系统 (4.96) 的平衡点 $E_1^*\left(\dfrac{K(b-2d)}{2r},0,\dfrac{K(b-2d)}{2r}\right)$ 局部渐近稳定; 当 $b>\alpha>2d$, $b+2d>2\alpha$ 时, 系统 (4.96) 的平衡点 $E_2^*\left(\dfrac{dK(b-\alpha)}{\alpha r},\right.$ $\left.\dfrac{K(\alpha-2d)(b-\alpha)}{2\alpha r},\dfrac{K(b-\alpha)}{2r}\right)$ 局部渐近稳定.

4.7　具有年龄结构的自传播不育控制

考虑到害鼠种群的年龄结构, Wang 等 (2013) 建立了具有年龄结构的自传播不育控制模型 (4.97). 不进行控制时, 假设种群增长是 Logistic 的, 内禀增长率 r 等于出生率 b 减去死亡率 d, 环境容纳量用 K 表示. 只考虑控制雌性, 将种群分为可育雌性 (F) 和不育雌性 (S) 两个子种群. 用 $S(t,a)$ 表示在时刻 t 年龄为 a 的不育雌性数量, $\beta(a)\in L^\infty[0,+\infty)$ 为雌性间有效接触率, μ 是灭杀率, 这样可建立模型 (4.97),

$$\begin{cases} \dfrac{\mathrm{d}F}{\mathrm{d}t}=r\left(1-\dfrac{F+\displaystyle\int_0^{+\infty}S(t,a)\mathrm{d}a}{K}\right)F-F\int_0^{+\infty}\beta(a)S(t,a)\mathrm{d}a-\mu F, \\[3mm] \dfrac{\partial S}{\partial t}+\dfrac{\partial S}{\partial a}=-d(a)S-\mu S, \\[3mm] S(t,0)=F\displaystyle\int_0^{+\infty}\beta(a)S(t,a)\mathrm{d}a. \end{cases} \tag{4.97}$$

模型 (4.97) 满足条件 $F(0)=F_0\geqslant 0$, $S(0,a)=S_0(a)\geqslant 0\in L^1[0,+\infty)$, $S(0,0)=F_0\displaystyle\int_0^{+\infty}\beta(a)S_0(a)\mathrm{d}a$, 由 Webb(2008) 知道模型 (4.97) 是适定的.

沿特征线 $t-a=c$ 积分模型 (4.97) 的第二个方程, 得

$$S(t,a)=\begin{cases} Z(t-a)B(a), & t\geqslant a, \\[2mm] S_0(a-t)\dfrac{B(a)}{B(a-t)}, & t<a, \end{cases} \tag{4.98}$$

其中 $B(a)=\mathrm{e}^{-\int_0^a d(a)\mathrm{d}a-\mu a}$.

将 (4.98) 代入 (4.97) 的第一个方程, 得

$$
\begin{cases}
F' = r\left(1 - \dfrac{F + \displaystyle\int_0^{+\infty} Z(t-a)B(a)\mathrm{d}a}{K}\right)F - F\int_0^{+\infty}\beta(a)Z(t-a)B(a)\mathrm{d}a - \mu F, \\
Z(t) = F\displaystyle\int_0^{+\infty}\beta(a)Z(t-a)B(a)\mathrm{d}a.
\end{cases}
\tag{4.99}
$$

总假设 $b > d$ 成立, 注意到 $N(t) = F(t) + \displaystyle\int_0^{+\infty} S(t,a)\mathrm{d}a$, 则有

$$
N' = r\left(1 - \frac{N}{K}\right)F - \mu N - \int_0^{+\infty} d(a)S(t,a)\mathrm{d}a.
$$

即 $N' \leqslant r\left(1 - \dfrac{N}{K}\right)N - \mu N$. 则 μ 不是很大时, 有 $N(t) \leqslant \dfrac{r-\mu}{r}$; μ 足够大时, 有 $N(t) \to 0$. 容易知道 $\Omega = \left\{F(t), S(t,a)\,|\,F \geqslant 0, S(t,a) \in W^{1,1}([0,+\infty) \times [0,+\infty)),\right.$ $\left. F + \displaystyle\int_0^{+\infty} S(t,a)\mathrm{d}a \leqslant \dfrac{(r-\mu)K}{r}\right\}$ 是系统 (4.97) 的不变集.

记 $B = \displaystyle\int_0^{+\infty}\beta(a)B(a)\mathrm{d}a$, $B_0 = \displaystyle\int_0^{+\infty} B(a)\mathrm{d}a$, $R = r - \mu$, $R_0 = \dfrac{r}{KB}$. 直接计算可以得到系统 (4.97) 总有零平衡点 $E_0 = (0,0)$; 当 $R > 0$ 时, 有平衡点 $E_1(F_1, 0)$, 其中 $F_1 = \dfrac{K(r-\mu)}{r} = \dfrac{R}{BR_0}$; 当 $R > R_0$ 时, 有正平衡点 $E_2(F^*, Z^*)$, 其中 $F^* = \dfrac{1}{B} = \dfrac{KR_0}{r}$, $Z^* = \dfrac{r - \mu - R_0 B F^*}{B + R_0 B B_1} = \dfrac{K(R - R_0)}{rB_1 + KB}$.

记 $F(t) = f(t)$, $Z(t) = z(t)$, 在 E_0 处线性化系统 (4.99), 得到

$$
f' = rf - \mu f. \tag{4.100}
$$

显然 (4.100) 的特征根为 $r - \mu$. 因此, 当 $R < 0$ 时, E_0 局部渐近稳定, 此时, 由 $F' \leqslant RF$ 得到当 $t \to +\infty$ 时, 有 $F \leqslant F(0)\mathrm{e}^{Rt} \to 0$. 则对任意的正数 ε_1, 存在 t_0, 使对任意 $t > t_0$, 有 $F(t) < \varepsilon_1$; 对任意的正数 ε, 有 $Z^\infty \leqslant \varepsilon_1 \displaystyle\int_0^{+\infty}\beta(a)B(a)\mathrm{d}a Z^\infty < \varepsilon$. 因此可以得到定理 4.67.

定理 4.67　当 $R < 0$ 时, E_0 全局渐近稳定, 种群灭绝; 否则, E_0 不稳定.

定理 4.68　当 $R_0 > R > 0$ 时, E_1 局部渐近稳定.

证明　在 E_1 处线性化系统 (4.99), 得到特征方程

$$
\begin{cases}
\left(\lambda + \dfrac{r}{K}\right)f_0 + (r\overline{B_1(\lambda)} + F_1\overline{B(\lambda)})Z_0 = 0, \\
(1 - F_1\overline{B_1(\lambda)})Z_0 = 0.
\end{cases}
\tag{4.101}
$$

其中,

$$\overline{B_1(\lambda)} = \int_0^{+\infty} e^{-\lambda a} z(t-a) da, \quad \overline{B(\lambda)} = \int_0^{+\infty} \beta(a) e^{-\lambda a} z(t-a) da.$$

(4.101) 的一个特征根为 $\lambda_1 = \dfrac{-r}{K} < 0$, 另一个特征根由 (4.102) 决定.

$$1 = F_1 \overline{B(\lambda)}. \tag{4.102}$$

假设 $\mathrm{Re}\lambda \geqslant 0$, 且 $R < R_0$, 则有

$$1 = F_1 \overline{B(\lambda)} = \left| \frac{R\overline{B(\lambda)}}{B R_0} \right| < 1,$$

这导致矛盾, 因此, (4.102) 根的实部为负, 所以, E_1 局部渐近稳定.

定理 4.69 当 $R > R_0 > 0$ 时, E_2 局部渐近稳定.

证明 在 E_2 处线性化系统 (4.101), 得到特征方程

$$\begin{cases} \left(\lambda + \dfrac{rF^*}{K}\right) f_0 + \left(\dfrac{rF^* \overline{B_1(\lambda)}}{K} + F^* \overline{B(\lambda)}\right) Z_0 = 0, \\ -Z^* B f_0 + (1 - F^* \overline{B(\lambda)}) Z_0 = 0. \end{cases} \tag{4.103}$$

(4.103) 的特征根由下式决定

$$\left(\lambda + \frac{rF^*}{K}\right)(1 - F^* \overline{B(\lambda)}) + \frac{rF^* Z^* B \overline{B_1(\lambda)}}{K} + F^* Z^* B \overline{B(\lambda)} = 0,$$

即

$$\frac{\overline{B(\lambda)}}{B} = \frac{\lambda K + rF^* + rZ^* \overline{B_1(\lambda)} + K Z^* \overline{B(\lambda)}}{\lambda K + rF^*}.$$

注意到 $\left| \dfrac{\overline{B(\lambda)}}{B} \right| \leqslant 1$, 若 (4.103) 的特征根具有正实部, 则

$$\left| \frac{\lambda K + rF^* + rZ^* \overline{B_1(\lambda)} + K Z^* \overline{B(\lambda)}}{\lambda K + rF^*} \right| > 1,$$

矛盾, 所以, E_2 局部渐近稳定.

此外, McLeod 和 Twigg(2006) 建立了更加复杂的具有性别结构和年龄结构的自传播不育控制模型, 通过模拟研究了不育控制的效能.

第 5 章 不育控制的多种群模型

5.1 对食饵进行非自传播不育控制的捕食模型

5.1.1 常微分方程模型

冯晓梅和王文娟 (2016) 建立了对食饵进行非自传播不育控制的食饵–捕食者模型 (5.1),

$$\begin{cases} F' = rF\left(1 - \dfrac{F+S}{K}\right) - \alpha F - a_1 FZ, \\[2mm] S' = \alpha F - d_1 S - a_1 SZ, \\[2mm] Z' = ba_1 FZ + ba_1 SZ - d_2 Z, \end{cases} \tag{5.1}$$

其中, $F(t)$, $S(t)$, $Z(t)$ 分别表示 t 时刻可育害鼠、不育害鼠、捕食者的数量, r 是害鼠种群的内禀增长率, K 是环境容纳量, α 是不育率, d_1 是不育害鼠的死亡率, a_1 是捕食者对害鼠的捕获率, ba_1 是害鼠到捕食者的转化率, d_2 是捕食者的死亡率. 假设所有参数都是非负常数.

定理 5.1 系统 (5.1) 满足初始条件 $(F(0), S(0), Z(0)) \in \mathbf{R}_+^3$ 的解是一致有界的.

证明 考虑函数 $W(t) = F(t) + S(t) + Z(t)$, 函数沿着系统的解关于 t 的导数为

$$\begin{aligned} \frac{\mathrm{d}W}{\mathrm{d}t} &= rF\left(1 - \frac{F+S}{K}\right) - \alpha F - a_1 FZ + \alpha F \\ &\quad - d_1 S - a_1 SZ + ba_1 FZ + ba_1 SZ - d_2 Z \\ &\leqslant rF\left(1 - \frac{F}{K}\right) - d_1 S - d_2 Z. \end{aligned}$$

这样

$$\frac{\mathrm{d}W}{\mathrm{d}t} + rF + d_1 S + d_2 Z \leqslant -rF\left(\frac{F}{K} - 1\right) + rF = -\frac{r}{K}(F-K)^2 + Kr.$$

选取 $\eta = \min\{d_1, d_2, r\}$, 则有 $\dfrac{\mathrm{d}W}{\mathrm{d}t} + \eta W \leqslant -Kr$. 运用常微分方程理论得到

$$0 \leqslant W(F, S, Z) \leqslant \frac{Kr(1 - \mathrm{e}^{-\eta t})}{\eta} + W(F(0), S(0), Z(0))\mathrm{e}^{-\eta t}.$$

显然, 当 $t \to \infty$, 有 $0 \leqslant W < \dfrac{Kr}{\eta}$, 因此系统 (5.1) 的解一致有界.

根据上面的讨论, 系统 (5.1) 的最大不变集为

$$\Omega = \left\{ (F, S, Z) \in R_+^3 \,\middle|\, F + S + Z < \frac{Kr}{\eta} \right\}.$$

定理 5.2 系统 (5.1) 总有零平衡点 $E_1(0, 0, 0)$; 当 $r > \alpha$ 时, 有边界平衡点 $E_2(\bar{F}, \bar{S}, 0)$; 当 $r - \dfrac{rd_2}{Kba_1} > \alpha$ 时, 有正平衡 $E_3(F^*, S^*, Z^*)$, 其中

$$\bar{F} = \frac{d_1}{\alpha} \bar{S}, \quad \bar{S} = \frac{K\alpha(r - \alpha)}{r(\alpha + d_1)}, \quad F^* = \frac{d_2}{ba_1} - S^*,$$

$$S^* = \frac{K\alpha d_2}{Kba_1(r + d_1) - rd_2}, \quad Z^* = \frac{Kba_1(r - \alpha) - rd_2}{Kba_1^2}.$$

定理 5.3 当 $r < \alpha$ 时, E_1 局部渐近稳定; 当 $r - \dfrac{rd_2}{Kba_1} < \alpha < r$ 时, E_1 不稳定, E_2 局部渐近稳定; 当 $r - \dfrac{rd_2}{Kba_1} > \alpha$ 时, E_1, E_2 不稳定, E_3 全局渐近稳定.

证明 下面只证明关于 E_3 的结论, 其他证明类似.

模型 (5.1) 在正平衡点 E_3 处的特征方程为

$$\begin{vmatrix} \dfrac{-rF^*}{K} - \lambda & \dfrac{-rF^*}{K} & -a_1 F^* \\[2mm] \alpha & -d_1 - a_1 Z^* - \lambda & -a_1 S^* \\[2mm] ba_1 Z^* & ba_1 Z^* & ba_1(F^* + S^*) - d_2 - \lambda \end{vmatrix} = 0,$$

即

$$\lambda^3 + B_1 \lambda^2 + B_2 \lambda + B_3 = 0,$$

其中,

$$B_1 = d_1 + a_1 Z^* + \frac{rF^*}{K}, \quad B_2 = a_1 d_2 Z^* + \frac{rF^*(\alpha + d_1 + a_1 Z^*)}{K},$$

$$B_3 = ba_1^2 F^* Z^* (\alpha + d_1 + a_1 Z^*).$$

通过计算, 得

$$B_1 B_2 - B_3$$

$$= \left(d_1 + a_1 Z^* + \frac{rF^*}{K} \right) \left[a_1 d_2 Z^* + \frac{rF^*(\alpha + d_1 + a_1 Z^*)}{K} \right]$$

$$\quad - ba_1^2 F^* Z^* (\alpha + d_1 + a_1 Z^*)$$

$$= \left(d_1 + a_1 Z^* + \frac{rF^*}{K} \right) \left[ba_1^2 F^* Z^* + ba_1^2 S^* Z^* + \frac{rF^*(\alpha + d_1 + a_1 Z^*)}{K} \right]$$

$$- ba_1^2 F^* Z^* (\alpha + d_1 + a_1 Z^*)$$

$$= ba_1^2 d_1 S^* Z^* + \frac{rd_1 \alpha F^*}{K} + \frac{rd_1^2 F^*}{K} + \frac{2ra_1 d_1 F^* Z^*}{K} + ba_1^3 S^* (Z^*)^2$$

$$+ \frac{ra_1 \alpha F^* Z^*}{K} + \frac{ra_1^2 F^* (Z^*)^2}{K} + \frac{rba_1^2 (F^*)^2 Z^*}{K} + \frac{rba_1^2 F^* S^* Z^*}{K} + \frac{r^2 \alpha (F^*)^2}{K^2}$$

$$+ \frac{r^2 d_1 (F^*)^2}{K^2} + \frac{r^2 a_1 (F^*)^2 Z^*}{K^2} - ba_1^2 \alpha F^* Z^*$$

$$= \frac{(F^*)^2}{K^2} (\alpha + d_1 + a_1 Z^*) r^2 + \frac{F^*}{K} [(d_1 + a_1 Z^*)(\alpha + d_1 + a_1 Z^*)$$

$$+ ba_1^2 Z^* (F^* + S^*)] r + ba_1^2 Z^* (d_1 + a_1 Z^*)(F^* + S^*)$$

$$- ba_1^2 F^* Z^* (\alpha + d_1 + a_1 Z^*)$$

$$= \frac{(F^*)^2}{K^2} (\alpha + d_1 + a_1 Z^*) r^2 + \frac{F^*}{K} [(d_1 + a_1 Z^*)(\alpha + d_1 + a_1 Z^*)$$

$$+ ba_1^2 Z^* (F^* + S^*)] r > 0.$$

在 Routh-Hurwitz 判别法中, $H_1 = B_1 > 0$, $H_2 = B_1 B_2 - B_3 > 0$, $H_3 = B_3 H_2 > 0$, 所以 E_3 局部渐近稳定.

构造函数

$$V_1(t) = F - F^* - F^* \ln \frac{F}{F^*}, \quad V_2(t) = (S - S^*)^2, \quad V_3(t) = Z - Z^* - Z^* \ln \frac{Z}{Z^*}.$$

计算它们沿系统 (5.1) 的导数, 得

$$\left. \frac{dV_1}{dt} \right|_{(5.1)} = F \left(r - \frac{rF}{K} - \frac{rS}{K} - \alpha - a_1 Z \right) - F^* \left(r - \frac{rF}{K} - \frac{rS}{K} - \alpha - a_1 Z \right)$$

$$= -\frac{r}{K} (F - F^*)^2 - \frac{r}{K} (F - F^*)(S - S^*) - a_1 (F - F^*)(Z - Z^*),$$

$$\left. \frac{dV_2}{dt} \right|_{(5.1)} = 2(S - S^*)(\alpha F - d_1 S - a_1 S Z - \alpha F^* + d_1 S^* + a_1 S^* Z^*)$$

$$= 2\alpha (S - S^*)(F - F^*) - 2d_1 (S - S^*)^2 - 2a_1 (S - S^*)(SZ - S^* Z^*)$$

$$= 2\alpha (S - S^*)(F - F^*) - 2d_1 (S - S^*)^2$$

$$- 2a_1 Z (S - S^*)^2 - 2a_1 S^* (S - S^*)(Z - Z^*),$$

$$\left. \frac{dV_3}{dt} \right|_{(5.1)} = ba_1 (F - F^*)(Z - Z^*) + ba_1 (S - S^*)(Z - Z^*).$$

容易知道可选取正的常数 c_1, c_2, c_3, 构造函数 $V(t) = c_1V_1(t)+c_2V_2(t)+c_3V_3(t)$, 使得

$$\left.\frac{\mathrm{d}V}{\mathrm{d}t}\right|_{(5.1)} = \frac{-c_1r}{K}(F - F^*)^2 - 2c_2(d_1 + a_1Z)(S - S^*)^2 \leqslant 0.$$

根据 Lasalle 不变原理, 可知 E_3 全局渐近稳定.

杨梅 (2014) 研究了如下的对食饵进行非自传播不育控制的食饵–捕食者模型,

$$\begin{cases} F' = rF\left(1 - \dfrac{F + S}{K}\right) - \alpha F - a_1FZ, \\ S' = \alpha F - d_1S - a_1SZ, \\ Z' = ba_1FZ + ba_1SZ - d_2Z - a_2Z^2. \end{cases}$$

其中食饵、捕食者的增长都是密度制约的.

在 (5.1) 中, 李秋英 (2016) 考虑时滞研究了模型 (5.2),

$$\begin{cases} F' = rF(t)\left[1 - \dfrac{F(t) + S(t)}{K}\right] - \alpha F(t) - a_1F(t)Z(t), \\ S' = \alpha F(t) - d_1S(t) - a_1S(t)Z(t), \\ Z' = [ba_1F(t - \tau) + ba_1S(t - \tau) - d_2]Z(t). \end{cases} \tag{5.2}$$

定理 5.4 模型 (5.2) 与 (5.1) 有相同的平衡点. 当 $a_1(r-\alpha) > \dfrac{rd_2}{K}$, $r+d_1-2\alpha > \dfrac{rd_2}{K}$ 时, 存在τ_0, 使得当 $\tau \in [0, \tau_0]$ 时, 模型 (5.2) 的正平衡点 E_3 局部渐近稳定, 当 $\tau > \tau_0$ 时, E_3 不稳定, 当 $\tau = \tau_0$ 时, 模型 (5.2) 在平衡点 E_3 发生 Hopf 分支.

5.1.2 脉冲微分方程模型

考虑对害鼠进行不育控制及其天敌, 连欣欣 (2013) 建立了食饵–捕食者模型 (5.3) 和脉冲投放天敌的脉冲微分方程模型 (5.4),

$$\begin{cases} F' = F\left[\dfrac{p}{n_1(q + N)} - d - \beta - bY\right], \\ f' = \beta F - df - bfY, \\ M' = \dfrac{pF}{n_2(q + N)} - dM - \alpha M - bMY, \\ m' = \alpha M - dm - bmY, \\ Y' = (rbN - d_1)Y, \\ N = F + f + M + m, \end{cases} \tag{5.3}$$

$$
\begin{cases}
F' = F\left[\dfrac{p}{n_1(q+N)} - d - \beta - bY\right], \\[2mm]
f' = \beta F - df - bfY, \\[2mm]
M' = \dfrac{pF}{n_2(q+N)} - dM - \alpha M - bMY, \quad t \neq T,\,2T,\,3T,\,\cdots, \\[2mm]
m' = \alpha M - dm - bmY, \\[2mm]
Y' = (rbN - d_1)Y, \\[2mm]
\Delta Y(k) = D, \qquad\qquad\qquad\qquad\qquad t = T,\,2T,\,3T,\,\cdots, \\[2mm]
N = F + f + M + m,
\end{cases}
\tag{5.4}
$$

其中, $F(t)$, $f(t)$, $M(t)$, $m(t)$ 分别表示 t 时刻可育雌性、不育雌性、可育雄性、不育雄性害鼠的数量, $Y(t)$ 表示 t 时刻天敌的数量. $\dfrac{p}{q+N}$ 为害鼠的生育率, $\dfrac{1}{n_1}$, $\dfrac{1}{n_2}$ 分别为新出生害鼠中雌性、雄性所占的比例, 且有 $\dfrac{1}{n_1} + \dfrac{1}{n_2} = 1$. d 为害鼠的死亡率, β 为雌性不育率, α 为雄性不育率. b 为天敌对害鼠的捕食率, r 为害鼠到天敌的转化率, d_1 为天敌的死亡率, D 表示脉冲投放天敌的数量, T 为控制间隔.

定理 5.5　系统 (5.3) 总有零平衡点 O. 当 $q + \dfrac{d_1}{rb} > \dfrac{p}{n_1(d+\beta)} > q$ 时, 有边界平衡点 $E_1(\bar{F}, \bar{f}, \bar{M}, \bar{m}, 0)$, 其中, $\bar{F} = \left[\dfrac{p}{n_1(d+\beta)} - q\right]\dfrac{n_2 d}{(n_1+n_2)(d+\beta)}$, $\bar{f} = \dfrac{\beta}{d}\bar{F}$, $\bar{M} = \dfrac{n_1(d+\beta)}{n_2(d+\alpha)}\bar{F}$, $\bar{m} = \dfrac{\alpha}{d}\bar{M}$. 当 $q + \dfrac{d_1}{rb} < \dfrac{p}{n_1(d+\beta)}$ 时, 有正平衡点 $E_2(F^*, f^*, M^*, m^*, Y^*)$, 其中, $F^* = \dfrac{d_1 p - d_1\beta^2(q+N^*)}{brpn_1}$, $f^* = \dfrac{d_1\beta(q+N^*)}{brp}$, $M^* = \dfrac{d_1 p - d_1 n_1\beta(q+N^*)}{brn_2[p + (\alpha-\beta)(q+N^*)]}$, $m^* = \dfrac{\alpha d_1(q+N^*)}{n_2[p + (\alpha-\beta)(q+N^*)]}$, $N^* = \dfrac{d_1}{br}$.

定理 5.6　当 $\dfrac{p}{n_1(d+\beta)} < q$ 时, 零平衡点 O 局部渐近稳定; 当 $q + \dfrac{d_1}{rb} > \dfrac{p}{n_1(d+\beta)} > q$ 时, 平衡点 E_1 局部渐近稳定; 当 $q + \dfrac{d_1}{rb} < \dfrac{p}{n_1(d+\beta)}$ 时, 正平衡点 E_2 局部渐近稳定.

定理 5.7　当 $\dfrac{p}{n_1(d+\beta)} - q - \dfrac{bD}{1 - \mathrm{e}^{d_1 T}} > 0$ 时, 系统 (5.4) 存在唯一的周期解

$$
\left\{ F = 0,\ f = 0,\ M = 0,\ m = 0,\ Y = \dfrac{D}{1 - \mathrm{e}^{-d_1 T}}\mathrm{e}^{-d_1(t-nT)},\ n \in \mathbf{N} \right\},
$$

且全局渐近稳定.

定理 5.8 如果 $\dfrac{p}{n_1(d+\beta)} - q - \dfrac{bDe^{-d_1T}}{1-e^{d_1T}} < 0$, 则系统 (5.4) 中害鼠一致持续生存.

李秋英等 (2010) 还研究了下面的模型,

$$
\begin{cases}
x_1' = [r - k(x_1 + x_2) - d_1 - \mu - \beta_1 y]x_1, \\
x_2' = \mu x_1 - [d_1 + \delta + k(x_1 + x_2) - \beta_2 y]x_2, & t \neq nT,\ n \in \mathbf{N}, \\
y' = [\beta_1 x_1(t-\tau) + \beta_2 x_2(t-\tau) - d_2]y, \\
\Delta y = q, & t = nT,\ n \in \mathbf{N}.
\end{cases}
$$

5.2 非自传播不育控制下的竞争模型

考虑害鼠及其竞争种群, 并对害鼠进行非自传播不育控制, 张文英和连欣欣 (2012)、连欣欣 (2013) 研究了模型 (5.5),

$$
\begin{cases}
F' = F\left[r\left(1 - \dfrac{F+S}{K}\right) - \beta - \alpha Y\right], \\
S' = \beta F - S\left[d + \dfrac{r(1-\varepsilon)(F+S)}{K} + \alpha Y\right], \\
Y' = Y[b - eY - cF - cS].
\end{cases} \tag{5.5}
$$

这里, 对害鼠进行不育控制, 以 $F(t)$, $S(t)$ 分别表示 t 时刻可育害鼠和不育害鼠的数量, 另一个种群与害鼠种群竞争, 以 $Y(t)$ 表示 t 时刻该种群中个体数量. $r\left(1 - \dfrac{F+S}{K}\right)$ 表示可育害鼠的增长率, $d + \dfrac{r(1-\varepsilon)(F+S)}{K}$ 表示不育害鼠的死亡率, 其中 $0 < \varepsilon < 1$, 且 ε 越大表示密度制约因素对害鼠出生率的影响越大, β 为不育率. b 为竞争种群的内禀增长率, e 为其种内竞争系数. α, c 为两种群间的竞争系数.

简单计算后可以得到定理 5.9.

定理 5.9 系统 (5.5) 总有零平衡点 $O(0,0,0)$ 和边界平衡点 $E_1\left(0,0,\dfrac{b}{e}\right)$; 当 $r > \beta$ 时, 有边界平衡点 $E_2(F_*,S_*,0)$, 其中 $F_* = \dfrac{K(r-\beta)[d+(1-\varepsilon)(r-\beta)]}{r[\beta+d+(1-\varepsilon)(r-\beta)]}$,

$S_* = \dfrac{\beta K(r-\beta)}{r[\beta+d+(1-\varepsilon)(r-\beta)]}$; 当 $Kac > er$, $\dfrac{er-\alpha b}{e} < \beta < \dfrac{r(b+cK)}{cK}$ 或 $Kac < er$,

$\dfrac{er-\alpha b}{e} > \beta > \dfrac{r(b+cK)}{cK}$ 时, 有正平衡点 $E_3(F^*,S^*,Y^*)$, 其中, $F^* = \dfrac{N^*[Kd+(1-\varepsilon)rN^*+\alpha^*KY]}{K\beta+Kd+(1-\varepsilon)rN^*+\alpha KY^*}$, $S^* = \dfrac{\beta KN^*}{K\beta+Kd+(1-\varepsilon)rN^*+\alpha KY^*}$, $Y^* =$

$$\frac{br + Kcr - Kc\beta}{e(Kc\alpha - er)}, \quad N^* = \frac{K(b\alpha - er + e\beta)}{Kc\alpha - er}.$$

通过分析系统 (5.5) 在各平衡点处的特征根情况, 可以得到定理 5.10.

定理 5.10　系统 (5.5) 的零平衡点 O 不稳定; 当 $\dfrac{re - b\alpha}{e} < \beta < r$ 时, 平衡点 E_1 局部渐近稳定; 当 $\beta < \dfrac{r(cK - b)}{cK}$ 时, 平衡点 E_2 局部渐近稳定; 当 $Kac > er$, $\dfrac{er - \alpha b}{e} < \beta < \dfrac{r(b + cK)}{cK}$ 或 $Kac < er$, $\dfrac{er - \alpha b}{e} > \beta > \dfrac{r(b + cK)}{cK}$ 时, 平衡点 E_3 局部渐近稳定.

5.3　自传播不育控制下的竞争模型

考虑害鼠及其竞争种群, 并对害鼠进行自传播不育控制, 吕江 (2012)、吕江等 (2011) 建立了模型 (5.6),

$$\begin{cases} F' = F\left[r\left(1 - \dfrac{F + S}{K}\right) - \beta S - aY\right], \\ S' = S\left[\beta F - d - \dfrac{r(1 - \varepsilon)(F + S)}{K} - aY\right], \\ Y' = Y(b - eY - cF - cS). \end{cases} \tag{5.6}$$

这里, 对害鼠进行不育控制, 以 $F(t)$, $S(t)$ 分别表示 t 时刻可育害鼠和不育害鼠的数量, 另一个种群与害鼠种群竞争, 以 $Y(t)$ 表示 t 时刻该种群中个体数量. 不育病毒的传播采用双线性发生率 βSF.

简单计算后可以得到定理 5.11.

定理 5.11　系统 (5.6) 总有零平衡点 $O(0, 0, 0)$ 和边界平衡点 $E_1\left(0, 0, \dfrac{b}{e}\right)$; 当 $er > ab > Kac$ 时, 有边界平衡点 $E_2(F_2, 0, Y_2)$, 其中, $F_2 = \dfrac{Ker - Kab}{er - Kac}$, $Y_2 = \dfrac{br - Krc}{er - Kac}$; 当 $K\beta > d + r(1 - \varepsilon)$ 时, 有边界平衡点 $E_3(F_3, S_3, 0)$, 其中, $F_3 = \dfrac{d}{\beta} + \dfrac{r^2(1 - \varepsilon)}{\beta(K\beta + r)}$, $S_3 = \dfrac{r(\beta K - d - r + r\varepsilon)}{\beta(K\beta + r)}$; 当 $\dfrac{\beta K + r\varepsilon}{d + r} > \max\left\{\dfrac{Kc}{r}, \dfrac{Kc}{b}, 1\right\}$ 时, 有正平衡点 $E_4(F^*, S^*, Y^*)$, 其中, $F^* = \dfrac{K(d + r)}{\beta K + r\varepsilon} - S^*$, $S^* = \dfrac{re - ab}{\beta e} - \dfrac{(d + r)(re - Kac)}{\beta e(\beta K + r\varepsilon)}$, $Y^* = \dfrac{b}{e} - \dfrac{Kc(d + r)}{e(\beta K + r\varepsilon)}$.

定理 5.12　系统 (5.6) 的零平衡点 O 为鞍点; 当 $er < ab$ 时, 平衡点 E_1 局

部渐近稳定; 当 $er > ab > Kac$, 且 $F_2(\beta K + r\varepsilon) < d + r$ 时, 平衡点 E_2 局部渐近稳定; 当 $1 < \dfrac{\beta K + r\varepsilon}{d + r} < \dfrac{cK}{b}$ 时, 平衡点 E_3 局部渐近稳定; 当 $\dfrac{\beta K + r\varepsilon}{d + r} > \max\left\{\dfrac{Kc}{r}, \dfrac{Kc}{b}, 1\right\}$, 且 $0 < S^* < \dfrac{K(1 - N)(d + r)}{\varepsilon(\beta K + r\varepsilon)}$ 时, 平衡点 E_4 全局渐近稳定.

证明 这里只证明关于 E_4 的结论, 关于其他平衡点的结论可通过分析相应特征根的正负得到. 利用 E_4 可将模型 (5.6) 改写为 (5.7),

$$\begin{cases} F' = F\left[-\dfrac{r}{K}(F - F^*) - \left(\dfrac{r}{K} + \beta\right)(S - S^*) - a(Y - Y^*)\right], \\ S' = S\left[\left(\beta - \dfrac{r - r\varepsilon}{K}\right)(F - F^*) - \dfrac{r - r\varepsilon}{K}(S - S^*) - a(Y - Y^*)\right], \\ Y' = Y[-c(F - F^*) - c(S - S^*) - e(Y - Y^*)]. \end{cases} \quad (5.7)$$

取正定函数

$$V(t) = F - F^* - F^* \ln \dfrac{F}{F^*} + S - S^* - S^* \ln \dfrac{S}{S^*} + Y - Y^* - Y^* \ln \dfrac{Y}{Y^*}.$$

则有

$$\begin{aligned} \left.\dfrac{\mathrm{d}V}{\mathrm{d}t}\right|_{(5.7)} = {} & -\dfrac{r}{K}(F - F^*)^2 - \dfrac{2r - r\varepsilon}{K}(F - F^*)(S - S^*) - \dfrac{r - r\varepsilon}{K}(S - S^*)^2 \\ & - (a + c)(F - F^*)(Y - Y^*) - (a + c)(S - S^*)(Y - Y^*) \\ & - e(Y - Y^*)^2 \leqslant 0. \end{aligned}$$

所以, 正平衡点 E_4 全局渐近稳定.

5.4 自传播不育控制下的捕食模型

5.4.1 常微分方程模型

吕江等 (2012)、吕江 (2012) 建立了对食饵进行自传播不育控制的模型 (5.8),

$$\begin{cases} F' = F[r_1 - a_1(F + S) - \alpha S - a_2 Z], \\ S' = S(-r_2 + \alpha F - a_2 Z), \\ Z = Z(-r_3 - a_4 Z + da_2 F + da_2 S), \end{cases} \quad (5.8)$$

这里, $F(t)$, $S(t)$, $Z(t)$ 分别表示 t 时刻可育食饵、不育食饵、捕食者的数量; $r_i > 0(i = 1, 2, 3)$ 分别表示食饵种群的内禀增长率、不育食饵的死亡率、捕食者种群的死亡率, a_1 表示食饵种群种内竞争系数; α 表示不育病毒传染率; a_2 表示捕食者对食饵的捕食率, d 表示捕食转化率; a_4 为捕食者种群内竞争系数.

定理 5.13　系统 (5.8) 总有零平衡点 $O(0, 0, 0)$ 和边界平衡点 $E_1\left(\dfrac{r_1}{a_1}, 0, 0\right)$;

当 $\alpha r_1 > a_1 r_2$ 时, 有边界平衡点 $E_2\left(\dfrac{r_2}{\alpha}, \dfrac{\alpha r_1 - a_1 r_2}{\alpha(a_1 + \alpha)}, 0\right)$; 当 $a_2 r_1 d > a_1 r_3$ 时, 有边

界平衡点 $E_3\left(\dfrac{a_4 r_1 + a_2 r_3}{a_1 a_4 + a_2^2 d}, 0, \dfrac{a_2 r_1 d - a_1 r_3}{a_1 a_4 + a_2^2 d}\right)$; 当 $a_4(\alpha r_1 - a_1 r_2) > a_2[da_2(r_1 + r_2) -$

$r_3(a_1 + \alpha)] > 0$ 时, 有正平衡点 $E_4(F^*, S^*, Z^*)$, 其中, $F^* = \dfrac{r_2 + a_2 Z^*}{\alpha}$, $S^* =$

$\dfrac{a_4(\alpha r_1 - a_1 r_2) - a_2[da_2(r_1 + r_2) - r_3(a_1 + \alpha)]}{a_4 \alpha(a_1 + \alpha)}$, $Z^* = \dfrac{da_2(r_1 + r_2) - r_3(a_1 + \alpha)}{a_4(a_1 + \alpha)}$.

定理 5.14　系统 (5.8) 的零平衡点 O 为鞍点; 当 $\dfrac{r_1}{a_1} < \min\left\{\dfrac{r_2}{\alpha}, \dfrac{r_3}{da_2}\right\}$ 时, 平衡

点 E_1 局部渐近稳定; 当 $\alpha r_1 > a_1 r_2$, 且 $r_1 + r_2 < \min\left\{\dfrac{(4\alpha - a_1)r_2}{2\alpha}, \dfrac{(\alpha + a_1)r_3}{da_2}\right\}$ 时,

平衡点 E_2 局部渐近稳定; 当 $a_2 r_1 d > a_1 r_3$, 且 $\dfrac{\alpha(a_4 r_1 + ar_2)_3}{a_1 a_4 + da_2^2} < r_2 + \dfrac{a(a_2 rd_2 - a_1 r)}{a_1 a_4 + da_2^2}$

时, 平衡点 E_3 局部渐近稳定; 当 $a_4(\alpha r_1 - a_1 r_2) > a_2[da_2(r_1 + r_2) - r_3(a_1 + \alpha)] > 0$

时, 平衡点 E_4 全局渐近稳定.

5.4.2　脉冲微分方程模型

考虑脉冲投放携带病毒的害鼠和天敌, 张美明 (2011) 建立了脉冲微分方程模型 (5.9),

$$\begin{cases} \left.\begin{aligned} S' &= rS\left(1 - \dfrac{S + I}{K}\right) - \beta SI - \dfrac{aS^2 y}{1 + bS^2}, \\ I' &= \beta SI - d_1 I, \\ y' &= \dfrac{\delta aS^2 y}{1 + bS^2} - d_2 y, \end{aligned}\right\} \quad t \neq n\tau,\ n = 1, 2, 3, \cdots, \\[2mm] \left.\begin{aligned} \Delta S(t) &= 0, \\ \Delta I(t) &= p, \\ \Delta y(t) &= q, \end{aligned}\right\} \quad t = n\tau,\ n = 1, 2, 3, \cdots, \end{cases} \tag{5.9}$$

其中, $S(t)$, $I(t)$ 分别代表正常和染病害鼠的密度, $y(t)$ 代表天敌的密度, 正常害鼠具有繁殖能力, 染病害鼠不具有繁殖能力; 天敌只捕食正常害鼠, 且采用 Holling III 功能反应函数 $\dfrac{aS^2 y}{1 + bS^2}$, 害鼠到天敌的转化率为 δ; 以常数 p 投放有病害鼠, 以常数 q 投放天敌, 投放周期为 τ.

定义 5.1 (Bainov and Simeonov, 1993) 设 $V : R_+ \times R^3 \to R_+$, 如果

i) V 在 $(n\tau, (n+1)\tau] \times R^3$, $n \in N_+$ 上连续, 对任意的 $x \in R_+^3$, 有

$$\lim_{(t, z) \to (n\tau^+, x)} V(t, z) = V(n\tau^+, x);$$

ii) V 关于 x 满足局部利普希茨条件,

则称 V 属于 V_0 类.

引理 5.15 (Bainov and Simeonov, 1993) 设函数 $m(t) \in PC^1[R^+, R]$ 满足下面不等式

$$\begin{cases} m'(t) \leqslant p(t)m(t) + q(t), & t \geqslant t_0,\ t \neq t_k,\ k = 1,\ 2,\ \cdots, \\ m'(t_k^+) \leqslant d_k m(t_k) + b_k, & t = t_k,\ k = 1,\ 2,\ \cdots, \\ m(0^+) \leqslant m(0), \end{cases}$$

其中 $p, q \in PC[R^+, R]$, $d_k \geqslant 0$, b_k 是常数. 则对 $t \geqslant t_0$, 有

$$m(t) \leqslant m(t_0) \prod_{t_0 < t_k < t} d_k \exp\left(\int_{t_0}^t p(s)\mathrm{d}s\right) + \sum_{t_0 < t_k < t} \left(\prod_{t_k < t_j < t} d_j \exp\left(\int_{t_0}^t p(s)\mathrm{d}s\right)\right) b_k$$

$$+ \int_{t_0}^t \prod_{s < t_k < t} d_k \exp\left(\int_s^t p(\sigma)\mathrm{d}\sigma\right) q(s)\mathrm{d}s.$$

引理 5.16 存在常数 $M > 0$, 使当 t 足够大时, 系统 (5.9) 所有的解 $(S(t), I(t), y(t))$ 满足

$$S(t) \leqslant M, \quad I(t) \leqslant M, \quad y(t) \leqslant M.$$

证明 令 $V(t) = S(t) + I(t) + y(t)$, 取 $\xi = \min\{r, d_1, d_2\}$, 则当 $t \neq n\tau$ 时, 有

$$D^+V(t) + \xi V(t) = rS\left(1 - \frac{S+I}{K}\right) - \frac{(1-\delta)aS^2 y}{1+bS^2} - d_1 I - d_2 y + \xi(S+I+y)$$

$$\leqslant (r+\xi)S - \frac{rS^2}{K} \leqslant \frac{K(r+\xi)}{4r}.$$

于是有

$$\begin{cases} D^+V(t) \leqslant -\xi V(t) + \dfrac{K(r+\xi)}{4r}, & t \neq n\tau, \\ V(n\tau^+) \leqslant V(n\tau) + p + q, & t = n\tau. \end{cases}$$

由引理 5.15 可得

$$V(t) \leqslant V(0)\mathrm{e}^{-\xi t} + \int_0^t \frac{K(r+\xi)}{4r}\mathrm{e}^{-\xi(t-s)}\mathrm{d}s + \sum_{0 < n\tau < t} (p+q)\mathrm{e}^{-\xi(t-n\tau)}$$

$$\to \frac{K(r+\xi)}{4r\xi} + \frac{(p+q)e^{\xi\tau}}{e^{\xi\tau}-1} \quad (t \to +\infty).$$

由 $V(t)$ 的定义可知, 对于足够大的 t, 存在一个常数 $M > 0$, 使得 $S(t) \leqslant M$, $I(t) \leqslant M$, $y(t) \leqslant M$.

引理 5.17　考虑脉冲系统 (5.10),

$$\begin{cases} v'(t) = -\lambda v(t), & t \neq n\tau, \; n = 1, 2, 3, \cdots, \\ v(n\tau^+) = v(n\tau) + p, & t = n\tau, \; n = 1, 2, 3, \cdots, \end{cases} \tag{5.10}$$

其中 $\lambda, p > 0$. 则系统 (5.10) 存在一个正的周期解 $\widetilde{v(t)} = \dfrac{pe^{-\lambda(t-n\tau)}}{1-e^{-\lambda\tau}}$, $t \in (n\tau, (n+1)\tau]$, $n \in Z_+$, $\widetilde{v(0^+)} = \dfrac{p}{1-e^{-\lambda\tau}}$, 且当 $t \to +\infty$ 时, 有 $\left| v(t) - \widetilde{v(t)} \right| \to 0$.

在系统 (5.9) 中, 令 $S(t) \equiv 0$ 时, 可以得到其子系统 (5.11),

$$\begin{cases} \left.\begin{array}{l} I' = -d_1 I, \\ y' = -d_2 y, \end{array}\right\} & t \neq n\tau, \; n = 1, 2, 3, \cdots, \\ \left.\begin{array}{l} \Delta I(t) = p, \\ \Delta y(t) = q, \end{array}\right\} & t = n\tau, \; n = 1, 2, 3, \cdots, \end{cases} \tag{5.11}$$

由引理 5.17, 可以得到定理 5.18.

定理 5.18　系统 (5.11) 有唯一的正周期解

$$\widetilde{I(t)} = \frac{pe^{-d_1(t-n\tau)}}{1-e^{-d_1\tau}}, \quad \widetilde{y(t)} = \frac{qe^{-d_2(t-n\tau)}}{1-e^{-d_2\tau}}.$$

其中, $\widetilde{I(0_+)} = \dfrac{p}{1-e^{-d_1\tau}}$, $\widetilde{y(0_+)} = \dfrac{q}{1-e^{-d_2\tau}}$, 且对于系统 (5.11) 满足初始条件 $I(0_+) > 0, y(0_+) > 0$ 的解 $I(t), y(t)$, 有 $I(t) \to \widetilde{I(t)}$, $y(t) \to \widetilde{y(t)}$.

定理 5.19　如果 $r\tau < \dfrac{p(r+\beta K)}{Kd_1}$, 那么系统 (5.9) 的周期解 $(0, \widetilde{I(t)}, \widetilde{y(t)})$ 局部渐近稳定.

证明　下面用周期解的小扰动方法来证明. 设 $S(t) = u(t)$, $I(t) = v(t) + \widetilde{I(t)}$, $y(t) = \omega(t) + \widetilde{y(t)}$, 于是有系统 (5.9) 关于周期解 $(0, \widetilde{I(t)}, \widetilde{y(t)})$ 的线性系统 (5.12),

$$\begin{cases} u' = u\left[r - \left(\dfrac{r}{K} + \beta\right)\tilde{I}\right], \\ v' = \beta u\tilde{I} - d_1 v, \\ \omega' = -d_2 \omega, \end{cases} \quad t \neq n\tau, n = 1, 2, 3, \cdots. \tag{5.12}$$

设 $\phi(t)$ 是系统 (5.12) 的基解矩阵, 则 $\phi(t)$ 满足

$$\frac{\mathrm{d}\phi(t)}{\mathrm{d}t} = \begin{bmatrix} r - \left(\dfrac{r}{K} + \beta\right)\tilde{I} & 0 & 0 \\ \beta\tilde{I} & -d_1 & 0 \\ 0 & 0 & -d_2 \end{bmatrix} \phi(t).$$

故基解矩阵为

$$\phi(t) = \begin{bmatrix} \mathrm{e}^{\int_0^t [r - (\frac{r}{K} + \beta)\widetilde{I(t)}]\mathrm{d}t} & 0 & 0 \\ * & \mathrm{e}^{-d_1 t} & 0 \\ 0 & 0 & \mathrm{e}^{-d_2 t} \end{bmatrix}.$$

由系统 (5.9) 的第 4~6 式可得

$$\begin{bmatrix} u(n\tau^+) \\ v(n\tau^+) \\ \omega(n\tau^+) \end{bmatrix} = \begin{bmatrix} 1 & 0 & 0 \\ 0 & 1 & 0 \\ 0 & 0 & 1 \end{bmatrix} \begin{bmatrix} u(n\tau) \\ v(n\tau) \\ \omega(n\tau) \end{bmatrix}.$$

则周期解 $(0, \widetilde{I(t)}, \widetilde{y(t)})$ 的稳定性由下式的特征值决定

$$M = \begin{bmatrix} 1 & 0 & 0 \\ 0 & 1 & 0 \\ 0 & 0 & 1 \end{bmatrix} \phi(\tau).$$

其特征值分别是 $\lambda_1 = \mathrm{e}^{-d_1\tau}$, $\lambda_2 = \mathrm{e}^{-d_2\tau}$, $\lambda_3 = \mathrm{e}^{\int_0^\tau [r - (\frac{r}{K} + \beta)\widetilde{I(t)}]\mathrm{d}t}$. 由乘子理论得, 如果 $\lambda_3 < 1$, 即 $r\tau < \dfrac{(r + \beta K)p}{Kd_1}$ 时, 周期解 $(0, \widetilde{I(t)}, \widetilde{y(t)})$ 局部渐近稳定.

定理 5.20 如果 $r\tau < \dfrac{p(r + \beta K)}{Kd_1}$, 那么系统 (5.9) 的周期解 $(0, \widetilde{I(t)}, \widetilde{y(t)})$ 全局渐近稳定.

证明 由定理 5.19 知道只需证明周期解 $(0, \widetilde{I(t)}, \widetilde{y(t)})$ 是全局吸引的.

由于 $r\tau < \dfrac{p(r + \beta K)}{Kd_1}$, 可以选取充分小的 ε 使得

$$\int_0^\tau \left[r - \left(\frac{r}{K} + \beta\right)(\widetilde{I(t)} - \varepsilon)\right]\mathrm{d}t \triangleq \rho < 0.$$

由系统 (5.9) 的第二个方程, 可以得到 $I'(t) \geqslant -d_1 I(t)$. 考虑脉冲微分方程

$$\begin{cases} z'(t) = -d_1 z(t), & t \neq n\tau, \\ z(t^+) = z(t) + p, & t = n\tau, \\ z(0^+) = I(0^+). \end{cases}$$

由引理 5.17 和脉冲微分方程比较定理可得, $I(t) \geqslant z(t)$ 和 $z(t) \to I(t)$ $(t \to +\infty)$, 则对于充分大的 t 有

$$I(t) \geqslant z(t) \geqslant \widetilde{I(t)} - \varepsilon. \tag{5.13}$$

为了方便讨论, 不妨假设 (5.13) 对于所有 $t \geqslant 0$ 成立, 由 (5.9), (5.12) 可以得到

$$\begin{cases} S'(t) \leqslant S(t) \left[r - \left(\dfrac{r}{K} + \beta \right) (\widetilde{I(t)} - \varepsilon) \right], & t \neq n\tau, \\ S(n\tau^+) = S(n\tau), & t = n\tau. \end{cases}$$

所以有

$$S((n+1)\tau) \leqslant S(n\tau^+) \mathrm{e}^{\int_{n\tau}^{(n+1)\tau} [r - (\frac{r}{K} + \beta)(\widetilde{I(t)} - \varepsilon)] \mathrm{d}t}.$$

因此当 $S(n\tau) \leqslant S(0^+) \rho^n$, 且 $n \to +\infty$ 时, 有 $S(n\tau) \to 0$, 因此当 $t \to +\infty$ 时, 有 $S(t) \to 0$.

接下来证明 $t \to +\infty$ 时, 有 $I(t) \to \widetilde{I(t)}$. 假设 $0 < \varepsilon < d_1$, 那么存在一个 $t_0 > 0$, 使得对于所有 $t > t_0$ 有 $0 < S(t) < \varepsilon$. 不失一般性, 假设对所有 $t \geqslant 0$, 有 $0 < S(t) < \varepsilon$ 成立. 则对于系统 (5.9), 可以得到 $-d_1 I(t) \leqslant I'(t) \leqslant (\beta\varepsilon - d_1)I(t)$. 则有 $z_1(t) \leqslant I(t) \leqslant z_2(t)$, 且当 $t \to +\infty$ 时, 有 $z_1(t) \to \widetilde{I(t)}$ 及 $z_2(t) \to \widetilde{I(t)}$. 而 $z_1(t)$ 和 $z_2(t)$ 分别是下面两个系统的解,

$$\begin{cases} z_1'(t) = -d_1 z_1(t), & t \neq n\tau, \\ z_1(t^+) = z_1(t) + p, & t = n\tau, \\ z_1(0^+) = I(0^+), \end{cases}$$

$$\begin{cases} z_2'(t) = (\beta\varepsilon - d_1) z_2(t), & t \neq n\tau, \\ z_2(t^+) = z_2(t) + q, & t = n\tau, \\ z_2(0^+) = I(0^+). \end{cases}$$

记 $\widetilde{z_2(t)} = \dfrac{q \mathrm{e}^{(\beta\varepsilon - d_1)(t - n\tau)}}{1 - \mathrm{e}^{(\beta\varepsilon - d_1)\tau}}$ $(n\tau < t < (n+1)\tau)$. 则对于任意小的 $\varepsilon_1 > 0$, 存在 t_1, 使当 $t > t_1$ 时, 有 $\widetilde{I(t)} - \varepsilon_1 < I(t) < \widetilde{z_2(t)} + \varepsilon_1$. 令 $\varepsilon \to 0$, 可以得到当 $t \to +\infty$ 时, 有 $\widetilde{I(t)} - \varepsilon_1 < I(t) < \widetilde{I(t)} + \varepsilon_1$, 所以 $t \to +\infty$ 时, 有 $I(t) \to \widetilde{I(t)}$. 同理可证 $t \to +\infty$ 时, 有 $y(t) \to \widetilde{y(t)}$.

定理 5.21　如果 $r\tau > \dfrac{p(r + \beta K)}{K d_1} + \dfrac{aq}{d_2}$, 那么系统 (5.9) 是持久的.

证明　由引理 5.16 可知, 当 t 足够大时, 系统 (5.9) 所有的解 $(S(t), I(t), y(t))$ 满足 $S(t) \leqslant M, I(t) \leqslant M, y(t) \leqslant M$. 不失一般性, 假设当 $t > 0$ 时, 总有 $S(t) \leqslant M$, $I(t) \leqslant M, y(t) \leqslant M$.

首先证明 $I(t), y(t)$ 是最终有正下界的. 由 (5.13) 可知存在某正数 n_1, 使得当 $t \geqslant n_1\tau$ 时, 有

$$I(t) \geqslant \frac{pe^{-d_1\tau}}{1 - e^{-d_1\tau}} - \varepsilon \overset{\Delta}{=} m_1 > 0.$$

同理存在正数 n_2, 使得当 $t \geqslant n_2\tau$ 时, 有

$$y(t) \geqslant \frac{qe^{-d_2\tau}}{1 - e^{-d_2\tau}} - \varepsilon \overset{\Delta}{=} m_2 > 0.$$

故 $I(t), y(t)$ 是最终有正下界的.

接下来证明 $S(t)$ 是最终有正下界的. 由于 $r\tau > \dfrac{p(r + \beta K)}{Kd_1} + \dfrac{aq}{d_2}$, 选取任意小的 ε 和 $m_3(< 1)$, 使得

$$\left(r - \frac{rm_3}{K} - \frac{r}{K} - \beta - a\varepsilon\right)\tau - \frac{p(r + \beta K)}{K(d_1 - \beta m_3)} + \frac{aq}{d_2 - \delta am_3} \overset{\Delta}{=} \sigma > 0.$$

可以断言对于任意的 $N_1 \in Z_+$, 当 $t > N_1\tau$ 时, $S(t) < m_3$ 不可能成立. 否则, 存在 $N_1 \in Z_+$, 使得当 $t > N_1\tau$ 时, $S(t) < m_3$, 则有

$$\begin{cases} I'(t) = \beta S(t)I(t) - d_1 I(t) \leqslant (\beta m_3 - d_1)I(t), \\ y'(t) = \dfrac{\delta a S^2(t)y(t)}{1 + bS^2(t)} - d_2 y(t) \leqslant (\delta am_3 - d_2)y(t), \end{cases} \quad t \geqslant N_1\tau.$$

由引理 5.17, 可知存在 $N_2(> N_1)$, 使得当 $t \geqslant N_2\tau$ 时, 有 $I(t) \leqslant I^*(t) + \varepsilon$, $y(t) \leqslant y^*(t) + \varepsilon$, 其中

$$I^*(t) = \frac{pe^{-(d_1 - \beta m_3)(t - k\tau)}}{1 - e^{-(d_1 - \beta m_3)\tau}}, \quad y^*(t) = \frac{qe^{-(d_2 - \delta am_3)(t - k\tau)}}{1 - e^{-(d_2 - \delta am_3)\tau}}$$

分别是下面两个脉冲微分方程的正周期解

$$\begin{cases} I'(t) = (\beta m_3 - d_1)I(t), & t \neq k\tau, \\ \Delta I(t) = p, & t = k\tau, \end{cases}$$

$$\begin{cases} y'(t) = (\delta am_3 - d_2)y(t), & t \neq k\tau, \\ \Delta y(t) = q, & t = k\tau. \end{cases}$$

故有

$$S'(t) \geqslant S(t)\left[r - \frac{rm_3}{K} - \left(\frac{r}{K} + \beta\right)(I^*(t) + \varepsilon) - a(y^*(t) + \varepsilon)\right],$$

从而

$$S((N_2 + k)\tau) \geqslant S(N_2\tau)e^{\int_{N_2\tau}^{(N_2+k)\tau} [r - \frac{rm_3}{K} - (\frac{r}{K}+\beta)(I^*(t)+\varepsilon) - a(y^*(t)+\varepsilon)]dt} \geqslant S(N_2\tau)e^{k\sigma}.$$

容易得到当 $t \to +\infty$ 时, 有 $S((N_2+k)\tau) \to +\infty$. 这与 $S(t)$ 有界矛盾, 故断言成立, 即对于任意的 $N_1 \in Z_+$, 存在 $t_1 (> N_1\tau)$, 使得 $S(t_1) \geqslant m_3$.

如果对所有 $t \geqslant t_1$, 总有 $S(t) \geqslant m_3$, 那么结论得证; 否则, 解离开区域 $R = \{(S(t), I(t), y(t)) \in R_+^3 \,|\, S(t) < m_3\}$ 后, 又回到此区域中.

令 $t^* = \inf\limits_{t > t_1}\{S(t) < m_3\}$, 则有 $S(t^*) = m_3$. 假设 $t^* \in (N_3\tau, (N_3+1)\tau]$, $N_3 \in Z_+$, 则可以选择 $N_4\tau > \max\left\{\dfrac{\ln\frac{\varepsilon}{2M}}{\beta m_3 - d_1}, \dfrac{\ln\frac{\varepsilon}{2M}}{\delta a m_3 - d_2}\right\}$, $N_5 \in Z_+$, 使得 $N_5\sigma > \left(\dfrac{r}{K} + \beta + aM\right)(N_4+1)M\tau$. 记 $T = N_4 + N_5$, 可以断言对 $t \in \{(N_3+1)\tau, (N_3+1)\tau+T\}$, 有 $S(t) < m_3$ 不成立, 否则, 有 $I'(t) = \beta S(t)I(t) - d_1 I(t) \leqslant (\beta m_3 - d_1)I(t)$. 考虑系统 (5.14),

$$\begin{cases} u'(t) = (\beta m_3 - d_1)u(t), & t \neq k\tau, \\ \Delta u(t) = p, & t = k\tau, \\ u((N_3+1)\tau^+) = I((N_3+1)\tau^+). \end{cases} \tag{5.14}$$

由 (5.14) 的解可知, 对 $t \in [(N_3 + N_4+1)\tau, (N_3+1)\tau+T]$, 有

$$\left| u(t) - \frac{pe^{(\beta m_3 - d_1)(t-k\tau)}}{1 - e^{(\beta m_3 - d_1)\tau}} \right| \leqslant 2Me^{(\beta m_3 - d_1)[t-(N_3+1)\tau]} < \varepsilon.$$

所以, 有

$$I(t) \leqslant u(t) \leqslant \frac{pe^{(\beta m_3 - d_1)[t-(N_3+N_4+1)\tau]}}{1 - e^{(\beta m_3 - d_1)\tau}} + \varepsilon,$$

同理有

$$y(t) \leqslant \frac{qe^{(\beta m_3 - d_2)[t-(N_3+N_4+1)\tau]}}{1 - e^{(\delta a m_3 - d_2)\tau}} + \varepsilon.$$

则对 $t \in [(N_3 + N_4 + 1)\tau, (N_3+1)\tau + T]$, 有

$$S'(t) \geqslant S(t)\left[r - \frac{rm_3}{K} - \left(\frac{r}{K} + \beta\right)(I^*(t)+\varepsilon) - a(y^*(t)+\varepsilon)\right],$$

且

$$S((N_3+1)\tau + T) \geqslant S((N_3 + N_4 + 1)\tau)e^{N_5\sigma};$$

对 $t \in [N_3\tau, (N_3+N_4+1)\tau+T]$, 有

$$S'(t) = rS(t)\left(1 - \frac{S(t) + I(t)}{K}\right) - \beta S(t)I(t) - \frac{aS^2(t)y(t)}{1 + bS^2(t)}$$

$$\geqslant -MS(t)\left(\frac{r}{K} + \beta + aM\right) \triangleq \rho S(t),$$

且

$$S((N_3 + N_4 + 1)\tau) \geqslant S(N_3\tau)e^{\int_{N_3\tau}^{(N_3+N_4+1)\tau} \rho dt} = S(N_3\tau)e^{(N_4+1)\tau\rho},$$

$$S((N_3 + 1)\tau + T) \geqslant S(N_3\tau)e^{(N_4+1)\tau\rho}e^{N_5\sigma}.$$

由于 $N_5\sigma > (N_4 + 1)\tau\rho$, 可知 $S((N_3+1)\tau+T) \geqslant m_3$, 矛盾. 那么至少存在一个 $t_2 \in [(N_3 + N_4+1)\tau, (N_3+1)\tau+T]$, 使得 $S(t_2) \geqslant m_3$, 故对 $t \in [t_1, t_2]$, 有 $S(t) \geqslant m_3 e^{\rho(t_2-N_3\tau)} \triangleq m_4$. 继续同样的讨论就可以完成此定理的证明.

第 6 章　具有尺度结构的最优控制模型

生态学研究表明, 对于许多物种 (特别是中低等生物) 而言, 个体生理尺度 (如个体的长度、直径、体积、表面积、质量等) 不仅影响个体的生命参数, 而且在很大程度上决定种群的命运. 由于个体尺度差异比年龄结构对种群演化有更为重要的影响, 近年来, 对基于个体尺度的种群模型的研究引起了广泛的关注, 并且在种群模型的行为分析方面取得较为丰富的成果, 但相关的控制问题则很少被研究, 本章考虑几类具有尺度结构的害鼠不育控制模型.

6.1　周期环境中具有尺度结构的最优不育控制

鉴于害鼠的生存环境往往经历周期性的变化, 王卉荣和刘荣 (2016) 研究了周期环境中具有尺度结构的害鼠最优不育控制模型. 为建立模型作了如下假设:

(1) t 时刻所投放的雌性不育剂全部被害鼠 (包括雄性害鼠) 取食;

(2) t 时刻尺度为 x 的害鼠取食雌性不育剂的平均比率为 $\alpha(x, t)$; 且此时可育个体转化为不可育个体的比例为 $\delta\alpha(x, t), 0 \leqslant \delta\alpha(x, t) < 1$.

基于以上假设, 建立控制系统 (6.1),

$$
\begin{cases}
\dfrac{\partial u}{\partial t} + \dfrac{\partial (V(x, t)u)}{\partial x} = f(x, t) - \mu(x, t)u(x, t), & (x, t) \in Q, \\
V(0, t)u(0, t) = \displaystyle\int_0^l \beta(x, t)\omega(x, t)(1 - \delta\alpha(x, t))u(x, t)\mathrm{d}x, & t \in R_+, \\
u(x, t) = u(x, x + T), & (x, t) \in Q,
\end{cases} \tag{6.1}
$$

其中, $Q = (0, l) \times R_+$, $R_+ = [0, +\infty)$; 常数 l, T 分别为个体所不能超越的最大尺度和环境变化周期; 状态变量 $u(x, t)$ 表示 t 时刻尺度为 x 的个体的分布密度; 生命参数 $\beta(x, t)$, $\mu(x, t)$ 分别表示 t 时刻尺度为 x 的个体的平均出生率和死亡率; $V(x, t)$ 表示个体尺度增长率, 即 $\dfrac{\mathrm{d}x}{\mathrm{d}t} = V(x, t)$; 函数 $f(x, t)$ 表示外界向种群生存环境的迁入率; 函数 $\omega(x, t)$ 表示 t 时刻尺度为 x 的雌性个体所占的比例.

为了在种群演变的一个周期内, 使害鼠数量降到最少的情况下, 尽可能使所用的不育剂最少, 需要对 $\alpha(x, t)$ 进行控制. 假设控制变量 $\alpha(x, t)$ 属于容许控制集

$$
\Omega = \{L_T^\infty(Q) : 0 \leqslant \underline{\alpha} \leqslant \alpha(x, t) \leqslant \overline{\alpha}\},
$$

其中, $\bar{\alpha}; \underline{\alpha}$ 均为已知常数, $L_T^\infty(Q) = \{h \in L^\infty(Q) \,|\, h(x,\,t) = h(x,\,t+T)\}$, 并规定空间 $L_T^\infty(Q)$ 上的范数为 $\|h\| = \mathrm{Ess} \sup\limits_{(x,\,t)\in Q} |h(x,\,t)|$.

记 $u^\alpha(x,\,t)$ 为给定 $\alpha \in \Omega$ 时控制系统 (6.1) 的解, 考虑如下的最优不育控制问题

$$\min_{\alpha \in \Omega} J(\alpha) = \int_0^l \int_0^T [u^\alpha(x,\,t) + \alpha(x,\,t)u^\alpha(x,\,t)]\mathrm{d}x\mathrm{d}t. \tag{6.2}$$

为研究需要采用如下基本假设:

(A_1) 对 $\forall(x,\,t) \in Q$, 有 $0 \leqslant \beta(x,\,t) = \beta(x,\,t+T) \leqslant \bar{\beta}$, 其中 $\bar{\beta}$ 为常数;

(A_2) 对 $\forall(x,t) \in Q$, 有 $\mu(x,\,t) = \mu_0(x) + \bar{\mu}(x,\,t)$, 且对于 $\forall x \in (0,\,l)$, 有 $\mu_0(x) \in L_{loc}^l([0,\,l))$, $\mu_0(x) \geqslant 0$, $\int_0^l \mu_0(x)\mathrm{d}x = +\infty$; 进一步对 $\forall(x,\,t) \in Q$, 有 $\bar{\mu} \in L^\infty(Q), \bar{\mu}(x,\,t) \geqslant 0, \bar{\mu}(x,\,t) = \bar{\mu}(x,\,t+T)$;

(A_3) $V(x,\,t)$ 是 $(0,\,l) \times R_+ \to R_+$ 的有界连续函数, 对 $\forall(x,\,t) \in Q$, 有 $V(x,\,t) = V(x,\,t+T) \geqslant 0$, 对 $\forall t \in R_+$, 有 $V(l,\,t) = 0$, 且存在常数 L_V 使 $\forall t \in R_+, \forall x_1,\,x_2 \in [0,\,l)$, 有

$$|V(x_1,\,t) - V(x_2,\,t)| \leqslant L_V |x_1 - x_2|;$$

(A_4) $f \in L^\infty(Q), f(x,\,t) \geqslant 0$ 且 $f(x,\,t) = f(x,\,t+T), \forall(x,\,t) \in Q$;

(A_5) $\omega \in L^\infty(Q), 0 < \omega(x,\,t) < 1$ 且 $\omega(x,\,t) = \omega(x,\,t+T), \forall(x,\,t) \in Q$.

6.1.1 模型的适定性

本节主要讨论模型的适定性及模型解关于控制变量的连续性等有关性质. 为研究方便, 引入如下定义.

定义 6.1 称柯西问题 $x'(t) = V(x,\,t), x(t_0) = x_0$ 的唯一解为通过点 (x_0, t_0) 的特征曲线, 记作 $\phi(t;\,t_0,\,x_0)$, 特别地, 在 x—t 平面上, 记通过点 $(0, 0)$ 的特征曲线为 $z(t)$.

定义 6.2 函数 u 沿特征曲线 φ 在 (x, t) 处的方向导数为

$$D_\varphi u(x,\,t) = \lim_{h \to 0} \frac{u(\varphi(t+h;\,t,\,x),\,t+h) - u(x,\,t)}{h}.$$

定义 6.3 若函数 $u \in L_T^\infty(Q)$ 沿每条特征曲线 φ 绝对连续, 且满足

$$\begin{cases} D_\varphi u(x,\,t) = f(x,\,t) - (\mu(x,\,t) + V_x(x,\,t))u(x,\,t), & (x,\,t) \in Q, \\ V(0,\,t) \lim_{\varepsilon \to 0^+} u(\varphi(t+\varepsilon;\,t,\,0),\,t+\varepsilon) = \int_0^l \beta(x,\,t)\omega(x,\,t) \\ \quad [1 - \delta\alpha(x,\,t)]u(x,\,t)\mathrm{d}x, & t \in R_+, \end{cases}$$

则称 $u(x, t)$ 为系统 (6.1) 的解.

由周期性, 对 $x - t$ 平面上第一象限的任意固定点 (x, t), 只讨论当 $x \leqslant z(x)$ (即 $\varphi(t; t, x) \leqslant z(t)$) 时, 定义初始时刻 $\tau = \tau(x, t)$, 使得 $\varphi(t; \tau, 0) = x \Leftrightarrow \varphi(\tau; t, x) = 0$. 从而由特征线法得: 当 $x \leqslant z(t)$ 时, 有

$$u(x, t) = u(0, \tau) \exp\left\{-\int_\tau^t [\mu(\varphi(m; t, x), m) + V_x(\varphi(m; t, x), m)]\mathrm{d}m\right\}$$
$$+ \int_\tau^t f(\varphi(m; t, x), m) \exp\left\{-\int_m^t [\mu(\varphi(n; t, x), n)\right.$$
$$\left. + V_x(\varphi(n; t, x), n)]\mathrm{d}n\right\} \mathrm{d}m.$$

作变量替换 $\sigma = \varphi(n; t, x)$ 和 $s = \varphi(m; t, x)$, 得

$$u(x, t) = u(0, \varphi^{-1}(0; t, x))\Pi(x; x, t) + \int_0^x \frac{f(s, \varphi^{-1}(s; t, x))\Pi(x; x, t)}{V(s, \varphi^{-1}(s; t, x))\Pi(s; x, t)}\mathrm{d}s, \quad (6.3)$$

其中

$$\Pi(r; x, t) = \exp\left\{-\int_0^r \frac{\mu(\sigma, \varphi^{-1}(0; t, x)) + V_x(\sigma, \varphi^{-1}(\sigma; t, x))}{V(\sigma, \varphi^{-1}(\sigma, t, x))}\mathrm{d}\sigma\right\}.$$

进一步结合

$$\exp\left(-\int_0^r \frac{V_x(\sigma, \varphi^{-1}(\sigma; t, x))}{V(\sigma, \varphi^{-1}(\sigma; t, x))}\mathrm{d}\sigma\right) = \frac{V(0, \varphi^{-1}(0; t, x))}{V(r, \varphi^{-1}(r; t, x))}$$

可得

$$u(x, t) = V(0, \tau)u(0, \tau)\frac{E(x; x, t)}{V(x, t)} + \frac{1}{V(x, t)}\int_0^x f(s, \varphi^{-1}(s; t, x))\frac{E(x; x, t)}{E(s; x, t)}\mathrm{d}s,$$

其中

$$\tau = \varphi^{-1}(0; t, x), \quad E(r; x, t) = \exp\left(-\int_0^r \frac{\mu(\sigma, \varphi^{-1}(\sigma; t, x))}{V(\sigma, \varphi^{-1}(\sigma; t, x))}\mathrm{d}\sigma\right).$$

记 $b(t) = V(0, t)u(0, t)$, 由于 $\tau = t - z^{-1}(x)$, 于是, 有

$$u(x, t) = b(t - z^{-1}(x))\frac{E(x; x, t)}{V(x, t)} + \frac{1}{V(x, t)}\int_0^x f(s, \varphi^{-1}(s; t, x))\frac{E(x; x, t)}{E(s; x, t)}\mathrm{d}s.$$
$$(6.4)$$

由 (6.1) 和 (6.4) 知, 当 t 充分大时, $b(t)$ 满足下列 Volterra 积分方程

$$b(t) = \int_0^l K(t, x, \alpha)b(t - z^{-1}(x))\mathrm{d}x + F^\alpha(t), \quad t \in R_+, \quad (6.5)$$

式中

$$K(t,x,\alpha) = \begin{cases} \beta(x,t)\omega(x,t)[1-\delta\alpha(x,t)]\dfrac{E(x;x,t)}{V(x,t)}, & 0 \leqslant x \leqslant \min\{z(t),\,l\}, \\ 0 & \text{其他}, \end{cases} \quad (6.6)$$

$$F^\alpha(t) = \int_0^l \frac{\beta(x,\,t)\omega(x,\,t)[1-\delta\alpha(x,\,t)]}{V(x,\,t)}$$
$$\int_0^x f(s,\,\varphi^{-1}(s;\,t,\,x))\frac{E(x;\,x,\,t)}{E(s;\,x,\,t)}\mathrm{d}s\mathrm{d}x. \quad (6.7)$$

引理 6.1 如果 $b(t) \in L_T^\infty(R_+) = \{h \in L^\infty(R_+) \,|\, h(t) = h(t+T),\, t \in R_+\}$ 是积分方程 (6.5) 的解, 则由 (6.4) 式给出的 $u(x,t)$ 必为系统 (6.1) 的解. 进一步, 方程 (6.5) 解的唯一性, 保证系统 (6.1) 解的唯一性.

以下证明方程 (6.5) 解的存在唯一性, 首先对任意固定的 $\alpha \in \Omega$, 定义有界线性算子

$$A^\alpha : L_T^\infty(R_+) \to L_T^\infty(R_+),$$

$$(A^\alpha g)(t) = \int_0^l K(t,\,x,\,\alpha)g(t-z^{-1}(x))\mathrm{d}x, \quad t \in R_+. \quad (6.8)$$

于是, 方程 (6.5) 可改写成抽象方程

$$b = A^\alpha b + F^\alpha. \quad (6.9)$$

由此易得如下定理 6.2.

定理 6.2 记 $r(A^\alpha)$ 为有界线性算子 A^α 的谱半径. 若 $r(A^\alpha) < 1$, 则方程 (6.5) 在 $L_T^\infty(R_+)$ 中有且只有一个解.

证明 当 $r(A^\alpha) < 1$ 时, 由于 $(I-A^\alpha)^{-1}$ 存在, 则易知 $(I-A^\alpha)^{-1}F^\alpha$ 为 (6.9)(也为 (6.5)) 的唯一解.

注 种群个体的存活率为

$$s(x,\,t) = \exp\left(-\int_0^x \frac{\mu(s,\,\varphi^{-1}(s;\,t,\,x))}{V(s,\,\varphi^{-1}(s;\,t,\,x))}\mathrm{d}s\right).$$

净再生数 (即一个个体从出生到死亡所繁殖且存活下来的个体数) 为

$$R_0(t) = \int_0^l \beta(x,\,t)\omega(x,\,t)(1-\delta\alpha(x,\,t))\frac{S(x,\,t)}{V(x,\,t)}\mathrm{d}x.$$

通过上述的讨论可以得到如下定理 6.3.

定理 6.3 假设 $R_0 = \int_0^l \sup_{t \in R_+}\left\{\beta(x,\,t)\dfrac{S(x,\,t)}{V(x,\,t)}\right\}\mathrm{d}x < 1$, 则系统 (6.1) 有唯一解.

证明　由假设很容易导出: $r(A^\alpha) \leqslant R_0 < 1$. 从而由定理 6.2 及引理 6.1 知系统 (6.1) 存在唯一解.

定理 6.4　若假设 $(A_1) \sim (A_5)$ 及 $R_0 < 1$ 均成立, 则对任意固定的 $\alpha \in \Omega$, 系统 (6.1) 有唯一解 $u^\alpha(x, t)$ 并且有下列结论:

(1) $u^\alpha(x, t) \geqslant 0$, $(x, t) \in Q$;

(2) 如果 $f(x, t) > 0$, $(x, t) \in Q$, 则 $u^\alpha(x, t) > 0$, $(x, t) \in Q$;

(3) (比较原理)　设 $\alpha_1, \alpha_2 \in \Omega$, 如果 $\alpha_1(x, t) \geqslant \alpha_2(x, t)$, $(x, t) \in Q$, 则

$$u^{\alpha_1}(x, t) \leqslant u^{\alpha_2}(x, t), \quad (x, t) \in Q;$$

(4) 如果 $L_T^\infty(Q)$ 中, 当 $n \to \infty$ 时, 有 $f_n \to f$, 则在 $L_T^\infty(Q)$ 中, 有 $u_n^\alpha \to u^\alpha (n \to \infty)$, 其中 u_n^α, u^α 分别为系统 (6.1) 相应于 f_n 和 f 的解;

(5) (模型解关于控制变量 α 的连续依赖性)　设 $\alpha_n, \alpha \in \Omega$, 如果在 $L_T^\infty(Q)$ 中, 当 $n \to +\infty$ 时, 有 $\alpha_n \to \alpha$, 则在 $L_T^\infty(Q)$ 中, 有 $u^{\alpha_n} \to u^\alpha (n \to \infty)$, 其中 u^{α_n}, u^α 分别为系统 (6.1) 相应于 α_n 和 α 的解.

证明　(1) 由于方程 (6.9) 的解是 $L_T^\infty(R_+)$ 中如下迭代序列的极限

$$\begin{cases} b_0(t) = F^\alpha(t), & t \in R_+, \\ b_{n+1}(t) = F^\alpha(t) + \displaystyle\int_0^l K(t, x, \alpha) b_n(t - z^{-1}(x)) \mathrm{d}x, & t \in R_+, n \geqslant 0. \end{cases} \quad (6.10)$$

当 $f(x, t) \geqslant 0$, $(x, t) \in Q$ 时, 则 $F^\alpha(t) \geqslant 0$, $t \in R_+$, 又 $K(t, x, \alpha) \geqslant 0$, $(x, t) \in Q$, 于是就有 $b_n(t) \geqslant 0$, 则其极限 $b(t) \geqslant 0$, 从而由 (6.4) 式知 $u^\alpha(x, t) \geqslant 0$, $(x, t) \in Q$.

(2) 用类似于 (1) 的证明过程即可得到结论.

(3) b_n^1, b_n^2 分别为对应于 $\alpha_1, \alpha_2 \in \Omega$ 的序列, 由于 $K(t, x, \alpha_1) \geqslant K(t, x, \alpha_2)$, $(x, t) \in Q$, 且 $F^{\alpha_1}(t) \leqslant F^{\alpha_2}(t)$, $t \in R_+$, 则有 $b_n^1 \leqslant b_n^2$, $t \in R_+$, 于是取极限可得 $b^1(t) \leqslant b^2(t)$, 从而结论 (3) 成立.

(4) 若在 $L_T^\infty(Q)$ 中 $f_n \to f$, 则在 $L_T^\infty(R_+)$ 中 $F^\alpha \to F^\alpha$, 从而由 (6.4) 式知在 $L_T^\infty(Q)$ 中 $u_n^\alpha \to u^\alpha$.

(5) 由于在 $L_T^\infty(Q)$ 中 $\alpha_n \to \alpha$, 则在 $L_T^\infty(Q)$ 中有 $K(t, x, \alpha_n) \geqslant K(t, x, \alpha)$, 且在 $L_T^\infty(R_+)$ 中有 $F_n^\alpha(t) \to F_n^\alpha(t)$, 从而由 (6.4) 式知在 $L_T^\infty(Q)$ 中有 $u^{\alpha_n} \to u^\alpha$.

6.1.2　最优控制的存在性

下面应用极值序列及 Mazur 定理证明最优不育控制的存在性.

定理 6.5　控制问题 (6.1)~(6.2) 至少存在一个最优解.

证明　令 $d = \inf\limits_{\alpha \in \Omega} J(\alpha)$, 则由定理 6.4 中结论 (3) 知, $\forall \alpha \in \Omega$, 有

$$0 \leqslant J(\alpha) \leqslant (1 + \overline{\alpha}) \int_0^T \int_0^l u^\alpha(x, t) \mathrm{d}x \mathrm{d}t < +\infty.$$

因此由下确界的定义知 $0 \leqslant d < +\infty$.

设 $\{\alpha_n \in \Omega : n \geqslant 1\}$ 为任一 $J(\alpha)$ 的极小化序列, 由于 $d \leqslant J(\alpha_n) < d + \left(\dfrac{1}{n}\right)$, 则由定理 6.4 中结论 (3) 知 $\{u^{\alpha_n}\}$ 有界, 故存在其子列 (仍记为 $\{u^{\alpha_n}\}$), 使得

$$u^{\alpha_n} 在 L^2(Q) 中弱收敛于 u^*. \tag{6.11}$$

对于 $\{u^{\alpha_n}\}$, 由 Mazur 定理知, 存在下列有限凸组合

$$\overline{u}_n = \sum_{i=n+1}^{k_n} \lambda_i^n u^{\alpha_i}, \quad \lambda_i^n \geqslant 0, \quad \sum_{i=n+1}^{k_n} \lambda_i^n = 1, \quad k_n \geqslant n+1, \tag{6.12}$$

使得

$$\overline{u}_n 在 L^2(Q) 中收敛于 u^*. \tag{6.13}$$

定义如下控制序列

$$
\overline{\alpha}_n(x,\, t) =
\begin{cases}
\dfrac{\displaystyle\sum_{i=n+1}^{k_n} \lambda_i^n u^{\alpha_i}(x,\, t)\alpha_i(x,\, t)}{\displaystyle\sum_{i=n+1}^{k_n} \lambda_i^n u^{\alpha_i}(x,\, t)}, & \displaystyle\sum_{i=n+1}^{k_n} \lambda_i^n u^{\alpha_i}(x,\, t) \neq 0, \\[6mm]
\underline{\alpha}, & \displaystyle\sum_{i=n+1}^{k_n} \lambda_i^n u^{\alpha_i}(x,\, t) = 0.
\end{cases}
\tag{6.14}
$$

容易验证 $\overline{\alpha}_n \in \Omega$, 且 $\overline{u}_n(x,\, t) = u^{\overline{\alpha}_n}(x,\, t)$, a.e.$(x,\, t) \in Q$.

由有界序列的弱紧性知道存在 $\{\overline{\alpha}_n\}$ 的子列 (仍记为 $\{\overline{\alpha}_n\}$), 使得

$$\overline{\alpha}_n 在 L^2(Q) 中弱收敛于 \alpha^*. \tag{6.15}$$

接下来证明 $u^*(x,\, t) = u^{\alpha^*}(x,\, t)$, $(x,\, t) \in Q$.

由于 $u^{\alpha_i}(x,\, t)$ 为系统 (6.1) 相应于 $\alpha_i \in \Omega$ 的解, 则

$$
\begin{cases}
\dfrac{\partial u^{\alpha_i}}{\partial t} + \dfrac{\partial (V(x,\, t)u^{\alpha_i})}{\partial x} = f(x,\, t) - \mu(x,\, t)u^{\alpha_i}(x,\, t), & (x,\, t) \in Q, \\[3mm]
V(0,\, t)u^{\alpha_i}(0,\, t) = \displaystyle\int_0^l \beta(x,\, t)\omega(x,\, t)[1 - \delta\alpha_i(x,\, t)]u^{\alpha_i}(x,\, t)\mathrm{d}x, & t \in R_+, \\[3mm]
u^{\alpha_i}(x,\, t) = u^{\alpha_i}(x,\, t+T), & (x,\, t) \in Q.
\end{cases}
$$

于是应用等式 (6.12) 及 (6.14), 可得

$$\begin{cases} \dfrac{\partial \overline{u}_n}{\partial t} + \dfrac{\partial (V(x,\,t)\overline{u}_n)}{\partial x} = f(x,\,t) - \mu(x,\,t)\overline{u}_n(x,\,t), & (x,\,t) \in Q, \\[3mm] V(0,\,t)\overline{u}_n(0,\,t) = \displaystyle\int_0^l \beta(x,\,t)\omega(x,\,t)[1 - \delta\overline{\alpha}_n(x,\,t)]\overline{u}_n(x,\,t)\mathrm{d}x, & t \in R_+, \\[3mm] \overline{u}_n(x,\,t) = \overline{u}_n(x,\,t+T), & (x,\,t) \in Q. \end{cases}$$

$$(6.16)$$

当 $n \to +\infty$ 时, 对系统 (6.16) 取极限, 在弱解的意义下, 得

$$\begin{cases} \dfrac{\partial u^*}{\partial t} + \dfrac{\partial (V(x,\,t)u^*)}{\partial x} = f(x,\,t) - \mu(x,\,t)u^*(x,\,t), & (x,\,t) \in Q, \\[3mm] V(0,\,t)u^*(0,\,t) = \displaystyle\int_0^l \beta(x,\,t)\omega(x,\,t)[1 - \delta\alpha^*(x,\,t)]u^*(x,\,t)dx, & t \in R_+, \\[3mm] u^*(x,\,t) = u^*(x,\,t+T), & (x,\,t) \in Q. \end{cases}$$

这意味着 u^* 是系统 (6.1) 相应于 α^* 的解, 即 $u^*(x,\,t) = u^{\alpha^*}(x,\,t)$, a.e.$(x,\,t) \in Q$.

一方面 $d \leqslant J(\alpha_n) < d + \dfrac{1}{n}$, 故 $d \leqslant \displaystyle\sum_{i=n+1}^{k_n} \lambda_i^n J(\alpha_i) < d + \dfrac{1}{n}$, 则当 $n \to \infty$ 时, 有

$\displaystyle\sum_{i=n+1}^{k_n} \lambda_i^n J(\alpha_i) \to d$. 另一方面, 由 $J(\cdot)$ 的定义及 (6.13) 和 (6.15), 可推得

$$\begin{aligned} \sum_{i=n+1}^{k_n} \lambda_i^n J(\alpha_i) &= \sum_{i=n+1}^{k_n} \lambda_i^n \int_0^T \int_0^l [u^{\alpha_i}(x,\,t) + \alpha_i(x,\,t)u^{\alpha_i}(x,\,t)]\,\mathrm{d}x\mathrm{d}t \\ &= \int_0^T \int_0^l \left[\sum_{i=n+1}^{k_n} \lambda_i^n u^{\alpha_i}(x,\,t) + \sum_{i=n+1}^{k_n} \lambda_i^n \alpha_i(x,\,t)u^{\alpha_i}(x,\,t) \right] \mathrm{d}x\mathrm{d}t \\ &\xrightarrow[n\to\infty]{} \int_0^T \int_0^l [u^*(x,\,t) + \alpha^*(x,\,t)u^*(x,\,t)]\,\mathrm{d}x\mathrm{d}t = J(\alpha^*). \end{aligned}$$

上式表明 α^* 即为控制问题 (6.1), (6.2) 的一个最优解.

6.1.3　一阶 Euler-Lagrange 条件

本节主要讨论最优不育控制的结构. 首先引理 6.6 中给出模型的轨道变分系统; 接着在引理 6.7 中给出共轭系统解的存在唯一性; 最后在定理 6.8 中借助切法锥的结构给出最优不育控制的结构.

引理 6.6　设 $(\alpha^*,\,u^{\alpha^*})$ 是控制问题 (6.1), (6.2) 的最优对, $\forall v \in T_\Omega(\alpha^*)$(表示集 Ω 在 α^* 处的切锥), 当 $\varepsilon > 0$ 充分小时, 有 $\alpha^* + \varepsilon v \in \Omega$, 则在 $L_T^\infty(Q)$ 中, 当 $\varepsilon \to 0$ 时, 有

$$\frac{1}{\varepsilon}[u^{\alpha^*+\varepsilon v}(x,\,t) - u^{\alpha^*}(x,\,t)] \to z(x,\,t),$$

其中 $z(x, t)$ 满足下列轨道变分系统

$$
\begin{cases}
D_\varphi z(x, t) = -[\mu(x, t) + V_x(x, t)]z(x, t), \\
V(0, t)z(0, t) = \displaystyle\int_0^l \beta(x, t)\omega(x, t)[1 - \delta\alpha^*(x, t)]z(x, t)\mathrm{d}x \\
\qquad\qquad\qquad - \displaystyle\int_0^l \beta(x, t)\omega(x, t)\delta v(x, t)u^*(x, t)\mathrm{d}x, \\
z(x, t) = z(x, t + T).
\end{cases} \tag{6.17}
$$

证明 系统 (6.17) 解的存在唯一性可类似系统 (6.1) 处理. 由于 $u^{\alpha^*+\varepsilon v}$, u^{α^*} 分别为系统 (6.1) 相应于 $\alpha^* + \varepsilon v$, $\alpha^* \in \Omega$ 的解, 记

$$
\theta_\varepsilon(x, t) = \frac{1}{\varepsilon}[u^{\alpha^*+\varepsilon v}(x, t) - u^{\alpha^*}(x, t)] - z(x, t).
$$

显然 $\theta_\varepsilon(x, t)$ 是如下系统的解,

$$
\begin{cases}
D_\phi\theta_\varepsilon(x, t) = -[\mu(x, t) + V_x(x, t)]\theta_\varepsilon(x, t), \\
V(0, t)\theta_\varepsilon(0, t) = \displaystyle\int_0^l \beta(x, t)\omega(x, t)[1 - \delta\alpha^*(x, t)]\theta_\varepsilon(x, t)\mathrm{d}x \\
\qquad\qquad\qquad - \displaystyle\int_0^l \beta(x, t)\omega(x, t)\delta v(x, t)[u^{\alpha^*+\varepsilon}(x, t) - u^*(x, t)]\mathrm{d}x, \\
\theta_\varepsilon(x, t) = \theta_\varepsilon(x, t + T).
\end{cases}
$$

由定理 6.4 中的结论 (5) 知在 $L_T^\infty(Q)$ 中, 当 $\varepsilon \to 0$ 时, 有 $u^{\alpha^*+\varepsilon v}(x, t) - u^{\alpha^*}(x, t) \to 0$. 运用类似于 He(2006) 中定理 3.1 可证得, 当 $\varepsilon \to 0$ 时, 有 $\theta_\varepsilon(x, t) \to 0$.

引理 6.7 设函数 $g \in L_T^\infty(Q)$, 则在定理 6.3 的条件下, 下列系统有唯一解

$$
\begin{cases}
D_\varphi\xi = g(x, t) + \mu\xi - \beta(x, t)\omega(x, t)(1 - \delta\alpha^*(x, t))\xi(0, t), & (x, t) \in Q, \\
\xi(x, t) = \xi(x, t + T), & (x, t) \in Q, \\
\xi(l, t) = 0, & t \in R_+.
\end{cases} \tag{6.18}
$$

此外, 如果 $g(x, t) \geqslant 0$, $(x, t) \in Q$, 则有 $\xi(x, t) \leqslant 0$, $(x, t) \in Q$.

证明 令 $b(t) = \xi(0, t)$, $m(x, t) = g(x, t) - \beta(x, t)\omega(x, t)[1 - \delta\alpha^*(x, t)]b(t)$, 由特征线法知系统 (6.18) 有如下形式的解

$$
\xi(x, t) = -\int_x^l \exp\left(-\int_x^s \frac{\mu(\sigma, \varphi^{-1}(\sigma; t, x))}{V(\sigma, \varphi^{-1}(\sigma; t, x))}\mathrm{d}\sigma\right) \frac{m(s, \varphi^{-1}(s; t, x))}{V(s, \varphi^{-1}(s; t, x))}\mathrm{d}s. \tag{6.19}
$$

在 (6.19) 中令 $x=0$, 得

$$
b(t) = \int_0^l K(t, s)b(\varphi^{-1}(s; t, 0))\mathrm{d}s + G(t), \quad t \in R_+. \tag{6.20}
$$

若记 $F(s, \varphi^{-1}(s; t, 0)) = \beta(s, \varphi^{-1}(s; t, 0))\omega(s, \varphi^{-1}(s; t, 0))[1 - \delta\alpha^*(s, \varphi^{-1}(s; t, 0))]$，则有

$$
K(t, s) = \begin{cases} \dfrac{F(s, \varphi^{-1}(s; t, 0))}{V(s, \varphi^{-1}(s; t, 0))} \exp\left(-\int_x^s \dfrac{\mu(\sigma, \varphi^{-1}(\sigma; t, x))}{V(\sigma, \varphi^{-1}(\sigma; t, x))}\mathrm{d}\sigma\right), \\ \qquad\qquad\qquad\qquad 0 \leqslant s \leqslant \min\{z(t), t\}, \\ 0, \qquad\qquad\qquad\qquad 其他, \end{cases}
$$

$$
G(t) = -\int_0^l \dfrac{g(s, \varphi^{-1}(s; t, 0))}{V(s, \varphi^{-1}(s; t, 0))} \exp\left(-\int_x^s \dfrac{\mu(\sigma, \varphi^{-1}(\sigma; t, x))}{V(\sigma, \varphi^{-1}(\sigma; t, x))}\mathrm{d}\sigma\right)\mathrm{d}s.
$$

对 $h \in L_T^\infty(R_+)$，定义有界线性算子 $B^\alpha : L_T^\infty(R^+) \to L_T^\infty(R^+)$，

$$
(Bh)(t) = \int_0^l K(t, s)h(\varphi^{-1}(s; t, 0))\mathrm{d}s.
$$

于是方程 (6.20) 可写成如下的抽象方程

$$
b = Bb + G. \tag{6.21}
$$

由于 $r(B) \leqslant R_0 < 1$，则方程 (6.21) 有唯一的解 $b(t) = [(I - B)^{-1}G](t)$. 从而由方程 (6.19) 知道系统 (6.18) 有唯一解 $\xi(x, t) \in L_T^\infty(Q)$.

另外由于 (6.21) 的解可由如下迭代序列取极限得到，

$$
\begin{cases} b_0(t) = G(t), & t \in R_+, \\ b_{n+1}(t) = \displaystyle\int_0^l K(s, t)b_n(\varphi^{-1}(s; t, 0))\mathrm{d}s + G(t), & t \in R_+, \ n \geqslant 0, \end{cases}
$$

若 $g(x, t) \geqslant 0$，则有 $G(t) \leqslant 0$，从而可得 $b_0(t) \leqslant 0$. 令 $n \to 0$，得 $b(t) \leqslant 0$，于是 $\xi(x, t) \leqslant 0$. 引理得证.

定理 6.8　设 (α^*, u^{α^*}) 是控制问题 (6.1)，(6.2) 的最优对，则任一最优策略 α^* 具有如下结构：

$$
\alpha^*(x, t) = \begin{cases} \underline{\alpha}, & \delta\beta(x, t)\omega(x, t)\xi(0, t) > -1, \\ \overline{\alpha}, & \delta\beta(x, t)\omega(x, t)\xi(0, t) < -1, \end{cases} \tag{6.22}
$$

其中 $\xi(x, t)$ 为下面共轭系统的解

$$
\begin{cases} D_\varphi\xi = \mu\xi - \beta(x, t)\omega(x, t)(1 - \delta\alpha^*(x, t))\xi(0, t) + (1 + \alpha^*(x, t)), & (x, t) \in Q, \\ \xi(x, t) = \xi(x, t + T), & (x, t) \in Q, \\ \xi(l, t) = 0, & t \in R_+. \end{cases}
$$

$$\tag{6.23}$$

证明 设 (α^*, u^{α^*}) 为不育控制问题 (6.1), (6.2) 的最优对. 对任意固定 $v \in T_\Omega(\alpha^*)$, 当 $\varepsilon > 0$ 且足够小时, $\alpha^\varepsilon = \alpha^* + \varepsilon v \in \Omega$. 令 u^ε 为模型 (6.1) 相应于 α^ε 的解, 于是由 α^* 的最优性, 可得

$$\int_0^T \int_0^l [u^*(x,\, t) + \alpha^*(x,\, t)u^*(x,\, t)]\,\mathrm{d}x\mathrm{d}t$$
$$\leqslant \int_0^T \int_0^l [1 + \alpha^*(x,\, t) + \varepsilon v(x,\, t)]u^\varepsilon(x,\, t)\mathrm{d}x\mathrm{d}t.$$

将上式变形并令 $\varepsilon \to 0^+$, 由引理 6.6 可得

$$\int_0^T \int_0^l [1 + \alpha^*(x,\, t)]z(x,\, t)\mathrm{d}x\mathrm{d}t + \int_0^T \int_0^l v(x,\, t)u^*(x,\, t)\mathrm{d}x\mathrm{d}t \geqslant 0. \qquad (6.24)$$

接下来证明

$$\int_0^T \int_0^l (1 + \alpha^*(x,\, t))z(x,\, t)\mathrm{d}x\mathrm{d}t$$
$$= \int_0^T \int_0^l \delta\beta(x,\, t)\omega(x,\, t)v(x,\, t)u^*(x,\, t)\xi(0,\, t)\mathrm{d}x\mathrm{d}t \geqslant 0. \qquad (6.25)$$

将 (6.23) 的第一式乘以 $z(x,\, t)$, 在 Q 上积分, 可得

$$\text{左边} = \int_0^T \int_0^l \xi_t(x,\, t)z(x,\, t)\mathrm{d}x\mathrm{d}t + \int_0^T \int_0^l V(x,\, t)\xi_x(x,\, t)z(x,\, t)\mathrm{d}x\mathrm{d}t$$
$$= -\int_0^T \int_0^l (z_t + V_{z_x})\xi(x,\, t)\mathrm{d}x\mathrm{d}t - \int_0^T \int_0^l V_x(x,\, t)z(x,\, t)\xi(x,\, t)\mathrm{d}x\mathrm{d}t$$
$$\quad - \int_0^T \int_0^l \beta(x,\, t)\omega(x,\, t)[1 - \delta\alpha^*(x,\, t)]z(x,\, t)\xi(0,\, t)\mathrm{d}x\mathrm{d}t$$
$$\quad + \int_0^T \int_0^l \delta\beta(x,\, t)\omega(x,\, t)v(x,\, t)u^*(x,\, t)\xi(0,\, t)\mathrm{d}x\mathrm{d}t,$$
$$\text{右边} = \int_0^T \int_0^l \mu(x,\, t)\xi(x,\, t)z(x,\, t)\mathrm{d}x\mathrm{d}t + \int_0^T \int_0^l [1 + \alpha^*(x,\, t)]z(x,\, t)\mathrm{d}x\mathrm{d}t$$
$$\quad - \int_0^T \int_0^l \beta(x,\, t)\omega(x,\, t)[1 - \delta\alpha^*(x,\, t)]z(x,\, t)\xi(0,\, t)\mathrm{d}x\mathrm{d}t.$$

由此可得

$$\int_0^T \int_0^l (z_t(x,\, t) + (V(x,\, t)z(x,\, t))_x)\xi(x,\, t)\mathrm{d}x\mathrm{d}t$$
$$= \int_0^T \int_0^l \mu(x,\, t)\xi(x,\, t)z(x,\, t)\mathrm{d}x\mathrm{d}t - \int_0^T \int_0^l [1 + \alpha^*(x,\, t)]z(x,\, t)\mathrm{d}x\mathrm{d}t$$

$$+ \int_0^T \int_0^l \delta\beta(x,\ t)\omega(x,\ t)v(x,\ t)u^*(x,\ t)\xi(0,\ t)\mathrm{d}x\mathrm{d}t. \tag{6.26}$$

(6.17) 的第一式两边同时乘以 $\xi(x,\ t)$ 后在 Q 上积分, 并整理得

$$\int_0^T \int_0^l [z_t(x,\ t) + (V(x,\ t)z(x,\ t))_x]\xi\mathrm{d}x\mathrm{d}t = - \int_0^T \int_0^l \mu(x,\ t)z(x,\ t)\xi\mathrm{d}x\mathrm{d}t, \tag{6.27}$$

结合 (6.26) 与 (6.27) 得 (6.25) 成立. 从而不等式 (6.24) 可转化为

$$\int_0^T \int_0^l [\delta\beta(x,\ t)\omega(x,\ t)\xi(0,\ t) + 1]u^*(x,\ t)v(x,\ t)\mathrm{d}x\mathrm{d}t \geqslant 0.$$

由于对任意 $v \in \Omega$ 上述不等式均成立. 因此 $[\delta\beta(x,\ t)\omega(x,\ t)\xi(0,\ t) + 1]u^*(x,\ t) \in N_\Omega(\alpha^*)$(表示集 Ω 在 α^* 处的法锥), 根据法锥元素的结构特征知关系式 (6.22) 为真.

6.2　具有尺度结构的非自传播不育控制

冯变英和李秋英 (2016) 研究了一类具有尺度结构的害鼠不育控制模型 (6.28). 用状态变量 $u(x,\ t)$ 表示 t 时刻尺度为 x 个体的密度, $x = x(t)$ 为个体尺度随时间 t 变化的规律, 设 l 为个体的最大尺度, T 为控制周期, 有 $(x,\ t) \in [0,\ l] \times [0,\ T]$. 为了建立模型, 作如下假设:

(1) t 时刻尺度为 x 的个体的出生率为 $\beta(x,\ t)$, $\overline{\beta}$ 为出生率的上限, 即对任意的 $(x,\ t) \in Q$, 有 $0 \leqslant \beta(x,\ t) \leqslant \overline{\beta}$;

(2) t 时刻尺度为 x 的个体的死亡率为 $\mu(x,\ t)$, $\overline{\mu}$ 为死亡率的上限, 即对任意的 $(x,\ t) \in Q$, 有 $0 \leqslant \mu(x,\ t) \leqslant \overline{\mu}$;

(3) t 时刻尺度为 x 的个体中雌性所占比例为 $m(x,\ t)$, 对任意的 $(x,\ t) \in Q$, 有 $0 < m(x,\ t) < 1$;

(4) t 时刻尺度为 x 的个体的尺度增长率为 $x'(t) = V(x,\ t)$, $V(x,\ t)$ 有界连续, 关于 x 满足局部 Lipschitz 条件, 对任意的 $(x,\ t) \in Q$, 有 $V(x,\ t) \geqslant 0$, 且 $V(l,\ t) = 0$, 即个体尺度达到最大值 l 后, 个体不再生长;

(5) t 时刻尺度为 x 的个体食用雌性不育剂的剂量为 $\alpha(x,\ t)$;

(6) t 时刻尺度为 x 的可育雌性个体转化为不育个体的比例为 $p(x,\ t)\alpha(x,\ t)$, 满足 $0 \leqslant p(x,\ t)\alpha(x,\ t) < 1$;

(7) 初始状态 $u(x,\ 0) = u_0(x)$, 其中 $u_0(x) \in L^\infty(0,\ l)$, 且 $u_0(x) \geqslant 0$.

由此建立模型 (6.28).

$$
\begin{cases}
\dfrac{\partial u(x,\,t)}{\partial t} + \dfrac{\partial(V(x,\,t)u(x,\,t))}{\partial x} = -\mu(x)u(x,\,t), & (x,\,t) \in Q, \\[3mm]
V(0,\,t)u(0,\,t) = \displaystyle\int_0^l \beta(x,\,t)m(x,\,t)[1 - p(x,\,t)\alpha(x,\,t)]u(x,\,t)\mathrm{d}x, & t \in [0,\,T], \\[3mm]
u(x,\,0) = u_0(x), & x \in [0,\,l].
\end{cases}
$$
$$(6.28)$$

为了在规定的时间内使害鼠密度下降到不造成危害的程度 (即理想分布 $\bar{u}(x)$), 并且所使用的不育剂尽量少, 需要对 $\alpha(x,\,t)$ 进行控制. 设 L 为不育剂最大投放量, 控制变量 $\alpha(x,\,t)$ 满足

$$
\alpha(x,\,t) \in \Omega \stackrel{\Delta}{=} \{h \in L^\infty(Q) : 0 \leqslant h(x,\,t) \leqslant L\}.
$$

记 $u^\alpha(x,\,t)$ 为给定 $\alpha(x,\,t) \in \Omega$ 时系统 (6.28) 的解, 下面探讨 (6.29) 式的控制问题.

$$
\min J(\alpha) = \int_0^T \int_0^l [g(u^\alpha(x,\,t) - \bar{u}(x)) + \alpha(x,\,t)u^\alpha(x,\,t)]\,\mathrm{d}x\mathrm{d}t. \qquad (6.29)
$$

其中 $\bar{u}(x) \in L^\infty(0,\,l)$ 为给定的种群理想分布. $g : R \to R_+$ 是非负连续凸函数, 且 g' 有界. $g(u^\alpha(x,\,t) - \bar{u}(x))$ 表示受控状态变量与理想分布的接近程度.

6.2.1 模型的适定性

为了讨论的需要, 引入如下定义及结果.

定义 6.4 若函数 $u(x,\,t) \in L^\infty(Q)$ 沿着每条特征曲线 φ 都绝对连续, 且满足

$$
\begin{cases}
D_\varphi u(x,\,t) + (V_x(x,\,t) + \mu(x,\,t))u(x,\,t) = 0, & (x,\,t) \in Q, \\[3mm]
V(0,\,t)\displaystyle\lim_{\varepsilon \to 0} u(\varphi(t+\varepsilon;\,t,\,0),\,t+\varepsilon) \\[3mm]
\quad = \displaystyle\int_0^l \beta(x,\,t)m(x,\,t)(1 - p(x,\,t)a(x,\,t))u(x,\,t)\mathrm{d}x, & t \in [0,\,T], \\[3mm]
u(x,\,0) = u_0(x), & x \in [0,\,l].
\end{cases}
$$

则称 $u(x,\,t)$ 为系统 (6.28) 的解, 这里 $D_\varphi u(x,\,t)$ 表示 $u(x,\,t)$ 沿特征曲线 φ 的方向导数, 即

$$
D_\varphi u(x,\,t) = \lim_{h \to 0} \frac{u(\varphi(t+h;\,t,\,x),\,t+h) - u(x,\,t)}{h}.
$$

定理 6.9 对任意的 $\alpha \in \Omega$, 系统 (6.28) 有唯一非负解 $u^\alpha \in L^\infty(Q)$, 且在 $L^\infty(Q)$ 中, 若 $\alpha_n \to \alpha(n \to +\infty)$, 则有 $u^{\alpha_n} \to u^\alpha$, 其中 u^{α_n}, u^α 分别为系统 (6.28) 相应于 α_n, α 的解.

证明　对 $x-t$ 平面上任意固定点 (x, t), 当 $x \leqslant z(t)$(即 $\varphi(t; t, x) \leqslant z(t)$) 时, 定义其初始时刻为 $\tau = \tau(x, t)$, 于是有 $\varphi(t, \tau, 0) = x \Leftrightarrow \varphi(\tau; t, x) = 0$. 从而由标准特征线法可得当 $x \leqslant z(t)$ 时, 有

$$u(x, t) = u(0, \tau) \exp \left\{ -\int_\tau^t [\mu(\varphi(s; t, x), s) + V_x(\varphi(s; t, x), s)] \, \mathrm{d}s \right\}.$$

当 $x > z(t)$(即 $\varphi(t, t, x) > z(t)$) 时, 定义其初始尺度为 $\omega = \omega(x, t)$, 类似地有 $\varphi(t; 0, \omega) = x \Leftrightarrow \varphi(0; t, x) = \omega$. 从而利用标准特征线法可得当 $x > z(t)$ 时, 有

$$u(x, t) = u(\omega, 0) \exp \left\{ -\int_0^t [\mu(\varphi(s; t, x), s) + V_x(\varphi(s; t, x), s)] \, \mathrm{d}s \right\}.$$

于是得到

$$u(x, t) = \begin{cases} u(0, \tau) \exp \left\{ -\int_\tau^t [\mu(\varphi(s; t, x), s) + V_x(\varphi(s; t, x), s)] \, \mathrm{d}s \right\}, & x \leqslant z(t), \\ u(\omega, 0) \exp \left\{ -\int_0^t [\mu(\varphi(s; t, x), s) + V_x(\varphi(s; t, x), s)] \, \mathrm{d}s \right\}, & x > z(t). \end{cases}$$

对于 $x \leqslant z(t)$ 的情况, 对积分进行变量代换, 并整理得

$$u(x, t) = \begin{cases} V(0, \tau) u(0, \tau) \dfrac{1}{V(x, t)} \exp \left[-\int_0^x \dfrac{\mu(\sigma, \varphi^{-1}(\sigma; t, x))}{V(\sigma, \varphi^{-1}(\sigma; t, x))} \mathrm{d}\sigma \right], & x \leqslant z(t), \\ u(\omega, 0) \exp \left\{ -\int_0^t [\mu(\varphi(s; t, x), s) + V_x(\varphi(s; t, x), s)] \, \mathrm{d}s \right\}, & x > z(t). \end{cases}$$

下面只考虑 $T > z^{-1}(l)$ 的情况, 当 $T \leqslant z^{-1}(l)$ 时, 类似, 且更简单. 此时令 $b(t) = V(0, t) u(0, t)$, 由于 $\tau = t - z^{-1}(x)$, $u(\omega, 0) = u_0(\omega)$, 则有

$$\begin{aligned} b(t) &= V(0, t) u(0, t) \\ &= \int_0^{z(t)} \frac{\beta(x, t) m(x, t) b(t - z^{-1}(x))}{V(x, t)} (1 - p(x, t)\alpha(x, t)) \\ &\quad \exp \left(\int_0^x \frac{-\mu(\sigma, \varphi^{-1}(\sigma; t, x))}{V(\sigma, \varphi^{-1}(\sigma; t, x))} \mathrm{d}\sigma \right) \mathrm{d}x \\ &\quad + \int_{z(t)}^l \beta(x, t) m(x, t) u_0(\omega) (1 - p(x, t)\alpha(x, t)) \\ &\quad \exp \left\{ \int_0^t [-\mu(\varphi(s; t, x), s) - V_x(\varphi(s; t, x), s)] \, \mathrm{d}s \right\} \mathrm{d}x. \end{aligned}$$

在上式的第一个积分中, 进行变量代换 $\delta = z^{-1}(x)$, 得

$$b(t) = V(0, t) u(0, t)$$

$$= \int_0^t \beta(z(\delta),\ t)m(z(\delta),\ t)b(t-\delta)(1-p(z(\delta),\ t)\alpha(z(\delta),\ t))$$

$$\exp\left(\int_0^{z(\delta)} \frac{-\mu(\sigma,\ \varphi^{-1}(\sigma;\ t,\ x))}{V(\sigma,\ \varphi^{-1}(\sigma;\ t,\ x))}\mathrm{d}\sigma\right)\mathrm{d}\delta$$

$$+ \int_{z(t)}^l \beta(x,\ t)m(x,\ t)u_0(\omega)(1-p(x,\ t)\alpha(x,\ t))$$

$$\exp\left\{\int_0^t [-\mu(\varphi(s;\ t,\ x),\ s) - V_x(\varphi(s;\ t,\ x),\ s)]\,\mathrm{d}s\right\}\mathrm{d}x.$$

则 $b(t)$ 满足积分方程 (6.30),

$$b(t) = \int_0^t K(t,\ z(\delta),\ \alpha)b(t-\delta)\mathrm{d}\delta + F^\alpha(t), \tag{6.30}$$

其中

$$K(t,\ z(\delta),\ \alpha) = \begin{cases} \beta(z(\delta),\ t)m(z(\delta),\ t)(1-p(z(\delta),\ t)\alpha(z(\delta),\ t)) \\ \times \exp\left(\displaystyle\int_0^{z(\delta)} \dfrac{-\mu(\sigma,\ \varphi^{-1}(\sigma;\ t,\ x))}{V(\sigma,\ \varphi^{-1}(\sigma;\ t,\ x))}\mathrm{d}\sigma\right), & 0 \leqslant z(\delta) \leqslant l, \\ 0, & \text{其他}. \end{cases}$$

$$F^\alpha(t) = \int_{z(t)}^l \beta(x,\ t)m(x,\ t)u_0(\omega)(1-p(x,\ t)\alpha(x,\ t))$$

$$\times \exp\left\{\int_0^t [-\mu(\varphi(s;\ t,\ x),\ s) - V_x(\varphi(s;\ t,\ x),\ s)]\,\mathrm{d}s\right\}\mathrm{d}x.$$

由假设可知 $K(t,\ z(\delta),\ \alpha) \geqslant 0$, $F^\alpha(t) \geqslant 0$, 且 $K(t,\ z(\delta),\ \alpha) \in L^\infty(Q)$, $F^\alpha(t) \in L^\infty(0,\ T)$.

对 $b(t)$ 中的积分进行变量代换得

$$b(t) = \int_0^t K(t-s,\ z(t-s),\ \alpha)b(s)\mathrm{d}s + F^\alpha(t). \tag{6.31}$$

下面应用 Banach 不动点原理证明方程 (6.31) 有唯一解. 首先对于任意固定的 $\alpha \in \Omega$, 定义算子 $A^\alpha : L^\infty(0,\ T) \to L^\infty(0,\ T)$,

$$(A^\alpha q)(t) = \int_0^t K(t-s,\ z(t-s),\ \alpha)q(s)\mathrm{d}s + F^\alpha(t), \quad t \in (0,\ T).$$

并考虑 $L^\infty(0,\ T)$ 上的等价范数

$$\|q\| = \mathrm{Ess}\sup_{t\in(0,\ T)} (\mathrm{e}^{-\lambda t}\,|q(t)|).$$

于是, 对任意的 q_1, $q_2 \in L^\infty(0,\,T)$, 有

$$\|(A^\alpha q_1)(t) - (A^\alpha q_2)(t)\|$$

$$=\mathrm{Ess}\sup_{t\in(0,\,T)}\left(\mathrm{e}^{-\lambda t}\,|(A^\alpha q_1)(t) - (A^\alpha q_2)(t)|\right)$$

$$=\mathrm{Ess}\sup_{t\in(0,\,T)}\left(\mathrm{e}^{-\lambda t}\left|\int_0^t K(t-s,\,z(t-s),\,\alpha)(q_1(s)-q_2(s))\mathrm{d}s\right|\right)$$

$$\leqslant\mathrm{Ess}\sup_{t\in(0,\,T)}\left(\mathrm{e}^{-\lambda t}\int_0^t |K(t-s,\,z(t-s),\,\alpha|\cdot|q_1(s)-q_2(s)|\,\mathrm{d}s\right)$$

$$\leqslant\mathrm{Ess}\sup_{t\in(0,\,T)}\left(\mathrm{e}^{-\lambda t}\,\|K\|_{L^\infty(Q)}\int_0^t |q_1(s)-q_2(s)|\,\mathrm{d}s\right)$$

$$\leqslant\frac{1}{\lambda}\,\|K\|_{L^\infty(Q)}\,\|q_1-q_2\|.$$

则对任意的 $\lambda > \|K\|_{L^\infty(Q)}$, A^α 在 $(L^\infty(0,\,T),\,\|\cdot\|)$ 上是一个压缩算子. 于是由压缩映射原理知, 算子 A^α 有唯一不动点, 即方程 (6.30) 有唯一解 $b(t) \in L^\infty(0,\,T)$.

由 Banach 不动点原理知, 方程 (6.30) 的解是 $L^\infty(0,\,T)$ 中如下迭代序列的极限

$$\begin{cases} b_0(t) = F^\alpha(t), & t \in R_+, \\ b_{n+1}(t) = F^\alpha(t) + \displaystyle\int_0^l K(t,\,z(\delta),\,\alpha)b(t-\delta)\mathrm{d}s, & t \in R_+,\ n \in N. \end{cases}$$

且对任意的 $(z(\delta),\,t) \in Q$, 有 $K(t,\,z(\delta),\,a) \geqslant 0$, 对任意的 $t \in (0,\,T)$, 有 $F^\alpha(t) \geqslant 0$. 于是有 $b_n(t) \geqslant 0$, 且其极限 $b(t) \geqslant 0$. 从而对任意的 $\alpha \in \Omega$, 系统 (6.28) 有唯一非负解 $u^\alpha \in L^\infty(Q)$. 最后由 $K(t,\,z(\delta),\,\alpha)$, $F^\alpha(t)$ 的表达式可知, 若 $a_n \to a(n \to +\infty)$, 则有 $u^{\alpha_n} \to u^\alpha$.

定理 6.10　若 α_1, $\alpha_2 \in \Omega$, 且对任意 $(x,\,t) \in Q$, 有 $\alpha_1(x,\,t) \leqslant \alpha_2(x,\,t)$ 成立, 则对任意 $(x,\,t) \in Q$, 有 $u^{\alpha_1}(x,\,t) \geqslant u^{\alpha_2}(x,\,t)$ 成立, 其中 u^{α_1}, u^{α_2} 分别为系统 (6.28) 相应于 α_1, α_2 的解.

证明　由 $K(t,\,z(\delta),\,\alpha)$, $F^\alpha(t)$ 的表达式可知, 当 $\alpha_1(x,\,t) \leqslant \alpha_2(x,\,t)$ 成立时, 对任意 $(x,\,t) \in Q$, $t \in R_+$, 有 $K(t,\,z(\delta),\,\alpha_1) \geqslant K(t,\,z(\delta),\,\alpha_2)$, $F^{\alpha_1}(t) \geqslant F^{\alpha_2}(t)$ 成立, 从而有 $u^{\alpha_1}(x,\,t) \geqslant u^{\alpha_2}(x,\,t)$ 成立.

6.2.2　最优控制的存在性

定理 6.11　控制问题 (6.28), (6.29) 至少存在一个最优解.

证明　令 $d = \inf\limits_{\alpha\in\Omega} J(\alpha)$, 由 (6.29) 中 g 满足的条件知对任意 $\alpha \in \Omega$, 有 $0 \leqslant J(\alpha) < +\infty$. 因此 $d \in [0,\,+\infty)$. 设 $\{\alpha_n : n \geqslant 1\}$ 为任一 $J(\alpha)$ 的极小化序列, 使得

$d \leqslant J(\alpha_n) < d + \dfrac{1}{n}$. 由定理 6.10 知 $\{u^{\alpha_n}\}$ 有界, 故存在其子列 (仍记为 $\{u^{\alpha_n}\}$), 使得 u^{α_n} 在 $L^2(Q)$ 中弱收敛于 u^*. 对于 $\{u^{\alpha_n}\}$, 应用 Mazur 定理知存在下列有限凸组合

$$\tilde{u}_n = \sum_{i=n+1}^{k_n} \lambda_i^n u^{\alpha_i}, \quad \lambda_i^n \geqslant 0, \quad \sum_{i=n+1}^{k_n} \lambda_i^n = 1, \quad k_n \geqslant n+1. \tag{6.32}$$

使得当 $n \to +\infty$ 时, $\tilde{u}_n$ 在 $L^2(Q)$ 中收敛于 u^*. 定义控制函数序列

$$\tilde{\alpha}_n(x,\,t) = \begin{cases} \dfrac{\displaystyle\sum_{i=n+1}^{k_n} \lambda_i^n u^{\alpha_i}(x,\,t)\alpha_i(x,\,t)}{\displaystyle\sum_{i=n+1}^{k_n} \lambda_i^n u^{\alpha_i}(x,\,t)}, & \displaystyle\sum_{i=n+1}^{k_n} \lambda_i^n u^{\alpha_i}(x,\,t) \neq 0, \\[6mm] 0, & \displaystyle\sum_{i=n+1}^{k_n} \lambda_i^n u^{\alpha_i}(x,\,t) = 0. \end{cases} \tag{6.33}$$

对任意的 $n+1 \leqslant i \leqslant k_n$, 由于 $\alpha_i(x,\,t) \in \Omega$, 则 $0 \leqslant \alpha_i(x,\,t) \leqslant L$. 又 $\lambda_i^n \geqslant 0$, $u^{\alpha_i}(x,\,t) \geqslant 0$, 则有

$$0 \leqslant \sum_{i=n+1}^{k_n} \lambda_i^n u^{\alpha_i}(x,\,t)\alpha_i(x,\,t) \leqslant L \sum_{i=n+1}^{k_n} \lambda_i^n u^{\alpha_i}(x,\,t),$$

从而 $\tilde{\alpha}_n \in \Omega$. 由于 u^{α_i} 为系统 (6.28) 相应于 α_i 的解, 则有

$$\begin{cases} D_\varphi u^{\alpha_i}(x,\,t) + (\mu(x,\,t) + V_x(x,\,t))u^{\alpha_i}(x,\,t) = 0, & (x,\,t) \in Q, \\[2mm] V(0,\,t)u^{\alpha_i}(0,\,t) = \displaystyle\int_0^l \beta(x,\,t)m(x,\,t)[1 - p(x,\,t)\alpha_i(x,\,t)]u^{\alpha_i}(x,\,t)\mathrm{d}x, & t \in [0,\,T], \\[2mm] u^{\alpha_i}(x,\,0) = u_0^{\alpha_i}(x), & x \in (0,\,l). \end{cases} \tag{6.34}$$

于是由 (6.32)~(6.34), 可得 (6.35),

$$\begin{cases} D_\varphi \tilde{u}_n(x,\,t) + (\mu(x,\,t) + V_x(x,\,t))\tilde{u}_n(x,\,t) = 0, & (x,\,t) \in Q, \\[2mm] V(0,\,t)\tilde{u}_n(0,\,t) = \displaystyle\int_0^l \beta(x,\,t)m(x,\,t)[1 - p(x,\,t)\tilde{\alpha}_n(x,\,t)]\tilde{u}_n(x,\,t)\mathrm{d}x, & t \in [0,\,T], \\[2mm] \tilde{u}_n(x,\,0) = \tilde{u}_{n0}(x), & x \in (0,\,l). \end{cases} \tag{6.35}$$

据系统 (6.28) 解的唯一性, 知 $\tilde{u}_n(x,\,t) = u^{\tilde{\alpha}_n}(x,\,t)$.

由于 $\{\tilde{\alpha}_n\}$ 有界, 则由有界序列的弱紧性知存在其子列 (仍记为 $\{\tilde{\alpha}_n\}$), 使得当 $n \to +\infty$ 时, 有 $\tilde{\alpha}_n$ 在 $L^2(Q)$ 中弱收敛于 α^*.

接下来证明对任意的 $(x,\ t) \in Q$, 有 $u^*(x,\ t) = u^{\alpha^*}(x,\ t)$. 对系统 (6.35) 取 $n \to +\infty$ 时的极限, 可得如下系统:

$$
\begin{cases}
D_\varphi u^*(x,\ t) + (\mu(x,\ t) + V_x(x,\ t))u^*(x,\ t) = 0, & (x,\ t) \in Q, \\
V(0,\ t)u^*(0,\ t) = \displaystyle\int_0^l \beta(x,\ t)m(x,\ t)[1 - p(x,\ t)\alpha^*(x,\ t)]u^*(x,\ t)\mathrm{d}x, & t \in [0,\ T], \\
u^*(x,\ 0) = u_0^*(x), & x \in (0,\ l).
\end{cases}
$$

同样由系统 (6.28) 解的唯一性, 可得 $u^*(x,\ t) = u^{a^*}(x,\ t)$.

最后证明 α^* 是最优策略. 由于对任意的 $\alpha_i \in \Omega$, 有 $d \leqslant J(\alpha_i) < d + \dfrac{1}{n}$. 于是, 有 $d \leqslant \displaystyle\sum_{i=n+1}^{k_n} \lambda_i^n J(\alpha_i) < d + \dfrac{1}{n}$, 从而当 $n \to \infty$ 时, 有 $\displaystyle\sum_{i=n+1}^{k_n} \lambda_i^n J(\alpha_i) \to d$. 另一方面, 由 J 的定义、g 满足的条件, 以及 (6.32) 和 (6.33) 可推得

$$
\begin{aligned}
&\sum_{i=n+1}^{k_n} \lambda_i^n J(\alpha_i) \\
&= \sum_{i=n+1}^{k_n} \lambda_i^n \int_0^T \int_0^l [g(u^{\alpha_i}(x,\ t) - \bar{u}(x)) + \alpha_i(x,\ t)u^{\alpha_i}(x,\ t)]\,\mathrm{d}x\mathrm{d}t \\
&= \int_0^T \int_0^l \left[\sum_{i=n+1}^{k_n} \lambda_i^n g(u^{\alpha_i}(x,\ t) - \bar{u}(x)) + \sum_{i=n+1}^{k_n} \lambda_i^n \alpha_i(x,\ t)u^{\alpha_i}(x,\ t) \right]\,\mathrm{d}x\mathrm{d}t \\
&\geqslant \int_0^T \int_0^l \left[g\left(\sum_{i=n+1}^{k_n} \lambda_i^n u^{\alpha_i}(x,\ t) - \bar{u}(x) \right) \right. \\
&\qquad\qquad \left. + \frac{\displaystyle\sum_{i=n+1}^{k_n} \lambda_i^n \alpha_i(x,\ t)u^{\alpha_i}(x,\ t)}{\displaystyle\sum_{i=n+1}^{k_n} \lambda_i^n u^{\alpha_i}(x,\ t)} \sum_{i=n+1}^{k_n} \lambda_i^n u^{\alpha_i}(x,\ t) \right]\,\mathrm{d}x\mathrm{d}t \\
&= \int_0^T \int_0^l [g(\tilde{u}_n(x,\ t) - \bar{u}(x)) + \tilde{\alpha}_n(x,\ t)\tilde{u}_n(x,\ t)]\,\mathrm{d}x\mathrm{d}t.
\end{aligned}
$$

当 $n \to +\infty$ 时, 上式中最后一个式子趋向于

$$
J(\alpha^*) = \int_0^T \int_0^l [g(u^*(x,\ t) - \bar{u}(x)) + a^*(x,\ t)u^*(x,\ t)]\,\mathrm{d}x\mathrm{d}t.
$$

所以, α^* 为控制问题 (6.8), (6.29) 的一个最优解.

6.2.3 最优性条件

在确定最优性条件之前, 先给出引理 6.12 和引理 6.13.

引理 6.12 对任意的 $\alpha \in \Omega, \nu \in L^\infty(Q)$, 以及充分小的 $\varepsilon > 0$ 满足 $\alpha + \varepsilon\nu \in \Omega$, 则当 $\varepsilon \to 0$ 时, 在 $L^\infty(Q)$ 中, 有

$$\frac{1}{\varepsilon}(u^{\alpha+\varepsilon\nu} - u^\alpha) \to z,$$

其中 $z(x, t)$ 是下列轨道变分系统 (6.36) 的解,

$$\begin{cases} D_\varphi z(x, t) + (\mu(x, t) + V_x(x, t))z(x, t) = 0, & (x, t) \in Q, \\ V(0, t)z(0, t) = \int_0^l \beta(x, t)m(x, t)[1 - p(x, t)\alpha(x, t)]z(x, t)\mathrm{d}x \\ \qquad\qquad - \int_0^l \beta(x, t)m(x, t)p(x, t)v(x, t)u^\alpha(x, t)\mathrm{d}x, & t \in (0, T), \\ z(x, 0) = 0, & x \in [0, l]. \end{cases}$$
$$(6.36)$$

其证明类似于引理 6.6.

引理 6.13 下列系统

$$\begin{cases} D_\varphi \xi(x, t) = \mu(x, t)\xi(x, t) - \beta(x, t)m(x, t) \\ \quad (1 - p(x, t)\alpha(x, t))\xi(0, t) - g'(u(x, t) - \bar{u}(x)) - \alpha(x, t), & (x, t) \in Q, \\ \xi(l, t) = 0, & t \in (0, T), \\ \xi(x, T) = 0, & x \in (0, l) \end{cases}$$

有唯一解 $\xi(x, t) \in L^\infty(Q)$, 且 $\xi(x, t)$ 关于控制变量 $\alpha(x, t)$ 连续.

其证明类似于定理 6.9.

由引理 6.12 和引理 6.13 可得定理 6.14.

定理 6.14 设 $u^*(x, t)$ 为系统 (6.28) 相应于最优控制策略 $\alpha^*(x, t)$ 的解, 则最优收获策略 $\alpha^*(x, t)$ 具有如下形式

$$\alpha^*(x, t) = \begin{cases} 0, & \beta(x, t)m(x, t)p(x, t)\xi(0, t) < 1, \\ L, & \beta(x, t)m(x, t)p(x, t)\xi(0, t) > 1. \end{cases}$$

其中 $\xi(x, t)$ 为下列共轭系统 (6.37) 的解.

$$\begin{cases} D_\varphi \xi(x, t) = \mu(x, t)\xi(x, t) - \beta(x, t)m(x, t) \\ \quad (1 - p(x, t)\alpha^*(x, t))\xi(0, t) - g'(u^*(x, t) - \bar{u}(x)) - \alpha^*(x, t), & (x, t) \in Q, \\ \xi(l, t) = 0, & t \in (0, T), \\ \xi(x, T) = 0, & x \in (0, l). \end{cases}$$
$$(6.37)$$

证明　由引理 6.13, 可得系统 (6.37) 解的存在唯一性. 对任意固定的 $v \in T_\Omega(\alpha^*)$(集 Ω 在 α^* 处的切锥), 当 $\varepsilon > 0$ 足够小时, $\alpha^\varepsilon \overset{\triangle}{=} \alpha^* + \varepsilon\nu \in \Omega$. 令 u^ε 为系统 (6.28) 相应于 α^ε 的解, 由 α^* 的最优性知

$$\int_Q [g(u^\varepsilon(x,\ t) - \bar{u}(x)) + \alpha^\varepsilon(x,\ t)u^\varepsilon(x,\ t)]\mathrm{d}x\mathrm{d}t$$

$$\geqslant \int_Q g\left[(u^*(x,\ t) - \bar{u}(x)) + \alpha^*(x,\ t)u^*(x,\ t)\right]\mathrm{d}x\mathrm{d}t.$$

整理可得

$$\int_0^T \int_0^l \left[\frac{g(u^\varepsilon(x,\ t) - \bar{u}(x)) - g(u^*(x,\ t) - \bar{u}(x))}{\varepsilon} \right.$$
$$\left. + \alpha^*(x,\ t)\frac{u^\varepsilon(x,\ t) - u^*(x,\ t)}{\varepsilon} + v(x,\ t)u^\varepsilon(x,\ t) \right]\mathrm{d}x\mathrm{d}t \geqslant 0.$$

令 $\varepsilon \to 0^+$, 由引理 6.12 和引理 6.13, 可得

$$\int_0^T \int_0^l [(g'(u^*(x,\ t) - \bar{u}(x)) + \alpha^*(x,\ t))z(x,\ t)]\mathrm{d}x\mathrm{d}t$$
$$+ \int_0^T \int_0^l v(x,\ t)u^*(x,\ t)\mathrm{d}x\mathrm{d}t \geqslant 0. \tag{6.38}$$

其中, $z(x,\ t)$ 满足系统 (6.36), 并将 $\alpha(x,\ t)$ 换作 $\alpha^*(x,\ t)$, $u^\alpha(x,\ t)$ 换作 $u^*(x,\ t)$.

将系统 (6.37) 的第一式两边同乘以 $z(x,\ t)$, 然后在 Q 上积分, 得

$$左边 = \int_0^T \int_0^l \xi_t(x,\ t)z(x,\ t)\mathrm{d}x\mathrm{d}t + \int_0^T \int_0^l V(x,\ t)\xi_x(x,\ t)z(x,\ t)\mathrm{d}x\mathrm{d}t$$

$$= -\int_0^T \int_0^l z_t\xi\mathrm{d}x\mathrm{d}t - \int_0^T \int_0^l Vz_x\xi\mathrm{d}x\mathrm{d}t - \int_0^T \int_0^l V_xz\xi\mathrm{d}x\mathrm{d}t$$
$$- \int_0^T V(0,\ t)z(0,\ t)\xi(0,\ t)\mathrm{d}x\mathrm{d}t$$

$$= -\int_0^T \int_0^l (z_t + Vz_x)\xi\mathrm{d}x\mathrm{d}t - \int_0^T \int_0^l V_xz\xi\mathrm{d}x\mathrm{d}t$$
$$- \int_0^T \int_0^l \beta m(1 - p\alpha^*)z\xi(0,\ t)\mathrm{d}x\mathrm{d}t + \int_0^T \int_0^l \beta mpvu^*(x,\ t)\xi(0,\ t)\mathrm{d}x\mathrm{d}t.$$

$$右边 = \int_0^T \int_0^l \mu(x,\ t)\xi(x,\ t)z\mathrm{d}x\mathrm{d}t - \int_0^T \int_0^l [g'(u^*(x,\ t) - \bar{u}(x)) + \alpha^*(x,\ t)]z\mathrm{d}x\mathrm{d}t$$

$$= -\int_0^T \int_0^l \beta(x,\ t)m(x,\ t)[1 - p(x,\ t)\alpha^*(x,\ t)]z(x,\ t)\xi(0,\ t)\mathrm{d}x\mathrm{d}t.$$

由此可得

$$\int_0^T \int_0^l [z_t(x,\ t) + (V(x,\ t)z(x,\ t))_x]\xi(x,\ t)\mathrm{d}x\mathrm{d}t$$

$$= -\int_0^T \int_0^l \mu z \xi \mathrm{d}x\mathrm{d}t + \int_0^T \int_0^l [(g'(u^*(x,\ t) - \bar{u}(x)) + \alpha^*(x,\ t))z(x,\ t)]\mathrm{d}x\mathrm{d}t$$

$$+ \int_0^T \int_0^l \beta(x,\ t)m(x,\ t)p(x,\ t)\nu(x,\ t)u^*(x,\ t)\xi(0,\ t)\mathrm{d}x\mathrm{d}t. \tag{6.39}$$

系统 (6.36) 的第一式两边同乘以 $\xi(x,\ t)$, 在 Q 上积分, 得

$$\int_0^T \int_0^l (z_t(x,\ t) + (V(x,\ t)z(x,\ t))_x)\xi(x,\ t)\mathrm{d}x\mathrm{d}t = -\int_0^T \int_0^l \mu z \xi \mathrm{d}x\mathrm{d}t. \tag{6.40}$$

于是由 (6.39), (6.40) 可知

$$\int_Q [(g'(u^*(x,\ t) - \bar{u}(x)) + \alpha^*(x,\ t))z(x,\ t)]\mathrm{d}x\mathrm{d}t$$

$$= -\int_Q \beta(x,\ t)m(x,\ t)p(x,\ t)\xi(0,\ t)\nu(x,\ t)u^*(x,\ t)\mathrm{d}x\mathrm{d}t.$$

因此 (6.38) 可转化为

$$\int_0^T \int_0^l (\beta(x,\ t)m(x,\ t)p(x,\ t)\xi(0,\ t) - 1)u^*(x,\ t)\nu(x,\ t)\mathrm{d}x\mathrm{d}t \leqslant 0.$$

根据法锥元素的定义可知 $(\beta(x,\ t)m(x,\ t)p(x,\ t)\xi(0,\ t) - 1)u^*(x,\ t) \in N_\Omega(\alpha^*)$, 其中 $N_\Omega(\alpha^*)$ 表示 Ω 在 α^* 处的法锥. 结合法锥元素的具体表示即可得到定理结论.

此外, 王晓红 (2017) 研究了下面具有尺度结构的害鼠不育控制模型:

$$\begin{cases} \dfrac{\partial u}{\partial t} + \dfrac{\partial(g(x)u(x,\ t))}{\partial x} = f(x,\ t) - \mu(x)u(x,\ t) & \\ \quad -\varphi(I(t))u(x,\ t), & (x,\ t) \in (0,\ l) \times (0,\ +\infty), \\ g(0)u(0,\ t) = \displaystyle\int_0^t \beta(x,\ J(t)\omega(x))[1 - \delta\alpha(x)]u(x,\ t)\mathrm{d}x, & t \in (0,\ +\infty), \\ u(x,\ 0) = u_0(x), & x \in (0,\ l), \\ I(t) = \displaystyle\int_0^l m(x)u(x,\ t)\mathrm{d}x, & t \in (0,\ +\infty), \\ J(t) = \displaystyle\int_0^l b(x)u(x,\ t)\mathrm{d}x, & t \in (0,\ +\infty). \end{cases}$$

6.3 具有尺度结构和可分离死亡率的最优不育控制

Liu 等 (2016) 研究了一类具有尺度结构和可分离死亡率的非线性害鼠种群模型的最优不育控制问题. 为了建立模型, 假设任何时候投放的雌性不育剂完全被害

鼠 (包括雄性害鼠) 取食, 并且在任何时候, 具有相同尺度的害鼠个体所取食的雌性不育剂的量相同. 基于此, 建立了如下具有尺度结构的害鼠种群最优不育控制模型.

$$
\begin{cases}
\dfrac{\partial u(x,\,t)}{\partial t} + \dfrac{\partial (V(x,\,t)u(x,\,t))}{\partial x} = f(x,\,t) & \\[2mm]
\quad -\mu(x,\,t)u(x,\,t) - \varPhi(I(t)u(x,\,t)), & (x,\,t) \in Q, \\[2mm]
V(0,\,t)u(0,\,t) = \displaystyle\int_0^l \beta(x,\,t)m(x,\,t)[1-\delta\alpha(x,\,t)]u(x,\,t)\mathrm{d}x, & t \in [0,\,T], \\[2mm]
u(x,\,0) = u_0(x), & x \in [0,\,l], \\[2mm]
I(t) = \displaystyle\int_0^l b(x)u(x,\,t)\mathrm{d}x, & t \in [0,\,T],
\end{cases} \tag{6.41}
$$

其中 $Q = [0,\,l] \times [0,\,T]$. 这里, 状态变量 $u(x,\,t)$ 表示 t 时刻尺度为 x 的个体分布密度. 模型 (6.41) 中所有的参数的所有含义与 (6.1) 相同或相似, 另外, $\varPhi(I(t))$ 表示由于栖息地有限导致的种内竞争而产生的额外死亡率, 其依赖于按 $b(x)$ 加的种群规模的 $I(t)$.

控制变量 $\alpha(x,\,t)$ 表示 t 时刻尺度为 x 的单个个体所取食的雌性不育剂的平均量, 且属于允许控制集 $\Omega = \{\alpha \in L^\infty(Q) : 0 \leqslant \alpha(x,\,t) \leqslant L, \text{ a.e. } (x,\,t) \in Q\}$.

为研究需要作以下假设:

(A_1) 存在 $\overline{\beta} \in R_+ = [0,\,\infty)$, 使得 $0 \leqslant \beta(x,\,t) \leqslant \overline{\beta}$, $(x,\,t) \in Q$.

(A_2) $\mu(\cdot,\,t) \in L^1_{loc}[0,\,l]$, 并且 $\mu(x,\,t) \geqslant 0$, $(x,\,t) \in Q$.

(A_3) $V : Q \to R_+$ 是一个有界连续函数, 使得当 $(x,\,t) \in Q$ 时, $V(x,\,t) > 0$, 当 $t \in [0,\,T]$ 时, $V(l,\,t) = 0$. 此外, 存在一个正常数 L_V, 使得对任意的 $x_1,\,x_2 \in [0,\,l]$ 及 $t \in [0,\,T]$, 有

$$|V(x_1,\,t) - V(x_2,\,t)| \leqslant L_V |x_1 - x_2|.$$

(A_4) 对任意的 $(x,\,t) \in Q$, 有 $m,\,f \in L^\infty(Q)$ 以及 $0 < m(x,\,t) < 1$, $0 \leqslant \delta\alpha(x,\,t) < 1$.

(A_5) $b \in L^\infty(0,\,l)$, 并且存在 $\overline{b}$, 使得对任意的 $x \in [0,\,l]$, 有 $0 < b(x) \leqslant \overline{b}$.

(A_6) $u_0(x) \in L^1(0,\,l)$, 并且存在 $\hat{u} \in R_+$, 使得 $0 \leqslant u_0(x) \leqslant \hat{u}$.

(A_7) $\varPhi : R_+ \to R_+$ 是一个连续函数, 而且存在 $\overline{\varPhi} \in R_+$, 使得对任意 $I \in R_+$, 有 $\varPhi(I) \leqslant \overline{\varPhi}$. 此外, 存在一个递增函数 $C_\varPhi : R_+ \to R_+$, 使得对 $I_1,\,I_2 \leqslant r$, 有 $|\varPhi(I_1) - \varPhi(I_2)| \leqslant C_\varPhi(r)|I_1 - I_2|$.

注意到系统 (6.41) 是文献 Kato(2008) 中系统 (4.1) 的一个特例, 由定理 4.1 知, 对于任意的 $u_0 \in L^1_+$, 系统 (6.41) 有唯一的全局解 $u \in C([0,\,T];\,L^1_+)$. 设 u^α 是模

型 (6.41) 相应于 $\alpha \in \Omega$ 的解. 研究如下最优不育控制问题

$$\text{minimize} J(\alpha) = \int_0^T \int_0^l [g(u^\alpha(x,\ t) - \overline{u}(x)) + h(t)u^\alpha(x,\ t)\alpha(x,\ t)]\mathrm{d}x\mathrm{d}t, \qquad (6.42)$$

其中, $\overline{u}(x) \in L^\infty(0,\ l)$ 是给定的害鼠种群的理想分布, 函数 $g(u^\alpha(x,\ t) - \overline{u}(x))$ 表示受控变量与理想分布的接近度, 而函数 $h(t)u^\alpha(x,\ t)\alpha(x,\ t)$ 表示不育控制的成本, 其中包括雌性不育剂的成本和投放雌性不育剂时的劳动成本. 因此, 最优控制策略是: 害鼠种群密度尽可能接近理想分布并且使控制成本尽可能的低.

6.3.1 分离形式解

为了讨论模型解的有界性和解关于控制变量的连续依赖性, 首先介绍一些定义. 对于 $x - t$ 平面第一象限中的任意点 $(x,\ t)$, 使得 $x \leqslant z(t)$, 即 $\varphi(t;\ t,\ x) \leqslant z(t)$. 定义初始时刻 $\tau \equiv \tau(x,\ t)$, 则 $\varphi(t;\ \tau,\ 0) = x \Leftrightarrow \varphi(\tau;\ t,\ x) = 0$. 利用特征曲线方法, 定义 (6.41) 的解如下.

定义 6.5   函数 $u(x,\ t) \in C([0,\ T],\ L^1)$ 称作是 (6.41) 的解, 如果满足

$$u(x,\ t) = \begin{cases} \dfrac{F(\tau,\ u(\cdot,\ \tau))}{V(0,\ \tau)} + \displaystyle\int_\tau^t G_V(s,\ u(\cdot,\ s))\varphi(s;\ t,\ x)\mathrm{d}s, & x \leqslant z(t), \\[4mm] u_0(\varphi(0;\ t,\ x)) + \displaystyle\int_0^t G_V(s,\ u(\cdot,\ s))\varphi(s;\ t,\ x)\mathrm{d}s, & x > z(t), \end{cases}$$

其中对 $t \in [0,\ T]$ 及 $\varphi \in L^1$, 有

$$F(t,\ \varphi) = \int_0^l \beta(x,\ t)m(x,\ t)[1 - \delta\alpha(x,\ t)]\varphi(x)\mathrm{d}x,$$

$$G_V(t,\ \varphi)(x) = f(x,\ t) - \mu(x,\ t)\varphi(x) - \Phi\left(\int_0^l b(x)\varphi(x)\mathrm{d}x\right)\varphi(x) - V_x(x,\ t)\varphi(x).$$

接下来考虑系统 (6.41) 的如下可分离形式解:

$$u(x,\ t) = \tilde{u}(x,\ t)y(t). \qquad (6.43)$$

将 (6.43) 代入 (6.41) 可得如下关于 $\tilde{u}(x,\ t)$ 和 $y(t)$ 的两个子系统,

$$\begin{cases} \dfrac{\partial \tilde{u}(x,\ t)}{\partial t} + \dfrac{\partial(V(x,\ t)\tilde{u}(x,\ t))}{\partial x} = \dfrac{f(x,\ t)}{y(t)} - \mu(x,\ t)\tilde{u}(x,\ t), & (x,\ t) \in Q, \\[3mm] V(0,\ t)\tilde{u}(0,\ t) = \displaystyle\int_0^l \beta(x,\ t)m(x,\ t)(1 - \delta\alpha(x,\ t))\tilde{u}(x,\ t)\mathrm{d}x, & t \in [0,\ T], \\[3mm] \tilde{u}(x,\ 0) = u_0(x), & x \in [0,\ l), \end{cases} \qquad (6.44)$$

$$
\begin{cases}
y'(t) + \Phi(\tilde{I}(t)y(t))y(t) = 0, & t \in [0,\, T], \\[2mm]
y(0) = 1, \\[2mm]
\tilde{I}(t) = \displaystyle\int_0^l b(x)\tilde{u}(x,\, t)\mathrm{d}x, & t \in [0,\, T].
\end{cases}
\tag{6.45}
$$

对于子系统 (6.44) 和 (6.45) 定义解为如下.

定义 6.6　设 $\alpha \in L^\infty(Q)$, 函数对 $(\tilde{u}(x,\, t),\, y(t))$ 称为 (6.44) 和 (6.45) 的解, 如果 $\tilde{u} \in C([0,\, T],\, L^1)$, $y \in C([0,\, T],\, R_+)$, 且满足

$$
\tilde{u}(x,\, t) =
\begin{cases}
\dfrac{F(\tau,\, \tilde{u}(\cdot,\, \tau))}{V(0,\, \tau)} + \displaystyle\int_\tau^t G_{y,\, V}(s,\, \tilde{u}(\cdot,\, s))\varphi(s;\, t,\, x)\mathrm{d}s, & x \leqslant z(t), \\[4mm]
u_0(\varphi(0;\, t,\, x)) + \displaystyle\int_0^t G_{y,\, V}(s,\, \tilde{u}(\cdot,\, s))\varphi(s;\, t,\, x)\mathrm{d}s, & x > z(t),
\end{cases}
$$

$$
y(t) = \exp\left(-\int_0^t \Phi(\tilde{I}(s)y(s))\mathrm{d}s\right),
\tag{6.46}
$$

其中

$$
\tilde{I}(s) = \int_0^l b(x)\tilde{u}(x,\, s)\mathrm{d}x,
$$

$$
G_{y,\, V}(t,\, \varphi)(x) = -\mu(x,\, t)\varphi(x) - V_x(x,\, t)\varphi(x) + \frac{f(x,\, t)}{y(t)}.
$$

定理 6.15　假设 $(A_1) \sim (A_7)$ 成立, 则对任意的 $\alpha \in \Omega$, 子系统 (6.44) 和 (6.45) 有唯一的非负解 $(\tilde{u}^y(x,\, t),\, y(t))$.

证明　记 $\theta = \exp(-\bar{\Phi}T) > 0$, $A = \{h \in C[0,\, T] : \theta \leqslant h(t) \leqslant 1,\, t \in [0,\, T]\}$. 对任意的 $\lambda > 0$, 在 $C[0,\, T]$ 上定义等价范数

$$
\|h\|_\lambda = \sup_{t \in [0,\, T]} \mathrm{e}^{-\lambda t}|h(t)|, \quad h \in C[0,\, T].
$$

下面利用 Banach 不动点定理来证明该定理.

首先, 由 (6.46), 有 $y(t) \geqslant \theta$, 这意味着 $y(t) \in A$. 于是由文献 Kato(2008) 中定理 4.1 知, 对于固定的 $y(t) \in A$, 子系统 (6.44) 具有唯一非负解 $\tilde{u}^y(x,\, t) \in L^\infty(Q)$, 且满足

$$
\begin{aligned}
\|\tilde{u}^y(\cdot,\, t)\|_{L^1} &\leqslant \mathrm{e}^{(\bar{\beta}+2L_V)t}\|u_0\|_{L^1} + \int_0^t \mathrm{e}^{(\bar{\beta}+2L_V)(t-s)}\left\|\frac{f(\cdot,\, s)}{y(s)}\right\|_{L^1}\mathrm{d}s \\
&\leqslant \mathrm{e}^{(\bar{\beta}+2L_V)t}\|u_0\|_{L^1} + \int_0^t \mathrm{e}^{(\bar{\beta}+2L_V)(t-s)}\frac{\|f(\cdot,\, s)\|_{L^1}}{y(s)}\mathrm{d}s \\
&\leqslant \mathrm{e}^{(\bar{\beta}+2L_V)t}\left(\|u_0\|_{L^1} + \frac{\|f(\cdot,\, \cdot)\|_{L(Q)}}{\delta}\right) = r_0.
\end{aligned}
\tag{6.47}
$$

其次, 设 $\tilde{I}^y(t) = \int_0^l b(x)\tilde{u}^y(x,\,t)\mathrm{d}x$. 对固定的 $\tilde{I}^y$, 在 A 上定义映射 A

$$[\mathrm{A}h](t) = \exp\left(-\int_0^t \varPhi(\tilde{I}^y(s)h(s))\mathrm{d}s\right), \quad h \in A.$$

易知 $\theta \leqslant [\mathrm{A}h](t) \leqslant 1$, 因此 A 是一个从 A 到 A 的映射. 此外, 由 (6.47) 和 (A_5) 可得

$$\left|\tilde{I}^y(t)\right| = \left|\int_0^l b(x)\tilde{u}^y(x,\,t)\mathrm{d}x\right| \leqslant \int_0^l |b(x)|\,|\tilde{u}^y(x,\,t)|\,\mathrm{d}x \leqslant \bar{b}r_0 = r_1. \tag{6.48}$$

则对任意的 $h_1,\,h_2 \in A$, 有

$$\begin{aligned}
\|(\mathrm{A}h_1)(t) - (\mathrm{A}h_2)(t)\|_\lambda &= \sup_{t \in (0,\,T)}\left[\mathrm{e}^{-\lambda t}\,|(\mathrm{A}h_1)(t) - (\mathrm{A}h_2)(t)|\right]\\
&= \sup_{t \in (0,\,T)}\left[\mathrm{e}^{-\lambda t}\left|\int_0^t \left[\varPhi(\tilde{I}^y(s)h_1(s)) - \varPhi(\tilde{I}^y(s)h_2(s))\right]\mathrm{d}s\right|\right]\\
&\leqslant \sup_{t \in (0,\,T)}\left[\mathrm{e}^{-\lambda t}C_\varPhi(r_1)r_1\int_0^t \mathrm{e}^{\lambda s}\mathrm{e}^{-\lambda s}\,|h_1(s) - h_2(s)|\,\mathrm{d}s\right]\\
&\leqslant \frac{C_\varPhi(r_1)r_1}{\lambda}\,\|h_1 - h_2\|_\lambda.
\end{aligned}$$

因此, 如果选择 $\lambda > C_\varPhi(r_1)r_1$, 则 A 是空间 $(A,\,\|\cdot\|_\lambda)$ 上的压缩映射. 于是根据 Banach 不动点定理, A 具有唯一不动点, 即存在唯一的 $\tilde{y} \in A$, 使得

$$\tilde{y}(t) = \exp\left(-\int_0^t \varPhi(\tilde{I}^y(s)y(s))\mathrm{d}s\right). \tag{6.49}$$

再次, 由文献 Kato(2008) 中引理 2.4 知, 对于任何 $y_1,\,y_2 \in A$, 都存在一个常数 $M > 0$, 使得

$$\|\tilde{u}^{y_1}(\cdot,\,t) - \tilde{u}^{y_2}(\cdot,\,t)\|_{L^1} \leqslant M\int_0^t |y_1(s) - y_2(s)|\,\mathrm{d}s, \quad t \in [0,\,T],$$

以及

$$\mathrm{e}^{-\lambda t}\|\tilde{u}^{y_1}(\cdot,\,t) - \tilde{u}^{y_2}(\cdot,\,t)\|_{L^1} \leqslant \frac{M}{\lambda}\,|y_1 - y_2|_\lambda, \quad t \in [0,\,T].$$

定义映射 $\mathrm{B}: A \to A$

$$(\mathrm{B}y)(t) = \tilde{y}(t), \quad y \in A.$$

则对任意的 $y_1,\,y_2 \in A$, 通过 (6.48) 和 (6.49), 可得

$$|(\mathrm{B}y_1)(t) - (\mathrm{B}y_2)(t)| = |\tilde{y}_1(t) - \tilde{y}_2(t)|$$

$$\leqslant \left| \int_0^t \Phi(\tilde{I}^{y_1}(s)\tilde{y}_1(s))\mathrm{d}s - \int_0^t \Phi(\tilde{I}^{y_2}(s)\tilde{y}_2(s))\mathrm{d}s \right|$$

$$\leqslant C_\Phi(r_1) \int_0^t \left| \tilde{I}^{y_1}(s)\tilde{y}_1(s) - \tilde{I}^{y_2}(s)\tilde{y}_2(s) \right| \mathrm{d}s$$

$$\leqslant C_\Phi(r_1)r_1 \int_0^t |\tilde{y}_1(s) - \tilde{y}_2(s)|\mathrm{d}s + C_\Phi(r_1) \int_0^t \left| \tilde{I}^{y_1}(s) - \tilde{I}^{y_2}(s) \right| \mathrm{d}s$$

$$= H_1 + H_2. \tag{6.50}$$

对 H_2, 考虑 $\mathrm{e}^{-\lambda t} \int_0^t \left| \tilde{I}^{y_1}(s) - \tilde{I}^{y_2}(s) \right| \mathrm{d}s$, 由于

$$\left| \tilde{I}^{y_1}(s) - \tilde{I}^{y_2}(s) \right| = \left| \int_0^l b(x)\tilde{u}^{y_1}(x,\ s)\mathrm{d}s - \int_0^l b(x)\tilde{u}^{y_2}(x,\ s)\mathrm{d}s \right|$$

$$\leqslant \int_0^l |b(x)| \cdot |\tilde{u}^{y_1}(x,\ s) - \tilde{u}^{y_2}(x,\ s)|\ \mathrm{d}s$$

$$\leqslant \bar{b} \|\tilde{u}^{y_1}(\cdot,\ s) - \tilde{u}^{y_2}(\cdot,\ s)\|_{L^1},$$

则

$$\mathrm{e}^{-\lambda t} \int_0^t \left| \tilde{I}^{y_1}(s) - \tilde{I}^{y_2}(s) \right| \mathrm{d}s \leqslant \bar{b}\mathrm{e}^{-\lambda t} \int_0^t \|\tilde{u}^{y_1}(\cdot,\ s) - \tilde{u}^{y_2}(\cdot,\ s)\|_{L^1}\ \mathrm{d}s$$

$$\leqslant \bar{b}\mathrm{e}^{-\lambda t} \int_0^t \frac{M}{\lambda}\mathrm{e}^{\lambda s} \|y_1 - y_2\|_\lambda\ \mathrm{d}s$$

$$\leqslant \frac{M\bar{b}}{\lambda^2} \|y_1 - y_2\|_\lambda. \tag{6.51}$$

由 (6.50) 和 (6.51), 可得

$$\mathrm{e}^{-\lambda t} |\tilde{y}_1(t) - \tilde{y}_2(t)| \leqslant C_\Phi(r_1)r_1 \int_0^t \mathrm{e}^{-\lambda s} |\tilde{y}_1(s) - \tilde{y}_2(t)|\mathrm{d}s + \frac{C_\Phi(r_1)M\bar{b}}{\lambda^2} \|y_1 - y_2\|_\lambda.$$

因此, 结合 Bellman 引理, 有

$$\mathrm{e}^{-\lambda t} |\tilde{y}_1(t) - \tilde{y}_2(t)| \leqslant |\tilde{y}_1(t) - \tilde{y}_2(t)| \leqslant \frac{\mathrm{e}^{C_\Phi(r_1)r_1 T} C_\Phi(r_1)M\bar{b}}{\lambda^2} \|y_1 - y_2\|_\lambda.$$

选择 $\lambda > 0$, 使得

$$\frac{\mathrm{e}^{C_\Phi(r_1)r_1 T} C_\Phi(r_1)M\bar{b}}{\lambda^2} < 1,$$

则 B 是 $(A, \|\cdot\|_\lambda)$ 上的压缩映射. 因此, 利用 Banach 不动点定理, B 在 A 上有一个唯一的不动点. 于是, 子系统 (6.44) 和 (6.45) 有唯一解 $(u^y(x,\ t),\ y(t))$, 且该解非负且一致有界. 定理得证.

于是可得如下结论.

定理 6.16   设 $(A_1) \sim (A_7)$ 成立, 则 (6.41) 有唯一非负有界解 $u(x, t) = \tilde{u}^y(x, t)y(t)$, 其中 $\tilde{u}^y(x, t)$, $y(t)$ 是系统 (6.44) 和 (6.45) 的一个解.

定理 6.17   设 $(A_1) \sim (A_7)$ 成立, 则 (6.41) 的解 $u^\alpha(x, t)$ 关于控制变量 α 是连续的, 即存在一个正常数 B, 使得对任意的 $t \in [0, T]$, $\alpha_1, \alpha_2 \in \Omega$, 有

$$\|u_1(\cdot, t) - u_2(\cdot, t)\|_{L^1} \leqslant B \int_0^t \|\alpha_1(\cdot, s) - \alpha_2(\cdot, s)\|_{L^1} \mathrm{d}s,$$

其中 u_1 和 u_2 分别是系统 (6.41) 相应于 α_1 和 $\alpha_2 \in \Omega$ 的解.

证明   由于 u_1 和 u_2 分别是系统 (6.41) 相应于 α_1 和 $\alpha_2 \in \Omega$ 的解, 则由定理 6.16, 可知

$$u_1(x,t) = \tilde{u}^{y_1}(x,t)y_1(t), \quad u_2(x,t) = \tilde{u}^{y_2}(x,t)y_2(t).$$

由 (6.48) 知: $\left| \tilde{I}(s) \right| \leqslant r_1$. 于是, 由假设 (A_7) 及 (6.46), 可得

$$
\begin{aligned}
|y_1(t) - y_2(t)| &\leqslant \left| \int_0^t \Phi(y_1(s)\tilde{I}_1(s))\mathrm{d}s - \int_0^t \Phi(y_2(s)\tilde{I}_2(s))\mathrm{d}s \right| \\
&\leqslant \int_0^t \left| \Phi(y_1(s)\tilde{I}_1(s)) - \Phi(y_2(s)\tilde{I}_2(s)) \right| \mathrm{d}s \\
&\leqslant \int_0^t C_\Phi(r_1) \left| y_1(s)\tilde{I}_1(s) - y_2(s)\tilde{I}_2(s) \right| \mathrm{d}s \\
&\leqslant \int_0^t C_\Phi(r_1) \left(\left| y_1(s)\tilde{I}_1(s) - y_1(s)\tilde{I}_2(s) \right| + \left| y_1(s)\tilde{I}_2(s) - y_2(s)\tilde{I}_2(s) \right| \right) \mathrm{d}s \\
&\leqslant \int_0^t C_\Phi(r_1)(|\tilde{I}_1(s) - \tilde{I}_2(s)| + r_1|y_1(s) - y_2(s)|)\mathrm{d}s \\
&\leqslant C_\Phi(r_1)r_1 \int_0^t |y_1(s) - y_2(s)| \, \mathrm{d}s + C_\Phi(r_1)\bar{b} \int_0^t \|\tilde{u}^{y_1}(\cdot, s) - \tilde{u}^{y_2}(\cdot, s)\|_{L^1} \, \mathrm{d}s.
\end{aligned}
$$

应用 Gronwall 引理, 得

$$|y_1(t) - y_2(t)| \leqslant M \int_0^t \|\tilde{u}^{y_1}(\cdot, s) - \tilde{u}^{y_2}(\cdot, s)\|_{L^1} \, \mathrm{d}s, \tag{6.52}$$

其中 $M = \exp\left(C_\Phi(r_1)r_1 T\right) T C_\Phi^2(r_1)r_1\bar{b} + C_\Phi(r_1)r_1\bar{b}$. 易证 $y(t) \leqslant 1$, 于是, 由 (6.43) 和 (6.47) 可得

$$
\begin{aligned}
\|u_1(\cdot, t) - u_2(\cdot, t)\|_{L^1} &= \|\tilde{u}^{y_1}(\cdot, t)y_1(t) - \tilde{u}^{y_2}(\cdot, t)y_2(t)\|_{L^1} \\
&\leqslant \|\tilde{u}^{y_1}(\cdot, t) - \tilde{u}^{y_2}(\cdot, t)\|_{L^1} + r_0 |y_1(t) - y_2(t)|. \tag{6.53}
\end{aligned}
$$

注意 $\tilde{u}^{y_1}(x,\ t)$ 和 $\tilde{u}^{y_2}(x,\ t)$ 分别是 (6.44) 对应于 α_1 和 $\alpha_2 \in \Omega$ 的解, 对 $\tilde{u}^{y_1}(x,\ t)$ 和 $\tilde{u}^{y_2}(x,\ t)$, 有

$$
\begin{aligned}
& \mathrm{e}^{-\overline{\beta}t}\|\tilde{u}^{y_1}(\cdot,\ t)-\tilde{u}^{y_2}(\cdot,\ t)\|_{L^1} \\
& \leqslant \int_0^t \mathrm{e}^{-\overline{\beta}s}\left\|\frac{f(\cdot,\ s)}{y_1(s)}-\frac{f(\cdot,\ s)}{y_2(s)}\right\|_{L^1}\mathrm{d}s + \delta r_0 \int_0^t \mathrm{e}^{-\overline{\beta}s}\|\alpha_1(s)-\alpha_2(s)\|_{L^1}\mathrm{d}s \\
& \quad + L\int_0^t \mathrm{e}^{-\overline{\beta}s}\|\tilde{u}^{y_1}(\cdot,\ s)-\tilde{u}^{y_2}(\cdot,\ s)\|_{L^1}\mathrm{d}s \\
& \leqslant \int_0^t \mathrm{e}^{-\overline{\beta}s}\frac{\|f(\cdot,\ s)\|_{L^1}}{\delta^2}|y_1(s)-y_2(s)|\mathrm{d}s + \delta r_0 \int_0^t \mathrm{e}^{-\overline{\beta}s}\|\alpha_1(\cdot,\ s)-\alpha_2(\cdot,\ s)\|_{L^1}\mathrm{d}s \\
& \quad + L\int_0^t \mathrm{e}^{-\overline{\beta}s}\|\tilde{u}^{y_1}(\cdot,\ s)-\tilde{u}^{y_2}(\cdot,\ s)\|_{L^1}\mathrm{d}s \\
& \leqslant \left(\frac{M}{\theta^2}\|f\|_{L^1(Q)}+L\right)\int_0^t \mathrm{e}^{-\overline{\beta}s}\|\tilde{u}^{y_1}(\cdot,\ s)-\tilde{u}^{y_2}(\cdot,\ s)\|_{L^1}\mathrm{d}s \\
& \quad + \delta r_0 \int_0^t \mathrm{e}^{-\overline{\beta}s}\|\alpha_1(\cdot,\ s)-\alpha_2(\cdot,\ s)\|_{L^1}\mathrm{d}s \\
& \equiv M_1 \int_0^t \mathrm{e}^{-\overline{\beta}s}\|\tilde{u}^{y_1}(\cdot,\ s)-\tilde{u}^{y_2}(\cdot,\ s)\|_{L^1}\mathrm{d}s + \delta r_0 \int_0^t \mathrm{e}^{-\overline{\beta}s}\|\alpha_1(\cdot,\ s)-\alpha_2(\cdot,\ s)\|_{L^1}\mathrm{d}s.
\end{aligned}
$$

再次应用 Gronwall 引理, 有

$$
\begin{aligned}
& \mathrm{e}^{-\overline{\beta}t}\|\tilde{u}^{y_1}(\cdot,\ t)-\tilde{u}^{y_2}(\cdot,\ t)\|_{L^1} \\
& \leqslant M_2 \delta r_0 \int_0^t \mathrm{e}^{M_1(t-s)}\left[\int_0^s \mathrm{e}^{-\overline{\beta}\tau}\|\alpha_1(\cdot,\ \tau)-\alpha_2(\cdot,\ \tau)\|_{L^1}\mathrm{d}\tau\right]\mathrm{d}s \\
& \quad + \delta r_0 \int_0^t \mathrm{e}^{-\overline{\beta}s}\|\alpha_1(\cdot,\ s)-\alpha_2(\cdot,\ s)\|_{L^1}\mathrm{d}s.
\end{aligned}
\tag{6.54}
$$

所需结果由 (6.52)~(6.54) 即得, 证明完成.

6.3.2　最优控制的存在性

引理 6.18　假设 $(A_1)\sim(A_7)$ 成立, 则 $\{I^\alpha(t): \alpha \in \Omega\}$ 是 $L^2(0,\ T)$ 中的一个相对紧集, 其中 $I^\alpha(t)=\displaystyle\int_0^l b(x)u^\alpha(x,\ t)\mathrm{d}x$.

证明　首先证明 $\dfrac{\mathrm{d}I^\alpha(t)}{\mathrm{d}t}$ 关于控制变量 $\alpha \in \Omega$ 是一致有界的. 由于

$$
\frac{\mathrm{d}I^\alpha(t)}{\mathrm{d}t}=\int_0^l b(x)\frac{\partial u^\alpha(x,\ t)}{\partial t}\mathrm{d}x,
$$

则在系统 (6.41) 第一式两边同时乘以 $b(x)$ 并在 $(0,\ l)$ 上积分, 可得

$$
\int_0^l b(x)\frac{\partial u^\alpha(x,\ t)}{\partial t}\mathrm{d}x
$$

$$= \int_0^l b(x) \left[f(x,\ t) - \mu u^\alpha(x,\ t) - \Phi(I^\alpha(t)) u^\alpha(x,\ t) \right] dx - \int_0^l b(x) \frac{\partial (V(x,\ t) u^\alpha(x,\ t))}{\partial x} dx$$

$$\equiv I_1(t) + I_2(t).$$

由定理 6.16 知 I_1 关于控制变量 $\alpha \in \Omega$ 是一致有界的. 对于 I_2, 由系统 (6.41) 的第二个方程, 可得

$$I_2(t) = -\int_0^l b(x) \frac{\partial (V(x,\ t) u^\alpha(x,\ t))}{\partial x} dx$$

$$= V(0,\ t) u^\alpha(0,\ t) b(0) + \int_0^l b'(x) V(x,\ t) u^\alpha(x,\ t) dx$$

$$= b(0) \int_0^l m(x,\ t) \beta(x,\ t) [1 - \delta \alpha(x,\ t)] u^\alpha(x,\ t) dx + \int_0^l b'(x) V(x,\ t) u^\alpha(x,\ t) dx.$$

利用假设知 I_2 关于控制变量 $\alpha \in \Omega$ 也是一致有界的. 于是 $\dfrac{dI^\alpha(t)}{dt}$ 关于控制变量 $\alpha \in \Omega$ 是一致有界的.

接下来, 利用 Fréchet-Kolmogorov 准则来证明 $\{I^\alpha(t) : \alpha \in \Omega\}$ 是 $L^2(0, T)$ 中的一个相对紧集. 为了方便起见, 如果 $t < 0$ 或 $t > T$, 令 $I^\alpha(t) = 0$ 将 $I^\alpha(t)$ 延拓到 $(-\infty,\ +\infty)$.

(1) 由于 $I^\alpha(t) = \int_0^l b(x) u^\alpha(x,\ t) dx$, 显然 $I^\alpha(t)$ 关于 α 一致有界.

(2) 由于

$$\int_0^T [I^\alpha(s+t) - I^\alpha(s)]^2 ds = \int_0^T \left[\int_s^{s+t} \frac{dI^\alpha(r)}{dr} dr \right]^2 ds$$

$$\leqslant \int_0^T \left[\left(\int_s^{s+t} dr \right) \int_s^{s+t} \left(\frac{dI^\alpha(r)}{dr} \right)^2 dr \right] ds$$

$$\leqslant |t| \int_0^T \left[\int_s^{s+t} \left(\frac{dI^\alpha(r)}{dr} \right)^2 dr \right] ds$$

$$\leqslant |t| T \int_0^T \left(\frac{dI^\alpha(r)}{dr} \right)^2 dr.$$

又因为 $\dfrac{dI^\alpha(t)}{dt}$ 关于 α 一致有界, 故 $\lim\limits_{t \to 0} \int_0^T [I^\alpha(s+t) - I^\alpha(s)]^2 ds = 0$.

(3) $\lim\limits_{a \to +\infty} \int_{|s|>a} [I^\alpha(s)]^2 ds = 0$.

由 Fréchet-Kolmogorov 准则, 得到集合 $\{I^\alpha(t) : \alpha \in \Omega\}$ 为 $L^\infty(0,\ T)$ 中相对紧. 引理证毕.

定理 6.19　若假设 $(A_1) \sim (A_7)$ 成立, 且 g, $h: R \to R_+$ 是非负连续的凸函数, 则控制问题 $(6.41) \sim (6.42)$ 至少有一个解.

证明　记 $d = \inf\limits_{\alpha \in \Omega} J(\alpha)$, 于是由定理 6.16 和定理 6.17, 得 $0 \leqslant d < \infty$. 设 Ω 中的序列 $\{\alpha_n\}_{n \geqslant 1}$ 满足

$$d \leqslant J(\alpha_n) < d + \frac{1}{n}, \quad n \geqslant 1.$$

由于 $\{u^{\alpha_n}\}$ 关于控制变量 $\alpha \in \Omega$ 是一致有界的, 故存在 $\{\alpha_n\}$ 的一个子序列, 仍记为 $\{\alpha_n\}$, 使得当 $n \to \infty$ 时, u^{α_n} 在 $L^2(Q)$ 中弱收敛于 u^*. 对于 $\{u^{\alpha_n}\}$, 根据 Mazur 定理, 存在序列 $\{u^{\alpha_n}\}$ 的有限凸组合

$$\tilde{u}_n = \sum_{i=n+1}^{k_n} \lambda_i^n u^{\alpha_i}, \quad \lambda_i^n \geqslant 0, \quad \sum_{i=n+1}^{k_n} \lambda_i^n = 1, \quad k_n \geqslant n+1, \tag{6.55}$$

使得在 $L^2(Q)$ 中, 当 $n \to \infty$ 时, $\tilde{u}_n \to u^*$. 由引理 6.18 知, 存在 $\{\alpha_n\}$ 子列, 仍记为 $\{\alpha_n\}$, 使得当 $n \to \infty$ 时, 有 $I^{\alpha_n} \to I^*$, 且对几乎所有 $t \in (0, T)$, 有 $I^{\alpha_n}(t) \to I^*(t)$. 于是就有

$$I^*(t) = \int_0^l b(x) u^*(x, t) \mathrm{d}x.$$

定义如下的控制序列

$$\tilde{\alpha}_n(x, t) = \begin{cases} \dfrac{\sum\limits_{i=n+1}^{k_n} \lambda_i^n \alpha_i(x, t) u^{\alpha_i}(x, t)}{\sum\limits_{i=n+1}^{k_n} \lambda_i^n u^{\alpha_i}(x, t)}, & \sum\limits_{i=n+1}^{k_n} \lambda_i^n u^{\alpha_i}(x, t) \neq 0, \\[4mm] \underline{\alpha}, & \sum\limits_{i=n+1}^{k_n} \lambda_i^n u^{\alpha_i}(x, t) \neq 0. \end{cases} \tag{6.56}$$

容易验证 $\tilde{\alpha}_n \in \Omega$, 由有界序列的弱紧性知存在 $\{\tilde{\alpha}_n\}$ 的一个子序列, 仍记为 $\{\tilde{\alpha}_n\}$, 使得当 $n \to \infty$ 时, $\tilde{\alpha}_n$ 在 $L^2(Q)$ 中弱收敛于 α^*. 由于 u^{α_i} 是对应于 $\alpha = \alpha_i \in \Omega$ 的 (6.41) 的解, 则

$$\begin{cases} D_\varphi u^{\alpha_i}(x, t) = f(x, t) - (\mu(x, t) + V_x(x, t) + \Phi(I^{\alpha_i}(t))) u^{\alpha_i}(x, t), & (x, t) \in Q, \\ V(0, t) u^{\alpha_i}(0, t) = \int_0^l \beta(x, t) m(x, t)[1 - \delta\alpha_i(x, t)] u^{\alpha_i}(x, t) \mathrm{d}x, & t \in [0, T], \\ u^{\alpha_i}(x, 0) = u_0(x), & x \in [0, l], \\ I^{\alpha_i}(t) = \int_0^l b(x) u^{\alpha_i}(x, t) \mathrm{d}x, & t \in [0, T]. \end{cases} \tag{6.57}$$

由 (6.55)~(6.57) 得

$$
\begin{cases}
D_\varphi \tilde{u}_n(x,\ t) = f(x,\ t) - (\mu(x,\ t) + V_x(x,\ t))\tilde{u}_n - \displaystyle\sum_{i=n+1}^{k_n} \lambda_i^n \Phi(I^{\alpha_i}(t)) u^{\alpha_i}(x,\ t), \\
V(0,\ t)\tilde{u}_n(0,\ t) = \displaystyle\int_0^l \beta(x,\ t) m(x,\ t)[1 - \delta\tilde{\alpha}_n(x,\ t)]\tilde{u}_n(x,\ t)\mathrm{d}x, \\
\tilde{u}_n(x,\ 0) = u_0(x), \\
I^{\alpha_i}(t) = \displaystyle\int_0^l b(x) u^{\alpha_i}(x,\ t)\mathrm{d}x.
\end{cases}
\tag{6.58}
$$

因为当 $n \to \infty$ 时, 对几乎所有的 $t \in (0,\ T)$, 有 $I^{\alpha_n}(t) \to I^*(t)$, 故有

$$
\sum_{i=n+1}^{k_n} \lambda_i^n \Phi(I^{\alpha_i}(t)) u^{\alpha_i}(x,\ t) \to \Phi(I^*(t)) u^*(x,\ t).
$$

在 (6.58) 中令 $n \to \infty$ 并由 Φ 的连续性, 可得

$$
\begin{cases}
D_\varphi u^*(x,\ t) = f(x,\ t) - (\mu(x,\ t) + V_x(x,\ t) + \Phi(I^*(t))) u^*(x,\ t), \\
V(0,\ t) u^*(0,\ t) = \displaystyle\int_0^l \beta(x,\ t) m(x,\ t)[1 - \delta\alpha^*(x,\ t)] u^*(x,\ t)\mathrm{d}x, \\
u^*(x,\ 0) = u_0(x), \\
I^*(t) = \displaystyle\int_0^l b(x) u^*(x,\ t)\mathrm{d}x.
\end{cases}
$$

由此可得 $u^*(x,\ t) = u^{\alpha^*}(x,\ t)$, 从而 $I^*(t) = I^{\alpha^*}(t)$.

一方面, 对任意的 $\alpha_i \in \Omega$, 有 $d \leqslant J(\alpha_i) < d + \dfrac{1}{n}$, 于是有 $d \leqslant \displaystyle\sum_{i=n+1}^{k_n} \lambda_i^n J(\alpha_i) < $

$d + \dfrac{1}{n}$. 令 $n \to \infty$, 有 $\displaystyle\sum_{i=n+1}^{k_n} \lambda_i^n J(\alpha_i) \to d$.

另一方面, 由 $J(\cdot)$ 的定义、(6.55) 和 (6.56) 得

$$
\sum_{i=n+1}^{k_n} \lambda_i^n J(\alpha_i) = \sum_{i=n+1}^{k_n} \lambda_i^n \int_0^T \int_0^l [g(u^{\alpha_i}(x,\ t) - \bar{u}(x)) + h(t)\alpha_i(x,\ t) u^{\alpha_i}(x,\ t)]\mathrm{d}x\mathrm{d}t
$$

$$
\geqslant \int_0^T \int_0^l \left\{ g\left(\sum_{i=n+1}^{k_n} \lambda_i^n u^{\alpha_i}(x,\ t) - \bar{u}(x) \right) \right.
$$

$$
\left. + h(t) \frac{\displaystyle\sum_{i=n+1}^{k_n} \lambda_i^n \alpha_i(x,\ t) u^{\alpha_i}(x,\ t)}{\displaystyle\sum_{i=n+1}^{k_n} \lambda_i^n u^{\alpha_i}(x,\ t)} \sum_{i=n+1}^{k_n} \lambda_i^n u^{\alpha_i}(x,\ t) \right\}\mathrm{d}x\mathrm{d}t
$$

$$\begin{aligned}
&= \int_0^T \int_0^l [g(\tilde{u}_n(x,\,t) - \bar{u}(x)) + h(t)\tilde{\alpha}_n(x,\,t)\tilde{u}_n(x,\,t)]\mathrm{d}x\mathrm{d}t \\
&\xrightarrow[n\to\infty]{} \int_0^T \int_0^l [g(u^*(x,\,t) - \bar{u}(x)) + h(t)\alpha^*(x,\,t)u^*(x,\,t)]\mathrm{d}x\mathrm{d}t = J(\alpha^*).
\end{aligned}$$

因此, $J(\alpha^*) = d = \inf\limits_{\alpha\in\Omega} J(\alpha)$, 这意味着 α^* 是控制问题 (6.41)~(6.42) 的最优控制策略. 证毕.

6.3.3　最优性条件

引理 6.20　在假设 (A_7) 下, 对于 $\forall \alpha \in \Omega$, $v \in L^\infty(Q)$ 以及充分小的 $\varepsilon > 0$, 当 $\alpha + \varepsilon v \in \Omega$ 时, 有

$$\frac{1}{\varepsilon}\left[u^{\alpha+\varepsilon v}(x,\,t) - u^\alpha(x,\,t)\right] \to z(x,\,t), \quad \varepsilon \to 0,$$

其中, $z \in L^\infty(Q)$, 且满足

$$\begin{cases}
D_\varphi z(x,\,t) = -(\mu(x,\,t) + V_x(x,\,t) + \Phi(I^\alpha(t)))z(x,\,t) \\
\qquad\qquad -u^\alpha(x,\,t)\Phi'(I^\alpha(t))Z(t), \\
V(0,\,t)z(0,\,t) = \int_0^l \beta(x,\,t)m(x,\,t)[1 - \delta\alpha(x,\,t)]z(x,\,t)\mathrm{d}x \\
\qquad\qquad - \int_0^l \delta\beta(x,\,t)m(x,\,t)v(x,\,t)u^\alpha(x,\,t)\mathrm{d}x, \\
z(x,\,0) = 0, \\
Z(t) = \int_0^l b(x)z(x,\,t)\mathrm{d}x.
\end{cases} \tag{6.59}$$

证明　系统 (6.59) 的解的存在唯一性可用类似于定理 6.16 和定理 6.17 的方法证明. 由于 $u^{\alpha+\varepsilon v} = u^\varepsilon$, u^α 分别为系统 (6.59) 相应于 $\alpha + \varepsilon v$, $\alpha \in \Omega$ 的解, 则 $\frac{1}{\varepsilon}[u^{\alpha+\varepsilon v} - u^\alpha]$ 满足如下系统:

$$\begin{cases}
D_\varphi \dfrac{1}{\varepsilon}(u^\varepsilon - u^\alpha) = -(\mu + V_x)\dfrac{1}{\varepsilon}(u^\varepsilon - u^\alpha) - \dfrac{1}{\varepsilon}\left(\Phi(I^\varepsilon(t))u^\varepsilon - \Phi(t)u^\alpha\right), \\
V(0,\,t)\dfrac{1}{\varepsilon}(u^\varepsilon - u^\alpha)(0,\,t) = \int_0^l \beta m(u^\varepsilon - u^\alpha - \delta(\alpha + \varepsilon v)u^\varepsilon + \delta\alpha u^\alpha)\mathrm{d}x, \\
\dfrac{1}{\varepsilon}(u^\varepsilon - u^\alpha)(x,\,0) = 0, \\
\dfrac{1}{\varepsilon}(I^\varepsilon(t) - I^\alpha(t)) = \int_0^l b(x)\dfrac{1}{\varepsilon}(u^\varepsilon - u^\alpha)\mathrm{d}x.
\end{cases} \tag{6.60}$$

由引理 6.18 知当 $\varepsilon \to 0$ 时, 有

$$\frac{1}{\varepsilon}\left[\Phi(I^\varepsilon(t))u^\varepsilon(x,\,t) - \Phi(I^\alpha(t))u^\alpha(x,\,t)\right]$$

$$= \frac{1}{\varepsilon}\left[\Phi(I^\varepsilon(t)) - \Phi(I^\alpha(t))\right]u^\varepsilon(x,\ t) + \frac{1}{\varepsilon}\Phi[(I^\alpha(t))(u^\varepsilon(x,\ t) - u^\alpha(x,\ t))]$$
$$\to \Phi'(I^\alpha(t))u^\alpha(x,\ t)Z(t) + \Phi(I^\alpha(t))z(x,\ t).$$

同理有

$$\frac{1}{\varepsilon}\left[\delta\left(\alpha(x,\ t) + \varepsilon v(x,\ t)\right)u^{\alpha+\varepsilon v}(x,\ t) - \delta\alpha(x,\ t)u^\alpha(x,\ t)\right]$$
$$\to \delta u^\alpha(x,\ t)v(x,\ t) + \delta\alpha(x,\ t)z(x,\ t).$$

对系统 (6.60) 取极限 $\varepsilon \to 0$ 即得 (6.59), 证毕.

接下来考虑系统 (6.41) 如下的共轭系统:

$$\begin{cases} D_\varphi \xi(x,\ t) = (\mu + \Phi(I^{\alpha^*}(t)))\xi(x,\ t) - g'(u^*(x,\ t) - \bar{u}(x)) + h(t)\alpha^*(x,\ t) \\ \qquad\qquad - \beta(x,\ t)m(x,\ t)(1 - \delta\alpha^*(x,\ t))\xi(0,\ t) + b(x)\Phi'(I^{\alpha^*}(t))\displaystyle\int_0^l u^*\xi dx, \\ \xi(l,\ t) = \xi(x,\ T) = 0. \end{cases}$$
$$(6.61)$$

其中 $(x,\ t) \in Q$, 可以得到以下结果.

定理 6.21 假设 $(A_1) \sim (A_7)$ 成立, 对于每个 $\alpha \in \Omega$, 共轭系统 (6.61) 具有唯一有界解 $\xi^\alpha \in L^\infty(Q)$, 且存在一个正常数 B_1, 使得

$$\|\xi_1 - \xi_2\|_{L^1(Q)} \leqslant B_1 \|\alpha_1 - \alpha_2\|_\infty,$$

其中 ξ_1 和 ξ_2 分别是 (6.61) 对应于 α_1 和 $\alpha_2 \in \Omega$ 的解.

定理 6.22 设 $\alpha^*(x,\ t)$ 是控制问题 (6.41), (6.42) 的最优策略. 在定理 6.17 的条件下, 如果 g' 是有界的, 则

$$\alpha^*(x,\ t) = \begin{cases} 0, & \delta\beta(x,\ t)m(x,\ t)\xi(0,\ t) < h(t), \\ L, & \delta\beta(x,\ t)m(x,\ t)\xi(0,\ t) > h(t), \end{cases}$$

其中 $\xi(x,\ t)$ 是共轭系统 (6.61) 的解.

证明 对于任意的 $v \in T_\Omega(\alpha^*)$ 及充分小的 $\varepsilon > 0$, 有 $\alpha^\varepsilon \equiv \alpha^* + \varepsilon v$. 设 u^ε 和 u^* 分别是 (6.41) 对应于 $\alpha = \alpha^\varepsilon$ 和 α^* 的解. 由 α^* 的最优性, 有

$$\int_0^T \int_0^l [g(u^\varepsilon(x,\ t) - \bar{u}(x)) + h(t)\alpha^\varepsilon(x,\ t)u^\varepsilon(x,\ t)]dxdt$$
$$\geqslant \int_0^T \int_0^l [g(u^*(x,\ t) - \bar{u}(x)) + h(t)\alpha^*(x,\ t)u^*(x,\ t)]dxdt.$$

因此, 通过引理 6.20 和定理的条件, 有

$$0 \leqslant \int_0^T \int_0^l [g'(u^*(x,\ t) - \bar{u}(x)) + h(t)\alpha^*(x,\ t)]z(x,\ t)dxdt$$

$$+ \int_0^T \int_0^l h(t) v(x, t) u^*(x, t) \mathrm{d}x \mathrm{d}t,$$

其中, $z(x, t)$ 是 (6.59) 的解, 且在 (6.59) 中分别用 $\alpha^*(x, t)$ 和 $u^*(x, t)$ 代替 $\alpha(x, t)$ 和 $u^\alpha(x, t)$.

将 (6.61) 的第一式两边同时乘以 $z(x, t)$ 并在 Q 上积分, 得

$$\int_0^T \int_0^l [z_t(x, t) + (V(x, t) z(x, t))_x] \xi(x, t) \mathrm{d}x \mathrm{d}t$$

$$= - \int_0^T \int_0^l \mu(x, t) z(x, t) \xi(x, t) \mathrm{d}x \mathrm{d}t$$

$$+ \int_0^T \int_0^l [g'(u^*(x, t) - \overline{u}(x)) + h(t) \alpha^*(x, t)] z(x, t) \mathrm{d}x \mathrm{d}t$$

$$- \int_0^T \int_0^l \left[b(x) \Phi'(I^{\alpha^*}(t)) \int_0^l u^*(r, t) \xi(r, t) \mathrm{d}r \right] z(x, t) \mathrm{d}x \mathrm{d}t$$

$$+ \int_0^T \int_0^l \delta\beta(x, t) m(x, t) v(x, t) u^*(x, t) \xi(0, t) \mathrm{d}x \mathrm{d}t$$

$$- \int_0^T \int_0^l \Phi(I^{\alpha^*}(t)) \xi(x, t) z(x, t) \mathrm{d}x \mathrm{d}t. \tag{6.62}$$

接下来, 将 (6.59) 的第一式两边同时乘以 $\xi(x, t)$ 且在 (6.59) 中分别用 $\alpha^*(x, t)$ 和 $u^*(x, t)$ 代替 $\alpha(x, t)$ 和 $u^\alpha(x, t)$ 并在 Q 上进行积分, 有

$$\int_0^T \int_0^l [z_t(x, t) + (V(x, t) z(x, t))_x] \xi(x, t) \mathrm{d}x \mathrm{d}t$$

$$= - \int_0^T \int_0^l \mu(x, t) z(x, t) \xi(x, t) \mathrm{d}x \mathrm{d}t - \int_0^T \int_0^l \Phi(I^{\alpha^*}(t)) z(x, t) \xi(x, t) \mathrm{d}x \mathrm{d}t$$

$$- \int_0^T \int_0^l \Phi'(I^{\alpha^*}(t)) u^*(x, t) \xi(x, t) Z(t) \mathrm{d}x \mathrm{d}t. \tag{6.63}$$

由 (6.62) 和 (6.63), 可得

$$\int_0^T \int_0^l \delta\beta(x, t) m(x, t) v(x, t) u^*(x, t) \xi(0, t) \mathrm{d}x \mathrm{d}t$$

$$= - \int_0^T \int_0^l [g'(u^*(x, t) - \overline{u}(x)) + h(t) \alpha^*(x, t)] z(x, t) \mathrm{d}x \mathrm{d}t.$$

由此对任意的 $v \in T_\Omega(\alpha^*)$, 有

$$\int_0^T \int_0^l [\delta\beta(x, t) m(x, t) \xi(0, t) - h(t)] u^*(x, t) v(x, t) \mathrm{d}x \mathrm{d}t \leqslant 0.$$

于是可知 $[\delta\beta(x, t) m(x, t) \xi(0, t) - h(t)] u^*(x, t) \in N_\Omega(\alpha^*)$, 从而得证.

6.4 周期环境中捕食者具有尺度结构的食物链模型

考虑生物的生存环境受季节变化的影响, Zhang 等 (2017) 研究一类周期环境中捕食者种群具有尺度结构的 3 种群食物链模型的最优收获问题. 为建立模型, 假设处于顶层的捕食者不仅捕食低层捕食者, 同时捕食食饵. 为了简单起见, 假设处于顶层和低层的捕食者个体所不能超越的最大尺度相同, 并记为 l. 记 $R_+ = (0, \infty)$, $Q = (0, l) \times R_+$. 设 $p_1(x, t)$ 和 $p_2(x, t)$ 表示 t 时刻尺度为 l 的处于顶层的捕食者和处于低层的捕食者的密度, $Q(t)$ 代表 t 时刻食饵总数. 建立如下模型:

$$\begin{cases} \dfrac{\partial p_1}{\partial t} + \dfrac{\partial(V_1(x, t)p_1)}{\partial x} = f_1(x, t) - \mu_1(x, t)p_1(x, t) \\ \qquad -\alpha_1(x, t)p_1(x, t), & (x, t) \in Q, \\ \dfrac{\partial p_2}{\partial t} + \dfrac{\partial(V_2(x, t)p_2)}{\partial x} = f_2(x, t) - \mu_2(x, t)p_2(x, t) \\ \qquad -\Phi_1(P_1(t))p_2(x, t) - \alpha_2(x, t)p_2(x, t), & (x, t) \in Q, \\ \dfrac{\mathrm{d}q(t)}{\mathrm{d}t} = g(t, q(t))q(t) - \Phi_2(P_1(t))q(t) - \Phi_3(P_2(t))q(t) - \alpha_3(t)q(t), & t \in R_+, \\ V_1(0, t)p_1(0, t) = [f_3(P_2(t)) + f_4(q(t))] \displaystyle\int_0^l \beta_1(x)p_1(x, t)\mathrm{d}x, & t \in R_+, \\ V_2(0, t)p_2(0, t) = f_5(q(t)) \displaystyle\int_0^l \beta_2(x)p_2(x, t)\mathrm{d}x, & t \in R_+, \\ q(0) = q_0 > 0, \end{cases}$$

$$(6.64)$$

其中 $P_i(t) = \displaystyle\int_0^l p_i(x, t)\mathrm{d}x$ 是 t 时刻捕食者 i 的总量, $i=1, 2$. 这里 $V_1(x, t)$, $\mu_1(x, t)$ 及 $[f_3(P_2(t)) + f_4(q(t))]\beta_1(x)$ 分别表示顶层捕食者的个体尺度增长率、自然死亡率及自然出生率. $V_2(x, t)$, $\mu_2(x, t)$ 及 $f_5(q(t))\beta_2(x)$ 分别表示低层捕食者的个体尺度增长率、自然死亡率和自然出生率. 函数 $f_1(x, t)$ 和 $f_2(x, t)$ 分别表示这两种捕食者的输入率. $g(t, q(t))$ 是食饵的内禀增长率, Φ_i 是功能反应, $i=1, 2, 3$. 由于生物生存环境的周期性变化, 假设

$$p_i(x, t) = p_i(x, t+T), \quad (x, t) \in Q, \quad i = 1, 2,$$

$$q(t) = q(t+T), \quad t \in R_+,$$

其中 $T \in R_+$ 表示环境变化周期. 控制变量 $\alpha_1(x, t)$, $\alpha_2(x, t)$, $\alpha_3(t)$ 分别表示 t 时刻对三个种群的收获努力度, 且属于如下的允许控制集

$$U = \left\{ \begin{aligned} &(\alpha_1,\ \alpha_2,\ \alpha_3) \in L_T^\infty(Q) \times L_T^\infty(Q) \times L_T^\infty(R_+) \\[2mm] &\left| \begin{aligned} &0 \leqslant \alpha_i(x,\ t) \leqslant N_i,\ \text{a.e.}(x,\ t) \in Q,\ i = 1,\ 2 \\ &0 \leqslant \alpha_3(t) \leqslant N_3,\ \text{a.e.}\ t \in R_+ \end{aligned} \right. \end{aligned} \right\},$$

这里

$$L_T^\infty(Q) = \{ h \in L^\infty(Q):\ h(x,\ t) = h(x,\ t+T),\ \text{a.e.}(x,\ t) \in Q \},$$

$$L_T^\infty(R_+) = \{ h \in L^\infty(R_+):\ h(t) = h(t+T),\ \text{a.e.}\ t \in R_+ \}.$$

设 $(p_1(x,\ t), p_2(x,\ t), q(t))$ 是方程 (6.64) 对应于 $(\alpha_1, \alpha_2, \alpha_3) \in U$ 的解. 考虑如下最优收获问题:

$$\max_{(\alpha_1,\ \alpha_2,\ \alpha_3) \in U} J(\alpha_1,\ \alpha_2,\ \alpha_3), \tag{6.65}$$

其中

$$J(\alpha_1, \alpha_2, \alpha_3) = \sum_{i=1}^{2} \int_0^T \int_0^l \omega_i(x,\ t) \alpha_i(x,\ t) p_i(x,\ t) \mathrm{d}x \mathrm{d}t - \frac{1}{2} \sum_{i=1}^{2} \int_0^T \int_0^l c_i \alpha_i^2(x,\ t) \mathrm{d}x \mathrm{d}t$$
$$+ \int_0^T \omega_3(t) \alpha_3(t) q(t) \mathrm{d}t - \frac{1}{2} \int_0^T c_3 \alpha_3^2(t) \mathrm{d}t.$$

这里, 权函数 $\omega_1(\cdot,\ t)$, $\omega_2(\cdot,\ t)$ 和 $\omega_3(t)$ 分别表示这三个种群个体的经济价值, 且都是关于时间 t 的 T-周期函数; c_i 表示对第 i 个种群的收获成本 ($i=1,\ 2,\ 3$). 因此, $J(\alpha_1, \alpha_2, \alpha_3)$ 表示在种群演变的一个周期内由收获所获得的总净经济效益.

采用如下的基本假设.

(A_1) 对于 $i=1,\ 2$, $V_i : [0,\ l] \times R_+ \to R_+$ 是有界连续函数, 对于 $(x,\ t) \in Q$, 有 $V_i(x,\ t) > 0$ 及 $V_i(x,\ t) = V_i(x,\ t+T)$, 且对于 $t \in R_+$, 有 $V_i(l,\ t) = 0$ 及 $V_i(0,\ t) = 1$. 进一步, 存在常数 L_{V_i}, 使得

$$|V_i(x_1,\ t) - V_i(x_2,\ t)| \leqslant L_{V_i} |x_1 - x_2|,\quad t \in R_+,\quad x_1,\ x_2 \in [0,\ l].$$

(A_2) 对于 $s \in (0,\ l)$, $i = 1,\ 2$, 存在 $\bar{\beta}_i \in R_+$ 使得 $0 \leqslant \beta_i(s) \leqslant \bar{\beta}_i$.

(A_3) $\mu_1 : Q \to R_+$ 是可测函数, 且对任意 $(x,\ t) \in Q$, 有 $\mu_1(x,\ t) = \mu_1(x,\ t+T) \geqslant 0$.

(A_4) $\mu_2 : Q \to R_+$ 是可测函数, 且对任意 $(x,\ t) \in Q$, 有 $\mu_2(x,\ t) = \mu_2(x,\ t+T) \geqslant 0$.

(A_5) 对任意的 $(x,\ t) \in Q$, $i = 1,\ 2$, 有 $\mu_i(x,\ t) + V_{ix}(x,\ t) \geqslant 0$.

(A_6) 存在 $\bar{B} > 0$, 使得对任意的 $S, t \geqslant 0$, 有 $0 \leqslant g(t, S) = g(t+T, S) \leqslant \bar{B}$, 且 g 对于第二个变量满足 Lipschitz 条件, 即对任意的 $t, S_1, S_2 \geqslant 0$, 存在 $L > 0$, 使得

$$|g(t, S_1) - g(t, S_2)| \leqslant L|S_1 - S_2|.$$

(A_7) 存在常数 B_i 及 $C_{\Phi_i}(i=1, 2, 3)$, 使得对任意的 $S \geqslant 0$, 有 $0 \leqslant \Phi_i(s) \leqslant B_i$, 且对任意的 $S_1, S_2 \geqslant 0$, 有

$$|\Phi_i(S_1) - \Phi_i(S_2)| \leqslant C_{\Phi_i}|S_1 - S_2|.$$

(A_8) 存在常数 C_i 及 $L_i(i=3, 4, 5)$, 使得对任意的 $S \geqslant 0$, 有 $0 \leqslant f_i(s) \leqslant C_i$, 且对任意的 $S_1, S_2 \geqslant 0$, 有

$$|f_i(S_1) - f_i(S_2)| \leqslant L_i|S_1 - S_2|.$$

(A_9) 对任意的 $(x, t) \in Q, i=1, 2$, 有 $f_i \in L^\infty(Q)$ 且 $f_2(x, t) = f_2(x, t+T) \geqslant 0$.

6.4.1 状态系统的适定性

定义 6.7 对于 $i=1, 2$, 称柯西问题 $x'(t) = V_i(x, t), x(t_0) = x_{i0}$ 的唯一解 $\varphi_i(t; t_0, x_{i0})$ 为通过点 (t_0, x_{i0}) 的特征曲线. 特别地, 在 $x - t$ 平面上, 记通过点 $(0, 0)$ 的特征曲线为 $z_i(t) = \varphi_i(t; 0, 0)$.

由状态变量 $p_1(x, t), p_2(x, t), q(t)$ 的周期性, 只考虑 $t > \max\{z_1^{-1}(l), z_2^{-1}(l)\} \doteq \bar{t}$ 的情况.

定义 6.8 称三元组函数 $(p_1(x, t), p_2(x, t), q(t)) \in L_T^\infty(Q) \times L_T^\infty(Q) \times L_T^\infty(R_+)$ 为系统 (6.64) 的解, 若其满足

$$p_1(x, t) = p_1(0, t - z_1^{-1}(x))\Pi_1(x; x, t) + \int_0^x \frac{f_1(r, \varphi_1^{-1}(r; x, t))}{V_1(r, \varphi_1^{-1}(r; x, t))} \frac{\Pi_1(x; x, t)}{\Pi_1(r; x, t)} dr,$$
(6.66)

$$p_2(x, t) = p_2(0, t - z_2^{-1}(x))\Pi_2(x; x, t) + \int_0^x \frac{f_2(r, \varphi_1^{-1}(r; x, t))}{V_2(r, \varphi_1^{-1}(r; x, t))} \frac{\Pi_2(x; x, t)}{\Pi_2(r; x, t)} dr,$$
(6.67)

$$q(t) = q_0 \exp\left\{\int_0^t [g(\sigma, q(\sigma)) - \Phi_2(p_1(\sigma)) - \Phi_3(p_2(\sigma)) - \alpha_3(\sigma)] d\sigma\right\},$$
(6.68)

其中

$$\Pi_1(s; x, t)$$
$$= \exp\left(\frac{-\int_0^s \mu_1(r, \varphi_1^{-1}(r; t, x)) + \alpha_1(r, \varphi_1^{-1}(r; t, x)) + V_{1x}(r, \varphi_1^{-1}(r; t, x))}{V_1(r, \varphi_1^{-1}(r; t, x))} dr\right),$$

$\Pi_2(s;\ x,\ t)$

$$= \exp\left(\cfrac{\begin{aligned}&-\int_0^s \mu_2(r,\ \varphi_2^{-1}(r;\ t,\ x)) + \Phi_1(p_1(t)) + \alpha_2(r,\ \varphi_2^{-1}(r;\ t,\ x)) \\ &+V_{2x}(r,\ \varphi_2^{-1}(r;\ t,\ x))\end{aligned}}{V_2(r,\ \varphi_2^{-1}(r;\ t,\ x))} \mathrm{d}r \right).$$

为研究模型解的存在唯一性, 设 $X = L^\infty(R_+,\ L^1(0,\ l)) \times L^\infty(R_+,\ L^1(0,\ l)) \times L^\infty(R_+)$, 且记

$$M = \max \left\{ \begin{array}{l} q_0 \mathrm{e}^{\bar{B}T},\ C_5 \bar{\beta}_2 T \|f_2(\cdot,\ \cdot)\|_{L^1(Q)}\, \mathrm{e}^{C_5 \bar{\beta}_2 T} + \|f_2(\cdot,\ \cdot)\|_{L^1(Q)} \\ (C_3 + C_4) \bar{\beta}_1 T \|f_1(\cdot,\ \cdot)\|_{L^1(Q)}\, \mathrm{e}^{(C_3+C_4) \bar{\beta}_1 T} + \|f_1(\cdot,\ \cdot)\|_{L^1(Q)} \end{array} \right\}.$$

进一步, 定义解空间为

$$\chi = \left\{ (p_1,\ p_2,\ q) \in X \left| \begin{array}{l} 0 \leqslant q(t) \leqslant M,\ \mathrm{a.e.}\, t \in R_+,\ p_i(x, t) \geqslant 0, \\ \mathrm{a.e.}(x,\ t) \in Q, \int_0^l p_i(x,\ t)\mathrm{d}x \leqslant M,\ i = 1,\ 2 \end{array} \right. \right\}.$$

定义映射 $G : \chi \to X$,

$$(G(p_1,\ p_2,\ q)) = (G_1(p_1,\ p_2,\ q), G_2(p_1,\ p_2,\ q), G_3(p_1,\ p_2,\ q)),$$

其中 $G_1(p_1,\ p_2,\ q), G_2(p_1,\ p_2,\ q)$ 及 $G_3(p_1,\ p_2,\ q)$ 分别由 (6.66)~(6.68) 等号右端所定义. 显然, 如果 $(p_1(x, t), p_2(x, t), q(t))$ 是映射 G 的不动点, 则它是方程 (6.64) 的解, 反之亦然.

定理 6.23　对于给定的 $(\alpha_1,\ \alpha_2,\ \alpha_3) \in U$, 系统 (6.64) 具有唯一的非负解 (p_1, p_2, q).

证明　首先, 证明 G 将 X 映射到自身. 由假设 (A_1) 知 $V_1(0, t)=1$, $V_2(0, t)=1$. 设 $b_i(t) = p_i(0, t)$, 由于 $\varphi_i^{-1}(0;\ t,\ x) = t - z_i^{-1}(x)$ $(i = 1,\ 2)$, 则

$$b_1(t) = V_1(0,\ t)p_1(0,\ t)$$

$$= (f_3(P_2(t)) + f_4(q(t))) \int_0^l \beta_1(x)p_1(x, t)\mathrm{d}x$$

$$\leqslant (C_3 + C_4) \int_0^l \beta_1(x) \left(p_1(0,\ \varphi_1^{-1}(0;\ t,\ s)) + \int_0^x \frac{f_1(r,\ \varphi_1^{-1}(r;\ t,\ x))}{V_1(r,\ \varphi_1^{-1}(r;\ t,\ x))}\mathrm{d}r \right)\mathrm{d}x$$

$$\leqslant (C_3 + C_4) \left(\int_0^l \beta_1(x)b_1(\varphi_1^{-1}(0;t,s))\mathrm{d}x + \int_0^l \beta_1(x) \int_0^x \frac{f_1(r, \varphi_1^{-1}(r;t,x))}{V_1(r, \varphi_1^{-1}(r;t,x))}\mathrm{d}r\mathrm{d}x \right)$$

$$
\begin{aligned}
&=(C_3+C_4)\left(\int_0^l \beta_1(x)b_1(t-z_1^{-1}(x))\mathrm{d}x\right. \\
&\qquad\left.+\int_0^l \beta_1(x)\int_{\varphi_1^{-1}(0;\,t,\,x)}^t f_1(\varphi_1(\sigma;\,t,\,x),\,\sigma)\mathrm{d}\sigma\mathrm{d}x\right) \\
&\leqslant(C_3+C_4)\int_0^l b_1(t-z_1^{-1}(x))\mathrm{d}x+(C_3+C_4)\,\bar\beta_1\int_0^l\int_0^t f_1(\varphi_1(\sigma;\,t,\,x),\,\sigma)\mathrm{d}\sigma\mathrm{d}x \\
&\leqslant(C_3+C_4)\,\bar\beta_1\int_0^t b_1(\sigma)\mathrm{d}\sigma+(C_3+C_4)\,\bar\beta_1\,\|f_1(\cdot,\,\cdot)\|_{L^1(Q)},
\end{aligned}
$$

这里使用变换 $\sigma=\varphi_1^{-1}(r;\,t,\,x)$ 来得到最后的不等式. 由定义 6.7 知, 当 $r=x$ 时, $\sigma=t$; 当 $r=0$ 时, $\sigma=\varphi_1^{-1}(0;\,t,\,x)$. 进一步, 由 $r=\varphi_1(\sigma;\,t,\,x)$, 可得

$$
\mathrm{d}r=\frac{\mathrm{d}\varphi_1(\sigma;\,t,\,x)}{\mathrm{d}\sigma}=V_1(\varphi_1(\sigma;\,t,\,x),\,\sigma)\mathrm{d}\sigma=V_1(r,\,\varphi_1^{-1}(r;\,t,\,x))\mathrm{d}\sigma.
$$

同理, 可得

$$
b_2(t)\leqslant C_5\,\bar\beta_2\int_0^t b_2(\sigma)\mathrm{d}\sigma+C_5\overline\beta_2\,\|f_2(\cdot,\,\cdot)\|_{L^1(Q)}.
$$

由于 $b_1(t)$ 和 $b_2(t)$ 具有周期性, 只需考虑 $t\in[\bar t,\ \bar t+T]$ 的情形. 于是, 由 Bellman 引理可得

$$
b_1(t)\leqslant(C_3+C_4)\overline\beta_1\,\|f_1(\cdot,\,\cdot)\|_{L^1(Q)}\,\mathrm{e}^{(C_3+C_4)\bar\beta_1 T},
$$

$$
b_2(t)\leqslant C_5\overline\beta_2\,\|f_2(\cdot,\,\cdot)\|_{L^1(Q)}\,\mathrm{e}^{C_5\bar\beta_2 T}.
$$

现在考虑映射 $(G(p_1,\,p_2,\,q))=(G_1(p_1,\,p_2,\,q),G_2(p_1,\,p_2,\,q),G_3(p_1,\,p_2,\,q))$. 由于

$$
\begin{aligned}
&\int_0^l |G_1(p_1,\,p_2,\,q)|(x,\,t)\mathrm{d}x \\
&\leqslant\int_0^l p_1(0,\,\varphi_1^{-1}(0;\,t,\,x))\varPi_1(x;\,x,\,t)\mathrm{d}x+\int_0^l\int_0^x\frac{f_1(r,\,\varphi_1^{-1}(r;\,t,\,x))}{V_1(r,\,\varphi_1^{-1}(r;\,t,\,x))}\frac{\prod_1(x;\,x,\,t)}{\prod_1(r;\,x,\,t)}\mathrm{d}r\mathrm{d}x \\
&\leqslant\int_0^l p_1(0,\,\varphi_1^{-1}(0;\,t,\,x))\mathrm{d}x+\int_0^l\int_0^x\frac{f_1(r,\,\varphi_1^{-1}(r;\,t,\,x))}{V_1(r,\,\varphi_1^{-1}(r;\,t,\,x))}\mathrm{d}r\mathrm{d}x \\
&\leqslant\int_0^l b_1(t-z_1^{-1}(x))\mathrm{d}x+\int_0^l\int_{\varphi_1^{-1}(0;\,t,\,x)}^t f_1(\varphi_1^{-1}(\sigma;\,t,\,x),\,\sigma)\mathrm{d}\sigma\mathrm{d}x \\
&\leqslant\int_0^l b_1(t-z_1^{-1}(x))\mathrm{d}x+\int_0^l\int_0^t f_1(\varphi_1^{-1}(\sigma;\,t,\,x),\,\sigma)\mathrm{d}\sigma\mathrm{d}x \\
&\leqslant\int_0^t b_1(\sigma)\mathrm{d}\sigma+\|f_1(\cdot,\,\cdot)\|_{L^1(Q)}
\end{aligned}
$$

$$\leqslant (C_3 + C_4)\overline{\beta}_1 T \|f_1(\cdot, \cdot)\|_{L^1(Q)} e^{(C_3+C_4)\bar{\beta}_1 T} + \|f_1(\cdot, \cdot)\|_{L^1(Q)}.$$

同理

$$\int_0^l |G_2(p_1, p_2, q)|(x, t)\mathrm{d}x \leqslant C_5\overline{\beta}_2 T \|f_2(\cdot, \cdot)\|_{L^1(Q)} e^{C_5\bar{\beta}_1 T} + \|f_2(\cdot, \in \cdot)\|_{L^1(Q)},$$

$$|G_3(p_1, p_2, q)|(t) \leqslant q_0 e^{\bar{B}T}.$$

因此, G 是从 χ 到 χ 的映射.

接下来, 讨论映射 G 的压缩性, 由 (6.66), 可得

$$\int_0^l |G_1(p_1, p_2, q) - G_1(p_1', p_2', q')|(x, t)\mathrm{d}x$$

$$\leqslant \int_0^l |p_1(0, \varphi_1^{-1}(0; t, x)) - p_1'(0, \varphi_1^{-1}(0; t, x))|\mathrm{d}x$$

$$= \int_0^l |b_1(t - z_1^{-1}(x)) - b_1'(t - z_1^{-1}(x))|\mathrm{d}x$$

$$\leqslant \int_0^t \left|(f_3(p_2(\sigma)) + f_4(q(\sigma)))\int_0^l \beta_1(x)p_1(x, \sigma)\mathrm{d}x \right.$$

$$\left. - (f_3(p_2'(\sigma)) + f_4(q'(\sigma)))\int_0^l \beta_1(x)p_1'(x, \sigma)\mathrm{d}x\right|\mathrm{d}\sigma$$

$$\leqslant \bar{\beta}_1(C_3 + C_4)\int_0^t \int_0^l |p_1(x, \sigma) - p_1'(x, \sigma)|\,\mathrm{d}x\mathrm{d}\sigma$$

$$+ \bar{\beta}_1(L_3 + L_4)\int_0^t (|P_2(\sigma) - P_2'(\sigma)| + |q(\sigma) - q'(\sigma)|)\int_0^l |p_1'(x, \sigma)|\,\mathrm{d}x\mathrm{d}\sigma$$

$$\leqslant \bar{\beta}_1(L_3 + L_4)M\int_0^t \left[\int_0^l |p_2(x, \sigma) - p_2'(x, \sigma)|\,\mathrm{d}x + |q(\sigma) - q'(\sigma)|\right]\mathrm{d}\sigma$$

$$+ \bar{\beta}_1(C_3 + C_4)\int_0^t \int_0^l |p_1(x, \sigma) - p_1'(x, \sigma)|\,\mathrm{d}x\mathrm{d}\sigma$$

$$\leqslant M_1\int_0^t \left[|q(\sigma) - q'(\sigma)| + \int_0^l |p_1(x, \sigma) - p_1'(x, \sigma)|\,\mathrm{d}x\right.$$

$$\left. + \int_0^l |p_2(x, \sigma) - p_2'(x, \sigma)|\,\mathrm{d}x\right]\mathrm{d}\sigma,$$

其中 $M_1 = \max\{\bar{\beta}_1(C_3 + C_4), \bar{\beta}_1(L_3 + L_4)M\}$.

由 (6.67), 可得

$$G_2(p_1, p_2, q)(x, t)$$

$$= p_2(0, \varphi_1^{-1}(0; t, x))\Pi_2(x; t, t) + \int_0^x \frac{f_2(r, \varphi_2^{-1}(r; t, x))}{V_2(r, \varphi_2^{-1}(r; t, x))} \frac{\prod_2(x; x, t)}{\prod_2(r; x, t)}dr.$$

利用积分变换 $s = \varphi_2^{-1}(r; t, x)$, 可以将上述等式转化为

$$G_2(p_1, p_2, q)(x, t) = b_2(\varphi_2^{-1}(0; t, x))E(\varphi_2^{-1}(0; t, x); x, t, P_1(t))$$
$$+ \int_{\varphi_2^{-1}(0; t, x)}^t f_2(\varphi_2^{-1}(s; t, x), s)E(s; x, t, P_1(t))ds,$$

其中

$$E(r; x, t, P_1(t)) = \exp\Big(-\int_r^t[\mu_2(\varphi_2(s; t, x), s)$$
$$+ \Phi_1(P_1(t)) + \alpha_2(\varphi_2(s; t, x), s) + V_2(\varphi_2(s; t, x), s)]ds\Big).$$

设 $M_2 = C_{\varphi 1}T(M+l\,\|f(\cdot, \cdot)\|_{L^1(Q)})$, $M_3 = \max\{L_5\bar{\beta}_2 M + M_2 M_1, M_2 M_1, C_5\bar{\beta}_2 + M_2 M_1\}$, 则

$$\int_0^l |G_2(p_1, p_2, q) - G_2(p_1', p_2', q')|(x, t)dx$$

$$= \int_0^l |b_2(\varphi_2^{-1}(0; t, x))E(\varphi_2^{-1}(0; t, x); x, t, P_1(t))$$
$$+ \int_{\varphi_2^{-1}(0; t, x)}^t f_2(\varphi_2(s; t, x), s)E(s; x, t, P_1(t))ds$$
$$- b_2'(\varphi_2^{-1}(0; t, x))E(\varphi_2^{-1}(0; t, x); x, t, P_1'(t))$$
$$- \int_{\varphi_2^{-1}(0; t, x)}^t f_2(\varphi_2(s; t, x), s)E(s; x, t, P_1'(t))ds|dx$$

$$\leqslant \int_0^l b_2'(\varphi_2^{-1}(0; t, x)) \int_{\varphi_2^{-1}(0; t, x)}^t |\Phi_1(P_1(t)) - \Phi_1(P_1'(t))|dsdx$$
$$+ \int_0^l |b_2(\varphi_2^{-1}(0; t, x)) - b_2'(\varphi_2^{-1}(0; t, x))|dx$$
$$+ \int_0^l \int_{\varphi_2^{-1}(0; t, x)}^t f_2(\varphi_2(s; t, x), s) \int_s^t |\Phi_1(P_1(t)) - \Phi_1(P_1'(t))|drdsdx$$

$$\leqslant \int_0^t |b_2(\sigma) - b_2'(\sigma)|d\sigma + [C_{\Phi_1}T(M+l)\,\|f(\cdot, \cdot)\|_{L^1(Q)}]\int_0^l |p_1(x, t) - p_1'(x, t)|dx$$

$$\leqslant \int_0^t \Big(|f_5(q(\sigma)) - f_5(q'(\sigma))|\int_0^l \beta_2(x)p_2(x, \sigma)dx\Big)d\sigma$$

$$+ \int_0^t |f_5(q'(\sigma))|\int_0^l \beta_2(x)\,|p_2(x, \sigma) - p_2'(x, \sigma)|dxd\sigma$$

$$+ \left[C_{\Phi_1} T(M+l) \| f(\cdot, \ \cdot) \|_{L^1(Q)} \right] \int_0^l |p_1(x, \ t) - p_1'(x, \ t)| \mathrm{d}x$$

$$\leqslant L_5 \bar{\beta}_2 M \int_0^t |q(\sigma) - q'(\sigma)| \mathrm{d}\sigma + C_5 \bar{\beta}_2 \int_0^t \int_0^l |p_2(x, \ \sigma) - p_2'(x, \ \sigma)| \mathrm{d}x \mathrm{d}\sigma$$

$$+ M_2 M_1 \int_0^t \left[|q(\sigma) - q'(\sigma)| + \int_0^l |p_1(x, \ \sigma) - p_1'(x, \ \sigma)| \mathrm{d}x \right.$$

$$\left. + \int_0^l |p_2(x, \ \sigma) - p_2'(x, \ \sigma)| \mathrm{d}x \right] \mathrm{d}\sigma$$

$$\leqslant M_3 \int_0^t \left[|q(\sigma) - q'(\sigma)| + \int_0^l |p_1(x, \ \sigma) - p_1'(x, \ \sigma)| \mathrm{d}x + \int_0^l |p_2(x, \ \sigma) - p_2'(x, \ \sigma)| \mathrm{d}x \right] \mathrm{d}\sigma.$$

由 (6.68) 可得

$$|G_3(p_1, \ p_2, \ q) - G_3(p_1', \ p_2', \ q')| \, (t)$$

$$\leqslant q_0 \mathrm{e}^{2T\bar{B}} \int_0^t |g(\sigma, \ q(\sigma)) - g'(\sigma, \ q(\sigma))|$$

$$+ |\Phi_2(P_1(\sigma)) - \Phi_2(P_1'(\sigma))| + |\Phi_3(P_2(\sigma)) - \Phi_3(P_2'(\sigma))| \mathrm{d}\sigma$$

$$\leqslant q_0 \mathrm{e}^{2T\bar{B}} \int_0^t \left(L \, |q(\sigma) - q'(\sigma)| + C_{\Phi_2} \int_0^l |p_1(x, \ \sigma) - p_1'(x, \ \sigma)| \mathrm{d}x \right.$$

$$\left. + C_{\Phi_3} \int_0^l |p_2(x, \ \sigma) - p_2'(x, \ \sigma)| \, \mathrm{d}x \right) \mathrm{d}\sigma$$

$$\leqslant M_4 \int_0^t \left(|q(\sigma) - q'(\sigma)| + \int_0^l |p_1(x, \ \sigma) - p_1'(x, \ \sigma)| \mathrm{d}x + \int_0^l |p_2(x, \ \sigma) - p_2'(x, \ \sigma)| \mathrm{d}x \right) \mathrm{d}\sigma,$$

其中 $M_4 = q_0 \mathrm{e}^{2T\bar{B}} \max\{L, \ C_{\Phi_2}, \ C_{\Phi_3}\}$.

最后利用 Banach 不动点定理证明映象 G 有且仅有一个不动点.

由于集合 X 中的元素具有周期性, 只考虑 $t \in [\bar{t}, \ \bar{t} + T]$ 的情形. 对任意的 $(p_1, \ p_2, \ q) \in \chi$, 定义等价范数:

$$\|(p_1, \ p_2, \ q)\|_* = \operatorname*{Ess\,sup}_{t \in [\bar{t}, \ \bar{t}+T]} \left\{ \mathrm{e}^{-\lambda t} \left(|q(t)| + \int_0^l |p_1(x, \ t)| \mathrm{d}x + \int_0^l |p_2(x, \ t)| \mathrm{d}x \right) \right\},$$

其中 $\lambda > 0$ 为正常数. 于是有

$$\|G(p_1, \ p_2, \ q) - G(p_1', \ p_2', \ q')\|_*$$

$$= \|G_1(p_1, \ p_2, \ q) - G_1(p_1', \ p_2', \ q'), G_2(p_1, \ p_2, \ q)$$

$$- G_2(p_1', \ p_2', \ q'), G_3(p_1, \ p_2, \ q) - G_3(p_1', \ p_2', \ q')\|_*$$

$$
\leqslant (M_1 + M_3 + M_4) \operatorname*{Ess\,sup}_{t \in [\bar{t}, \, \bar{t}+T]} \left\{ \mathrm{e}^{-\lambda t} \left[\int_0^t \left(|q(\sigma) - q'(\sigma)| + \int_0^l |p_1(x, \sigma) - p_1'(x, \sigma)| \mathrm{d}x \right. \right. \right.
$$

$$
\left. \left. \left. + \int_0^l |p_2(x, \, \sigma) - p_2'(x, \, \sigma)| \mathrm{d}x \right) \mathrm{d}\sigma \right] \right\}
$$

$$
= M_5 \operatorname*{Ess\,sup}_{t \in [\bar{t}, \, \bar{t}+T]} \left\{ \mathrm{e}^{-\lambda t} \int_0^t \mathrm{e}^{\lambda\sigma} \left[\mathrm{e}^{-\lambda\sigma} \left(|q(\sigma) - q'(\sigma)| + \int_0^l |p_1(x, \, \sigma) - p_1'(x, \, \sigma)| \mathrm{d}x \right. \right. \right.
$$

$$
\left. \left. \left. + \int_0^l |p_2(x, \, \sigma) - p_2'(x, \, \sigma)| \mathrm{d}x \right) \mathrm{d}\sigma \right] \right\}
$$

$$
\leqslant \frac{M_5}{\lambda} \| (p_1 - p_1', \, p_2 - p_2', \, q - q') \|_* .
$$

选择 λ 充分大, 使得 $\lambda > M_5$. 于是, G 为空间 $(\chi, \|\cdot\|_*)$ 上的一个压缩映射, 则由 Banach 不动点定理知, 映射 G 有一个唯一不动点, 即为系统 (6.64) 的唯一解. 定理得证.

6.4.2 解的连续依赖性

定理 6.24 对于任意的 $(\alpha_1, \, \alpha_2, \, \alpha_3), (\alpha_1', \, \alpha_2', \, \alpha_3') \in U$, 设 $(p_1, \, p_2, \, q)$ 和 $(p_1', \, p_2', \, q')$ 分别是系统 (6.64) 相应于 $(\alpha_1, \, \alpha_2, \, \alpha_3)$ 和 $(\alpha_1', \, \alpha_2', \, \alpha_3')$ 的解. 于是存在正常数 M_{14} 和 M_{15}, 使得

$$
\| p_1 - p_1' \|_{L^\infty(0, \, T; \, L^1(0, \, l))} + \| p_2 - p_2' \|_{L^\infty(0, \, T; \, L^1(0, \, l))} + \| q - q' \|_{L^\infty(0, \, T)}
$$

$$
\leqslant M_{14} T (\| \alpha_1 - \alpha_1' \|_{L^\infty(0, \, T; \, L^1(0, \, l))} + \| \alpha_2 - \alpha_2' \|_{L^\infty(0, \, T; \, L^1(0, \, l))}
$$

$$
+ \| \alpha_3 - \alpha_3' \|_{L^\infty(0, \, T)})
$$

和

$$
\| p_1 - p_1' \|_{L^1(Q_T)} + \| p_2 - p_2' \|_{L^1(Q_T)} + \| q - q' \|_{L^1(0, \, T)}
$$

$$
\leqslant M_{15} T (\| \alpha_1 - \alpha_1' \|_{L^1(Q_T)} + \| \alpha_2 - \alpha_2' \|_{L^1(Q_T)} + \| \alpha_3 - \alpha_3' \|_{L^1(0, \, T)}).
$$

证明 只证明第一个估计式, 第二个估计式的证明类似. 由于 $(p_1, \, p_2, \, q)$ 和 $(p_1', \, p_2', \, q')$ 分别是系统 (6.64) 相应于 $(\alpha_1, \, \alpha_2, \, \alpha_3)$ 和 $(\alpha_1', \, \alpha_2', \, \alpha_3'))$ 的解. 于是

$$
|q(t) - q'(t)|
$$

$$
= q_0 \left| \exp \left\{ \int_0^t [g(\sigma, \, q(\sigma)) - \Phi_2(P_1(\sigma)) - \Phi_3(P_2(\sigma)) - \alpha_3(\sigma)] \mathrm{d}\sigma \right\} \right.
$$

$$
\left. - \exp \left\{ \int_0^t [g(\sigma, \, q'(\sigma)) - \Phi_2(P_1'(\sigma)) - \Phi_3(P_2'(\sigma)) - \alpha_3'(\sigma)] \mathrm{d}\sigma \right\} \right|
$$

$$\leqslant q_0 \mathrm{e}^{2T\bar{B}} \left| \int_0^t \left[-g(\sigma,\, q(\sigma)) - \Phi_2 \left(\int_0^l p_1(x,\, \sigma)\mathrm{d}x \right) - \Phi_3 \left(\int_0^l p_2(x,\, \sigma)\mathrm{d}x \right) - \alpha_3(\sigma) \right. \right.$$

$$\left. \left. + g(\sigma,\, q'(\sigma)) + \Phi_2 \left(\int_0^l p_1'(x,\, \sigma)\mathrm{d}x \right) + \Phi_3 \left(\int_0^l p_2'(x,\, \sigma)\mathrm{d}x \right) + \alpha_3'(\sigma) \right] \mathrm{d}\sigma \right|$$

$$\leqslant q_0 \mathrm{e}^{2T\bar{B}} \int_0^t \left[|g(\sigma, q(\sigma)) - g(\sigma, q'(\sigma))| + \left| \Phi_2 \left(\int_0^l p_1(x, \sigma)\mathrm{d}x \right) - \Phi_2 \left(\int_0^l p_1'(x,\, \sigma)\mathrm{d}x \right) \right| \right.$$

$$\left. + \left| \Phi_3 \left(\int_0^l p_2(x,\, \sigma)\mathrm{d}x \right) - \Phi_3 \left(\int_0^l p_2'(x,\, \sigma)\mathrm{d}x \right) \right| + |\alpha_3(\sigma) - \alpha_3'(\sigma)| \right] \mathrm{d}\sigma$$

$$\leqslant q_0 \mathrm{e}^{2T\bar{B}} L_1 \int_0^t |q(\sigma) - q'(\sigma)|\mathrm{d}\sigma + C_{\Phi_2} q_0 \mathrm{e}^{2T\bar{B}} \int_0^t \int_0^l |p_1(x,\, \sigma) - p_1'(x,\, \sigma)|\mathrm{d}x\mathrm{d}\sigma$$

$$+ C_{\Phi_3} q_0 \mathrm{e}^{2T\bar{B}} \int_0^t \int_0^l |p_2(x,\, \sigma) - p_2'(x,\, \sigma)|\mathrm{d}x\mathrm{d}\sigma + q_0 \mathrm{e}^{2T\bar{B}} \int_0^t |\alpha_3(\sigma) - \alpha_3'(\sigma)|\,\mathrm{d}\sigma,$$

$$\int_0^l |p_1(x,\, t) - p_1'(x,\, t)|\mathrm{d}x$$

$$= \int_0^l \left| b_1(\varphi_1^{-1}(0;\, t,\, x))\Pi_1(x;\, x,\, t) + \int_0^x \frac{f_1(r,\, \varphi_1^{-1}(r;\, t,\, x))}{V_1(r,\, \varphi_1^{-1}(r;\, t,\, x))} \frac{\Pi_1(x;\, x,\, t)}{\Pi_1(r;\, t,\, x)}\mathrm{d}r \right.$$

$$\left. - b_1'(\varphi_1^{-1}(0;\, t,\, x))\Pi_1'(x;\, x,\, t) - \int_0^x \frac{f_1(r,\, \varphi_1^{-1}(r;\, t,\, x))}{V_1(r,\, \varphi_1^{-1}(r;\, t,\, x))} \frac{\Pi_1'(x;\, x,\, t)}{\Pi_1'(r;\, t,\, x)}\mathrm{d}r \right| \mathrm{d}x$$

$$\leqslant \int_0^l \left| b_1(t - z_1^{-1}(x)) - b_1'(t - z_1^{-1}(x)) \right| \mathrm{d}x$$

$$+ (C_3 + C_4)M\bar{\beta}_1 \int_0^l \int_0^t |\alpha_1(\varphi_1(\sigma;\, t,\, x),\, \sigma) - \alpha_1'(\varphi_1(\sigma;\, t,\, x),\, \sigma)|\mathrm{d}\sigma\mathrm{d}x$$

$$+ \int_0^l \int_0^t f_1(\varphi_1(s;\, t,\, x),\, s) \int_s^t |\alpha_1(\varphi_1(\sigma;\, t,\, x),\, \sigma) - \alpha_1'(\varphi_1(\sigma;\, t,\, x),\, \sigma)|\mathrm{d}\sigma\mathrm{d}s\mathrm{d}x$$

$$\leqslant M_6 \int_0^t |q(\sigma) - q'(\sigma)|\,\mathrm{d}\sigma + M_7 \int_0^t \int_0^l |p_1(x,\, \sigma) - p_1'(x,\, \sigma)|\mathrm{d}x\mathrm{d}\sigma$$

$$+ M_8 \int_0^t \int_0^l |p_2(x,\, \sigma) - p_2'(x,\, \sigma)|\mathrm{d}x\mathrm{d}\sigma$$

$$+ M_9 \int_0^t \int_0^l |\alpha_1(\varphi_1(\sigma;\, t,\, x),\, \sigma) - \alpha_1'(\varphi_1(\sigma;\, t,\, x),\, \sigma)|\mathrm{d}\sigma\mathrm{d}x,$$

$$\int_0^l |p_2(x, t) - p_2'(x, t)|\mathrm{d}x$$

$$
= \int_0^l \left| b_2(\varphi_2^{-1}(0;\ t,\ x))\Pi_2(x;\ x,\ t) + \int_0^x \frac{f_2(r,\ \varphi_2^{-1}(r;\ t,\ x))}{V_2(r,\ \varphi_2^{-1}(r;\ t,\ x))} \frac{\Pi_2(x;\ x,\ t)}{\Pi_2(r;\ t,\ x)} dr \right.
$$

$$
\left. - b_2'(\varphi_2^{-1}(0;\ t,\ x))\Pi_2'(x;\ x,\ t) - \int_0^x \frac{f_2(r,\ \varphi_2^{-1}(r;\ t,\ x))}{V_2(r,\ \varphi_2^{-1}(r;\ t,\ x))} \frac{\Pi_2'(x;\ x,\ t)}{\Pi_2'(r;\ t,\ x)} dr \right| dx
$$

$$
\leqslant \int_0^l \left| b_2(\varphi_2^{-1}(0;\ t,\ x)) - b_2'(\varphi_2^{-1}(0;\ t,\ x)) \right| dx
$$

$$
+ \int_0^l b_2'(\varphi_2^{-1}(0;\ t,\ x)) \int_0^x \frac{\left| \alpha_2(r,\ \varphi_2^{-1}(r;\ t,\ x)) - \alpha_2'(r,\ \varphi_2^{-1}(r;\ t,\ x)) \right|}{V_2(r,\ \varphi_2^{-1}(r;\ t,\ x))} dr dx
$$

$$
+ \int_0^x \frac{\left| \Phi_1(P_1(t)) - \Phi_1(P_1'(t)) \right|}{V_2(r,\ \varphi_2^{-1}(r;\ t,\ x))} dr dx + \int_0^l \int_0^x \frac{f_2(r,\ \varphi_2^{-1}(r;\ t,\ x))}{V_2(r,\ \varphi_2^{-1}(r;\ t,\ x))}
$$

$$
\times \int_r^x \frac{\left| \alpha_2(\sigma,\ \varphi_2^{-1}(\sigma;\ t,\ x)) - \alpha_2'(\sigma,\ \varphi_2^{-1}(\sigma;\ t,\ x)) \right|}{V_2(\sigma,\ \varphi_2^{-1}(\sigma;\ t,\ x))} d\sigma dr dx
$$

$$
+ \int_r^x \frac{\left| \Phi_1(P_1(t)) - \Phi_1(P_1'(t)) \right|}{V_2(r,\ \varphi_2^{-1}(r;\ t,\ x))} d\sigma dr dx
$$

$$
\leqslant M_{10} \int_0^t |q(\sigma) - q'(\sigma)|\, d\sigma + M_{11} \int_0^t \int_0^l |p_1(x,\ \sigma) - p_1'(x,\ \sigma)| dx d\sigma
$$

$$
+ M_{12} \int_0^t \int_0^l |p_2(x,\ \sigma) - p_2'(x,\ \sigma)| dx d\sigma
$$

$$
+ M_{13} \int_0^t \int_0^l |\alpha_2(\varphi_2(\sigma;\ t,\ x),\ \sigma) - \alpha_2'(\varphi_2(\sigma;\ t,\ x),\ \sigma)| d\sigma dx,
$$

这里

$$
\Pi_1'(s;\ x,\ t) = \exp\left(- \int_0^s \mu_1(r,\ \varphi_1^{-1}(r;\ t,\ x)) + \alpha_1'(r,\ \varphi_1^{-1}(r;\ t,\ x)) \right.
$$

$$
\left. + V_1(r,\ \varphi_1^{-1}(r;\ t,\ x))/V_1(r,\ \varphi_1^{-1}(r;\ t,\ x)) dr \right),
$$

$$
\Pi_2'(s;\ x,\ t) = \exp\left(- \int_0^s \mu_2(r,\ \varphi_1^{-1}(r;\ t,\ x)) + \Phi_1(P_1'(t)) + \alpha_2'(r,\ \varphi_1^{-1}(r;\ t,\ x)) \right.
$$

$$
\left. + V_2(r,\ \varphi_1^{-1}(r;\ t,\ x))/V_2(r,\ \varphi_1^{-1}(r;\ t,\ x)) dr \right).
$$

由上述分析可知结论成立, 定理得证.

6.4.3　共轭系统

引理 6.25　设 $(p_1^*,\ p_2^*,\ q^*)$ 为系统 (6.64) 对应于 $(\alpha_1^*,\ \alpha_2^*,\ \alpha_3^*) \in U$ 的解. 对于任意 $(v_1,\ v_2,\ v_3) \in T_U(\alpha_1^*,\ \alpha_2^*,\ \alpha_3^*)$ 及充分小的 $\varepsilon > 0$, 使得 $(\alpha_1^* + \varepsilon v_1,\ \alpha_2^* +$

$\varepsilon v_2,\ \alpha_3^* + \varepsilon v_3) \in U$, 则当 $\varepsilon \to 0$ 时, 有

$$\frac{1}{\varepsilon}(p_1^\varepsilon - p_1^*) \to z_1, \quad \frac{1}{\varepsilon}(p_2^\varepsilon - p_2^*) \to z_2, \quad \frac{1}{\varepsilon}(q^\varepsilon - q^*) \to z_3,$$

其中, $(p_1^\varepsilon,\ p_2^\varepsilon,\ q^\varepsilon)$ 是系统 (6.64) 对应于 $(\alpha_1^* + \varepsilon v_1,\ \alpha_2^* + \varepsilon v_2,\ \alpha_3^* + \varepsilon v_3)$ 的解, 且 $(z_1,\ z_2,\ z_3)$ 满足

$$\begin{cases}
\dfrac{\partial z_1}{\partial t} + \dfrac{\partial(V_1(x,\ t)z_1)}{\partial x} = -[\mu_1(x,\ t) + \alpha_1^*(x,\ t)]z_1(x,\ t) - v_1(x,\ t)p_1^*(x,\ t), \\[3mm]
\dfrac{\partial z_2}{\partial t} + \dfrac{\partial(V_2(x,\ t)z_2)}{\partial x} = -[\mu_2(x,\ t) + \Phi_1(P_1^*(t)) + \alpha_2^*(x,\ t)]z_2(x,\ t) \\[3mm]
\qquad\qquad\qquad\qquad\qquad\quad -[v_2(x,\ t) + \Phi_1'(P_1^*(t))Z_1(t)]p_2^*(x,\ t), \\[3mm]
\dfrac{\mathrm{d}z_3}{\mathrm{d}t} = -[\Phi_2'(P_1^*(t))Z_1(t) + \Phi_3'(P_2^*(t))Z_2(t) + v_3(t)]q^*(t) \\[3mm]
\qquad\quad + \left[g(t,\ q^*(t)) + q^*(t)\dfrac{\partial g(t,\ q^*(t))}{\partial q} - \alpha_3^*(t) - \Phi_2(P_1^*(t)) - \Phi_3(P_2^*(t))\right]z_3(t), \\[3mm]
z_1(0,\ t) = [f_3(P_2^*(t)) + f_4(q^*(t))]\displaystyle\int_0^l \beta_1(x)z_1(x,\ t)\mathrm{d}x \\[3mm]
\qquad\qquad + [f'(P_2^*(t))Z_2(t) + f_4(q^*(t))z_3(t)]\displaystyle\int_0^l \beta_1(x)p_1^*(x,\ t)\mathrm{d}x \\[3mm]
z_2(0,\ t) = f_5(q^*(t))\displaystyle\int_0^l \beta_2(x)z_2(x,\ t)\mathrm{d}x + f_5'(q^*(t))z_3(t)\displaystyle\int_0^l \beta_2(x)p_2^*(x,\ t)\mathrm{d}x,
\end{cases}$$

$$\tag{6.69}$$

其中

$$z_1(x,\ t) = z_1(x,\ t+T), \quad z_2(x,\ t) = z_2(x,\ t+T), \quad z_3(t) = z_3(t+T),$$

$$Z_1(t) = \int_0^l z_1(x,\ t)\mathrm{d}x, \quad Z_2(t) = \int_0^l z_2(x,\ t)\mathrm{d}x,$$

$$P_1^*(t) = \int_0^l p_1^*(x,\ t)\mathrm{d}x, \quad P_2^*(t) = \int_0^l p_2^*(x,\ t)\mathrm{d}x.$$

　　证明　系统 (6.69) 解的存在唯一性与定理 6.23 的证明类似. 可以知道 $\lim\limits_{\varepsilon \to 0} \dfrac{p_i^\varepsilon - p_i^*}{\varepsilon}\,(i=1,\ 2)$ 和 $\lim\limits_{\varepsilon \to 0} \dfrac{q^\varepsilon - q^*}{\varepsilon}$ 均有意义, 由于 $(p_1^*,\ p_2^*,\ q^*)$ 和 $(p_1^\varepsilon,\ p_2^\varepsilon,\ q^\varepsilon)$ 分别是系统 (6.64) 相应于 $(\alpha_1^*,\ \alpha_2^*,\ \alpha_3^*)$ 和 $(\alpha_1^* + \varepsilon v_1,\ \alpha_2^* + \varepsilon v_2,\ \alpha_3^* + \varepsilon v_3)$ 的解, 则 $\dfrac{1}{\varepsilon}(p_1^\varepsilon - p_1^*),\ \dfrac{1}{\varepsilon}(p_2^\varepsilon - p_2^*),\ \dfrac{1}{\varepsilon}(q^\varepsilon - q^*)$ 满足如下系统:

$$\begin{cases} \dfrac{\partial((p_1^\varepsilon - p_1^*)/\varepsilon)}{\partial t} + \dfrac{\partial(V_1(p_1^\varepsilon - p_1^*)/\varepsilon)}{\partial x} = -(\mu_1 + \alpha_1^*)\left[\dfrac{1}{\varepsilon}(p_1^\varepsilon - p_1^*)\right] - v_1 p_1^\varepsilon, \\[3mm] \dfrac{\partial((p_2^\varepsilon - p_2^*)/\varepsilon)}{\partial t} + \dfrac{\partial(V_2(p_2^\varepsilon - p_2^*)/\varepsilon)}{\partial x} = -(\mu_2 + \alpha_2^*)\left[\dfrac{1}{\varepsilon}(p_2^\varepsilon - p_2^*)\right] - v_2 p_2^\varepsilon \\[3mm] \qquad\qquad\qquad\qquad\qquad\qquad - \dfrac{1}{\varepsilon}\left[\Phi_1(P_1^\varepsilon(t))p_2^\varepsilon - \Phi_1(P_1^*(t))p_2^*\right], \\[3mm] \dfrac{\mathrm{d}((q^\varepsilon - q^*)/\varepsilon)}{\mathrm{d}t} = \dfrac{1}{\varepsilon}\left[g(t,\,q^\varepsilon(t))q^\varepsilon(t) - g(t,\,q^*(t))q^*(t)\right] - \alpha_3^*\left[\dfrac{1}{\varepsilon}(q^\varepsilon - q^*)\right] \\[3mm] \qquad\qquad\qquad - v_3 q^\varepsilon - \dfrac{1}{\varepsilon}\left[\Phi_2(P_1^\varepsilon(t))q^\varepsilon(t) - \Phi_2(P_1^*(t))q^*(t)\right] \\[3mm] \qquad\qquad\qquad - \dfrac{1}{\varepsilon}\left[\Phi_3(P_2^\varepsilon(t))q^\varepsilon(t) - \Phi_3(P_2^*(t))q^*(t)\right], \\[3mm] \dfrac{1}{\varepsilon}(p_1^\varepsilon - p_1^*)(0,\,t) = \dfrac{1}{\varepsilon}\left[f_3(P_2^\varepsilon(t)) + f_4(q^\varepsilon(t))\right]\displaystyle\int_0^l \beta_1(x)p_1^\varepsilon(x,\,t)\mathrm{d}x \\[3mm] \qquad\qquad\qquad - \dfrac{1}{\varepsilon}\left[f_3(P_2^*(t)) + f_4(q^*(t))\right]\displaystyle\int_0^l \beta_1(x)p_1^*(x,\,t)\mathrm{d}x, \\[3mm] \dfrac{1}{\varepsilon}(p_2^\varepsilon - p_2^*)(0,t) = \dfrac{1}{\varepsilon}\left[f_5(q^\varepsilon(t))\displaystyle\int_0^l \beta_2(x)p_2^\varepsilon(x,t)\mathrm{d}x - f_5(q^*(t))\displaystyle\int_0^l \beta_2(x)p_2^*(x,t)\mathrm{d}x\right], \end{cases}$$
$$(6.70)$$

其中

$$\frac{1}{\varepsilon}(p_i^\varepsilon - p_i^*)(x,\,t) = \frac{1}{\varepsilon}(p_i^\varepsilon - p_i^*)(x,\,t+T) \quad (i = 1,\,2),$$

$$\frac{1}{\varepsilon}(q^\varepsilon - q^*)(t) = \frac{1}{\varepsilon}(q^\varepsilon - q^*)(t+T),$$

$$\frac{1}{\varepsilon}(p_i^\varepsilon - p_i^*)(t) = \int_0^l \frac{1}{\varepsilon}(p_i^\varepsilon - p_i^*)(x,\,t)\mathrm{d}x \quad (i = 1,\,2),$$

$$P_i^*(t) = \int_0^l p_i^*(x,\,t)\mathrm{d}x \quad (i = 1,\,2).$$

根据定理 6.24 知当 $\varepsilon \to 0$ 时, 有

$$\frac{1}{\varepsilon}\left(g(t,\,q^\varepsilon(t))q^\varepsilon(t) - g(t,\,q^*(t))q^*(t)\right)$$

$$= \frac{1}{\varepsilon}\left[g(t,\,q^\varepsilon(t)) - g(t,\,q^*(t))\right]q^\varepsilon(t) + g(t,\,q^*(t))\frac{1}{\varepsilon}(q^\varepsilon - q^*)$$

$$\to g(t,\,q^*(t))z_3(t) + q^*(t)\frac{\partial g(t,\,q^*(t))}{\partial q}z_3(t). \tag{6.71}$$

同理, 有

$$\frac{1}{\varepsilon}\left(\Phi_1(P_1^\varepsilon(t))p_2^\varepsilon(x,\,t) - \Phi_1(P_1^*(t))p_2^*(x,\,t)\right)$$

$$\to \Phi_1(P_1^*(t))z_2(x,\ t) + \Phi_1'(P_1^*(t))Z_1(t)p_2^*(x,\ t), \tag{6.72}$$

$$\frac{1}{\varepsilon}\left(\Phi_2(P_1^\varepsilon(t))q^\varepsilon(t) - \Phi_2(P_1^*(t))q^*(t)\right)$$

$$\to \Phi_2(P_1^*(t))z_3(t) + \Phi_2'(P_1^*(t))Z_1(t)q^*(t), \tag{6.73}$$

$$\frac{1}{\varepsilon}\left(\Phi_3(P_2^\varepsilon(t))q^\varepsilon(t) - \Phi_3(P_2^*(t))q^*(t)\right)$$

$$\to \Phi_3(P_2^*(t))z_3(t) + \Phi_3'(P_2^*(t))Z_2(t)q^*(t), \tag{6.74}$$

$$\frac{1}{\varepsilon}\left[f_3(P_2^\varepsilon(t))\int_0^l \beta_1(x)p_1^\varepsilon(x,\ t)\mathrm{d}x - f_3(P_2^*(t))\int_0^l \beta_1(x)p_1^*(x,\ t)\mathrm{d}x \right]$$

$$\to f_3(P_2^*(t))\int_0^l \beta_1(x)z_1(x,\ t)\mathrm{d}x + f_3'(P_2^*(t))Z_2(t)\int_0^l \beta_1(x)p_1^*(x,\ t)\mathrm{d}x, \tag{6.75}$$

$$\frac{1}{\varepsilon}\left[f_4(q^\varepsilon(t))\int_0^l \beta_1(x)p_1^\varepsilon(x,\ t)\mathrm{d}x - f_4(q^*(t))\int_0^l \beta_1(x)p_1^*(x,\ t)\mathrm{d}x \right]$$

$$\to f_4(q^*(t))\int_0^l \beta(x)z_1(x,\ t)\mathrm{d}x + f_4'(q^*(t))z_3(t)\int_0^l \beta_1(x)p_1^*(x,\ t)\mathrm{d}x, \tag{6.76}$$

$$\frac{1}{\varepsilon}\left[f_5(q^\varepsilon(t))\int_0^l \beta_2(x)p_2^\varepsilon(x,\ t)\mathrm{d}x - f_5(q^*(t))\int_0^l \beta_2(x)p_2^*(x,\ t)\mathrm{d}x \right]$$

$$\to f_5(q^*(t))\int_0^l \beta_2(x)z_2(x,\ t)\mathrm{d}x + f_5'(q^*(t))z_3(t)\int_0^l \beta_2(x)p_2^*(x,\ t)\mathrm{d}x. \tag{6.77}$$

在 (6.70) 中取 $\varepsilon \to 0$, 并利用 (6.71)$\sim$(6.77) 即得所需结果. 引理得证.

接下来考虑 (6.64) 的共轭系统.

$$\begin{cases}
\dfrac{\partial \xi_1}{\partial t} + V_1(x,\ t)\dfrac{\partial \xi_1}{\partial x} = (\mu_1(x,\ t) + \alpha_1^*(x,\ t))\xi_1 + \omega_1(x,\ t)\alpha_1^*(x,\ t) \\
\qquad\qquad\qquad + \eta(t)q^*(t)\Phi_2'(P_1^*(t)) + \Phi_1'(P_1^*(t))\displaystyle\int_0^l p_2^*(x,\ t)\xi_2(x,\ t)\mathrm{d}x \\
\qquad\qquad\qquad - \xi_1(0,\ t)\beta_1(x)(f_3(P_2^*(t)) + f_4(q^*(t))), \\
\dfrac{\partial \xi_2}{\partial t} + V_2(x,\ t)\dfrac{\partial \xi_2}{\partial x} = (\mu_2(x,\ t) + \alpha_2^*(x,\ t) + \Phi_1(P_1^*(t)))\xi_2 + w_2(x,\ t)\alpha_2^*(x,\ t) \\
\qquad\qquad\qquad + \eta(t)q^*(t)\Phi_3'(P_2^*(t)) - \xi_2(0,\ t)\beta_2(x)f_5(q^*(t)) \\
\qquad\qquad\qquad - f_3'(P_2^*(t))\xi_1(0,t)\displaystyle\int_0^l \beta_1(x)p_1^*(x,\ t)\mathrm{d}x, \\
\dfrac{\mathrm{d}\eta}{\mathrm{d}t} = -\left(g(t,\ q^*(t)) + q^*(t)\dfrac{\partial g(t,\ q^*(t))}{\partial q} - \Phi_2(P_1^*(t)) - \Phi_3(P_2^*(t)) - \alpha_3^*(t) \right)\eta \\
\qquad\qquad\qquad + w_3(t)\alpha_3^*(t) - \xi_1(0,\ t)f_4'(q^*(t))\displaystyle\int_0^l \beta_1(x)p_1^*(x,\ t)\mathrm{d}x \\
\qquad\qquad\qquad - \xi_2(0,\ t)f_5'(q^*(t))\displaystyle\int_0^l \beta_2(x)p_2^*(x,\ t)\mathrm{d}x,
\end{cases} \tag{6.78}$$

其中

$$\xi_i(x,\,t) = \xi_i(x,\,t+T), \quad \xi_i(l,\,t) = 0, \quad P_i^*(t) = \int_0^l p_i^*(x,\,t)\mathrm{d}x \quad (i=1,\,2),$$

$$\eta(t) = \eta(t+T).$$

对于共轭系统 (6.78), 类似定理 6.24, 可以得到以下结果.

定理 6.26 对于任意的 $(\alpha_1,\,\alpha_2,\,\alpha_3) \in U$, 共轭系统 (6.78) 有唯一的有界解 $(\xi_1,\,\xi_2,\,\eta)$. 此外, 存在正的常数 B, 使得

$$\|\xi_1 - \xi_1'\|_{L^\infty(Q_T)} + \|\xi_2 - \xi_2'\|_{L^\infty(Q_T)} + \|\eta - \eta'\|_{L^\infty(0,\,T)}$$
$$\leqslant BT\left(\|\alpha_1 - \alpha_1'\|_{L^\infty(Q_T)} + \|\alpha_2 - \alpha_2'\|_{L^\infty(Q_T)} + \|\alpha_3 - \alpha_3'\|_{L^\infty(0,\,T)}\right),$$

其中 $(\xi_1,\,\xi_2,\,\eta)$ 和 $(\xi_1',\,\xi_2',\,\eta')$ 分别是共轭系统 (6.78) 对应于 $(\alpha_1,\,\alpha_2,\,\alpha_3)$ 和 $(\alpha_1',\,\alpha_2',\,\alpha_3')$ 的解.

6.4.4 最优性条件

定理 6.27 设 $(p_1^*,\,p_2^*,\,q^*)$ 为系统 (6.64) 对应于最优策略 $(\alpha_1^*,\,\alpha_2^*,\,\alpha_3^*)$ 的解, 则

$$\alpha_1^*(x,\,t) = F_1\left[\frac{(w_1(x,\,t) + \xi_1(x,\,t))p_1^*(x,\,t)}{c_1}\right], \tag{6.79}$$

$$\alpha_2^*(x,\,t) = F_2\left[\frac{(w_2(x,\,t) + \xi_2(x,\,t))p_2^*(x,\,t)}{c_2}\right], \tag{6.80}$$

$$\alpha_3^*(t) = F_3\left[\frac{(w_3(t) + \eta(t))q^*(t)}{c_3}\right], \tag{6.81}$$

其中, 截断映射 F_i 定义为

$$(F_1 h)(x,\,t) = \begin{cases} 0, & h(x,\,t) < 0, \\ h(x,\,t), & 0 \leqslant h(x,\,t) \leqslant N_1, \\ N_1, & h(x,\,t) > N_1, \end{cases} \tag{6.82}$$

$$(F_2 h)(x,\,t) = \begin{cases} 0, & h(x,\,t) < 0, \\ h(x,\,t), & 0 \leqslant h(x,\,t) \leqslant N_2, \\ N_2, & h(x,\,t) > N_2, \end{cases} \tag{6.83}$$

$$(F_3 h)(t) = \begin{cases} 0, & h(t) < 0, \\ h(t), & 0 \leqslant h(t) \leqslant N_3, \\ N_3, & h(t) > N_3, \end{cases} \tag{6.84}$$

这里, $(\xi_1(x,\ t),\ \xi_2(x,\ t),\ \eta(t))$ 是共轭系统 (6.78) 的解.

证明　对任意的 $(v_1,\ v_2,\ v_3) \in T_u(\alpha_1^*,\ \alpha_2^*,\ \alpha_3^*)$ 及充分小 $\varepsilon > 0$, 有 $(\alpha_1^* + \varepsilon v_1,\ \alpha_2^* + \varepsilon v_2,\ \alpha_3^* + \varepsilon v_3) \in U$. 设 $(p_1^\varepsilon,\ p_2^\varepsilon,\ q^\varepsilon)$ 是系统 (6.64) 对应于 $(\alpha_1^* + \varepsilon v_1,\ \alpha_2^* + \varepsilon v_2,\ \alpha_3^* + \varepsilon v_3)$ 的解. 由 $(\alpha_1^*,\ \alpha_2^*,\ \alpha_3^*)$ 的最优性, 可得

$$\sum_{i=1}^{2} \int_0^T \int_0^l w_i(\alpha_i^* + \varepsilon v_i)p_i^\varepsilon \mathrm{d}x\mathrm{d}t - \sum_{i=1}^{2} \frac{1}{2} \int_0^T \int_0^l c_i(\alpha_i^* + \varepsilon v_i)^2 \mathrm{d}x\mathrm{d}t$$

$$+ \int_0^T w_3(\alpha_3^* + \varepsilon v_3)q^\varepsilon \mathrm{d}t - \frac{1}{2} \int_0^T c_3(\alpha_3^* + \varepsilon v_3)^2 \mathrm{d}t$$

$$\leqslant \sum_{i=1}^{2} \int_0^T \int_0^l w_i\alpha_i^* p_i^* \mathrm{d}x\mathrm{d}t - \sum_{i=1}^{2} \frac{1}{2} \int_0^T \int_0^l c_i(\alpha_i^*)^2 \mathrm{d}x\mathrm{d}t + \int_0^T w_3\alpha_3^* q^* \mathrm{d}t - \frac{1}{2} \int_0^T c_3(\alpha_i^*)^2 \mathrm{d}t.$$

因此,

$$0 \geqslant \sum_{i=1}^{2} \int_0^T \int_0^l \left(w_i\alpha_i^* \frac{p_i^\varepsilon - p_i^*}{\varepsilon} + w_i v_i p_i^\varepsilon - c_i\alpha_i^* v_i - \frac{1}{2}\varepsilon c_i v_i^2 \right) \mathrm{d}x\mathrm{d}t$$

$$+ \int_0^T \left(w_3\alpha_3^* \frac{q^\varepsilon - q^*}{\varepsilon} + w_3 v_3 q^\varepsilon - c_3\alpha_3^* v_3 - \frac{1}{2}\varepsilon c_3 v_3^2 \right) \mathrm{d}t.$$

于是, 由引理 6.25 知当 $\varepsilon \to 0^+$ 时, 有

$$0 \geqslant \sum_{i=1}^{2} \int_0^T \int_0^l (w_i\alpha_i^* z_i)(x,\ t)\mathrm{d}x\mathrm{d}t + \sum_{i=1}^{2} \int_0^T \int_0^l [(w_i p_i^* - c_i\alpha_i^*)v_i](x,\ t)\mathrm{d}x\mathrm{d}t$$

$$+ \int_0^T (w_3\alpha_3^* z)(t)\mathrm{d}t + \int_0^T [(w_3 q^* - c_3\alpha_3^*)v_3](t)\mathrm{d}t.$$

将 (6.69) 乘以 $\xi_1(x,\ t),\ \xi_2(x,\ t)$ 和 $\eta(t)$, 并且在 Q_T 和 $[0,\ T]$ 上积分, 然后利用 (6.78), 可得

$$\sum_{i=1}^{2} \int_0^T \int_0^l (w_i\alpha_i^* z_i)(x,\ t)\mathrm{d}x\mathrm{d}t + \int_0^T (w_3\alpha_3^* z)(t)\mathrm{d}t$$

$$= \sum_{i=1}^{2} \int_0^T \int_0^l (\xi_i p_i^* v_i)(x,\ t)\mathrm{d}x\mathrm{d}t + \int_0^T (\eta q^* v_3)(t)\mathrm{d}t.$$

于是对任意的 $(v_1,\ v_2,\ v_3) \in T_U(\alpha_1^*,\ \alpha_2^*,\ \alpha_3^*)$, 有

$$0 \geqslant \sum_{i=1}^{2} \int_0^T \int_0^l [(w_i(x,\ t) + \xi_i(x,\ t))p_i^*(x,\ t) - c_i\alpha_i^*(x,\ t)]v_i(x,\ t)\mathrm{d}x\mathrm{d}t$$

$$+ \int_0^T [(w_3(t) + \eta(t))q^*(t) - c_3\alpha_3^*(t)]v_3(t)\mathrm{d}t.$$

因此, $([(w_1 + \xi_1)p_1^* - c_1\alpha_1^*](x, t), [(w_2 + \xi_2)p_2^* - c_2\alpha_2^*](x, t), [(w_3 + \eta)q^* - c_3\alpha_3^*](t)) \in N_U(\alpha_1^*, \alpha_2^*, \alpha_3^*)$, 定理得证.

6.4.5 最优策略的存在唯一性

为应用 Ekeland 变分原理, 定义映射

$$\tilde{J}(\alpha_1, \alpha_2, \alpha_3) = \begin{cases} J(\alpha_1, \alpha_2, \alpha_3), & (\alpha_1, \alpha_2, \alpha_3) \in U, \\ -\infty, & \text{其他}. \end{cases}$$

引理 6.28 泛函 $\tilde{J}(\alpha_1, \alpha_2, \alpha_3)$ 是上半连续的.

证明 假设当 $n \to \infty$ 时, 有 $(\alpha_1^n, \alpha_2^n, \alpha_3^n) \to (\alpha_1, \alpha_2, \alpha_3)$. 不失一般性, 假设对所有的 n, 有 $(\alpha_1^n, \alpha_2^n, \alpha_3^n) \in U$. 设 (p_{1n}, p_{2n}, q_n) 和 (p_1, p_2, q) 分别是系统 (6.64) 相应于 $(\alpha_1^n, \alpha_2^n, \alpha_3^n)$ 和 $(\alpha_1, \alpha_2, \alpha_3)$ 的解. 由定理 6.24 知, 对任意 $t \in (0, T)$, 当 $n \to \infty$ 时, 有

$$p_{1n}(\cdot, t) \to p_1(\cdot, t), \quad p_{2n}(\cdot, t) \to p_2(\cdot, t), \quad q_n(t) \to q(t).$$

于是根据 Riesz 定理, 存在子序列 (仍记为 $(\alpha_1^n, \alpha_2^n, \alpha_3^n)$), 使对于任意 $(x, t) \in Q_T$, $t \in [0, T]$, 当 $n \to \infty$ 时, 有

$$\alpha_1^n(x, t) \to \alpha_1(x, t), \quad \alpha_2^n(x, t) \to \alpha_2(x, t), \quad \alpha_3^n(t) \to \alpha_3(t),$$
$$p_{1n}(x, t) \to p_1(x, t), \quad p_{2n}(x, t) \to p_2(x, t), \quad q_n(t) \to q(t), \tag{6.85}$$
$$(\alpha_1^n(x, t))^2 \to (\alpha_1(x, t))^2, \quad (\alpha_2^n(x, t))^2 \to (\alpha_2(x, t))^2,$$
$$(\alpha_3^n(t))^2 \to (\alpha_3(t))^2. \tag{6.86}$$

于是由 (6.85) 可得, 当 $n \to \infty$ 时, 有

$$w_1(x, t)\alpha_1^n(x, t)p_{1n}(x, t) \to w_1(x, t)\alpha_1(x, t)p_1(x, t),$$
$$w_2(x, t)\alpha_2^n(x, t)p_{2n}(x, t) \to w_2(x, t)\alpha_2(x, t)p_2(x, t),$$
$$w_3(t)\alpha_3^n(t)q_n(t) \to w_3(t)\alpha_3(t)q(t).$$

由 (6.86) 及 Lebesgue 控制收敛定理, 可知

$$\lim_{n \to +\infty} \int_0^T \int_0^l (\alpha_1^n(x, t))^2 \mathrm{d}x\mathrm{d}t = \int_0^T \int_0^l (\alpha_1(x, t))^2 \mathrm{d}x\mathrm{d}t,$$
$$\lim_{n \to +\infty} \int_0^T \int_0^l (\alpha_2^n(x, t))^2 \mathrm{d}x\mathrm{d}t = \int_0^T \int_0^l (\alpha_2(x, t))^2 \mathrm{d}x\mathrm{d}t,$$
$$\lim_{n \to +\infty} \int_0^T (\alpha_3^n(t))^2 \mathrm{d}t = \int_0^T (\alpha_3(t))^2 \mathrm{d}t.$$

从而由 Fatou 引理得

$$\lim_{n \to +\infty} \sup_{(\alpha_1^n, \, \alpha_2^n, \, \alpha_3^n) \in u} \tilde{J}(\alpha_1^n, \, \alpha_2^n, \, \alpha_3^n) \leqslant \tilde{J}(\alpha_1, \, \alpha_2, \, \alpha_3),$$

即 $\tilde{J}(\alpha_1, \, \alpha_2, \, \alpha_3)$ 是上半连续的, 引理得证.

定理 6.29 如果 $B_1 T(1/c_1 + 1/c_2 + 1/c_3) < 1$, 则控制问题 (6.64)~(6.65) 有唯一最优解 $(\alpha_1^*, \, \alpha_2^*, \, \alpha_3^*) \in U$, 且形式为 (6.79)~(6.84).

证明 由引理 6.28 和 Ekeland 变分原理可知, 对任意 $\varepsilon > 0$, 存在 $(\alpha_1^\varepsilon, \, \alpha_2^\varepsilon, \, \alpha_3^\varepsilon) \in U$, 使

$$\tilde{J}(\alpha_1^\varepsilon, \, \alpha_2^\varepsilon, \, \alpha_3^\varepsilon) \geqslant \sup_{(\alpha_1, \, \alpha_2, \, \alpha_3) \in u} \tilde{J}(\alpha_1, \, \alpha_2, \, \alpha_3) - \varepsilon,$$

$$\tilde{J}(\alpha_1^\varepsilon, \, \alpha_2^\varepsilon, \, \alpha_3^\varepsilon) \geqslant \sup_{(\alpha_1, \, \alpha_2, \, \alpha_3) \in u} \left\{ \begin{array}{l} \tilde{J}(\alpha_1, \, \alpha_2, \, \alpha_3) - \sqrt{\varepsilon} \, \|\alpha_1^\varepsilon - \alpha_1\|_{L^1(Q_T)} \\ - \sqrt{\varepsilon} \, \|\alpha_2^\varepsilon - \alpha_2\|_{L^1(Q_T)} - \sqrt{\varepsilon} \, \|\alpha_3^\varepsilon - \alpha_3\|_{L^1(0, \, T)} \end{array} \right\}.$$

则扰动泛函

$$\tilde{J}_\varepsilon(\alpha_1, \, \alpha_2, \, \alpha_3)$$
$$= \tilde{J}(\alpha_1, \, \alpha_2, \, \alpha_3) - \sqrt{\varepsilon} \, \|\alpha_1^\varepsilon - \alpha_1\|_{L^1(Q_T)} - \sqrt{\varepsilon} \, \|\alpha_2^\varepsilon - \alpha_2\|_{L^1(Q_T)}$$
$$- \sqrt{\varepsilon} \, \|\alpha_3^\varepsilon - \alpha_3\|_{L^1(0, \, T)},$$

在 $(\alpha_1^\varepsilon, \, \alpha_2^\varepsilon, \, \alpha_3^\varepsilon)$ 处取得上确界. 类似定理 6.27 的证明过程, 可得

$$\alpha_1^\varepsilon(x, \, t) = F_1\left[\frac{(w_1(x, \, t) + \xi_1^\varepsilon(x, \, t)) p_1^\varepsilon(x, \, t) + \sqrt{\varepsilon} \theta_1(x, \, t)}{c_1} \right],$$

$$\alpha_2^\varepsilon(x, \, t) = F_2\left[\frac{(w_2(x, \, t) + \xi_2^\varepsilon(x, \, t)) p_2^\varepsilon(x, \, t) + \sqrt{\varepsilon} \theta_2(x, \, t)}{c_2} \right],$$

$$\alpha_3^\varepsilon(t) = F_3\left[\frac{(w_3(t) + \eta^\varepsilon(t)) q^\varepsilon(t) + \sqrt{\varepsilon} \theta_3(t)}{c_3} \right],$$

其中, $\theta_1 \in L^\infty(Q_T), \theta_2 \in L^\infty(Q_T), \theta_3 \in L^\infty(0, \, T)$ 且 $|\theta_1(x, \, t)| \leqslant 1, |\theta_2(x, \, t)| \leqslant 1, |\theta_3(t)| \leqslant 1$.

下面, 利用压缩映射原理证明最优策略的唯一性. 定义映射 $C : U \to U$

$$C(\alpha_1, \, \alpha_2, \, \alpha_3) = F\left(\frac{(w_1 + \xi_1) p_1}{c_1}, \, \frac{(w_2 + \xi_2) p_2}{c_2}, \, \frac{(w_3 + \eta) q}{c_3} \right)$$
$$= \left(F_1\left[\frac{(w_1 + \xi_1) p_1}{c_1} \right], \, F_2\left[\frac{(w_2 + \xi_2) p_2}{c_2} \right], \, F_3\left[\frac{(w_3 + \eta) q}{c_3} \right] \right),$$

其中 $(p_1, \, p_2, \, q)$ 和 $(\xi_1, \, \xi_2, \, \eta)$ 分别是状态系统和共轭系统相应于控制变量 $(\alpha_1, \, \alpha_2, \, \alpha_3)$ 的解. 从而, 由定理 6.24 和定理 6.26 可知 $(p_1, \, p_2, \, q)$ 和 $(\xi_1, \, \xi_2, \, \eta)$ 均关

于控制变量 $(\alpha_1,\ \alpha_2,\ \alpha_3)$ 是连续的. 于是

$$
\begin{aligned}
&\|C(\alpha_1,\ \alpha_2,\ \alpha_3) - C(\alpha_1',\ \alpha_2',\ \alpha_3')\| \\
&= \sum_{i=1}^{2} \left\| F_i\left(\frac{(w_i+\xi_i)p_i}{c_i}\right) - F_i\left(\frac{(w_i+\xi_i)p_i'}{c_i}\right) \right\|_{L^\infty(Q_T)} \\
&\quad + \left\| F_3\left(\frac{(w_3+\eta)q}{c_3}\right) - F_3\left(\frac{(w_3+\eta)q'}{c_3}\right) \right\|_{L^\infty(0,\ T)} \\
&\leqslant \sum_{i=1}^{2} \left\| \frac{(w_i+\xi_i)p_i}{c_i} - \frac{(w_i+\xi_i)p_i'}{c_i} \right\|_{L^\infty(Q_T)} + \left\| \frac{(w_3+\eta)q}{c_3} - \frac{(w_3+\eta)q'}{c_3} \right\|_{L^\infty(0,\ T)} \\
&\leqslant B_1 T \left(\frac{1}{c_1} + \frac{1}{c_2} + \frac{1}{c_3}\right) \left(\|\alpha_1-\alpha_1'\|_{L^\infty(Q_T)} + \|\alpha_2-\alpha_2'\|_{L^\infty(Q_T)} \right. \\
&\quad \left. + \|\alpha_3-\alpha_3'\|_{L^\infty(0,\ T)}\right),
\end{aligned}
$$

其中 B_1 是正常数. 由于 $B_1 T(1/c_1 + 1/c_2 + 1/c_3) < 1$, 映射 C 是一个压缩映射, 于是有唯一的不动点 $(\bar\alpha_1,\ \bar\alpha_2,\ \bar\alpha_3) \in U$. 由定理 6.27 知, 最优控制策略 $(\alpha_1^*,\ \alpha_2^*,\ \alpha_3^*)$ 如果存在, 则必是映射 C 的一个不动点. 因此, 最优策略的唯一性得证.

接下来, 证明控制 $(\bar\alpha_1,\ \bar\alpha_2,\ \bar\alpha_3)$ 是最优控制. 由于

$$
\begin{aligned}
&\|C(\alpha_1^\varepsilon,\ \alpha_2^\varepsilon,\ \alpha_3^\varepsilon) - (\alpha_1^\varepsilon,\ \alpha_2^\varepsilon,\ \alpha_3^\varepsilon)\|_\infty \\
&= \left\| \left(F_1\left[\frac{(w_1+\xi_1^\varepsilon)p_1^\varepsilon}{c_1}\right],\ F_2\left[\frac{(w_2+\xi_2^\varepsilon)p_2^\varepsilon}{c_2}\right],\ F_3\left[\frac{(w_3+\eta^\varepsilon)q^\varepsilon}{c_3}\right] \right) \right. \\
&\quad - \left(F_1\left[\frac{(w_1+\xi_1^\varepsilon)p_1^\varepsilon + \sqrt{\varepsilon}\theta_1}{c_1}\right],\ F_2\left[\frac{(w_2+\xi_2^\varepsilon)p_2^\varepsilon + \sqrt{\varepsilon}\theta_2}{c_2}\right], \right. \\
&\quad \left. \left. F_3\left[\frac{(w_3+\eta^\varepsilon)q^\varepsilon + \sqrt{\varepsilon}\theta_3}{c_3}\right] \right) \right\|_\infty \\
&= \sum_{i=1}^{2} \left\| \left(F_i\left[\frac{(w_i+\xi_i^\varepsilon)p_i^\varepsilon}{c_i}\right],\ F_i\left[\frac{(w_i+\xi_i^\varepsilon)p_i^\varepsilon + \sqrt{\varepsilon}\theta_i}{c_i}\right] \right) \right\|_\infty \\
&\quad + \left\| \left(F_3\left[\frac{(w_3+\eta^\varepsilon)q^\varepsilon}{c_3}\right] - F_3\left[\frac{(w_3+\eta^\varepsilon)q^\varepsilon + \sqrt{\varepsilon}\theta_3}{c_3}\right] \right) \right\|_\infty \\
&\leqslant \sum_{i=1}^{2} \left\| \frac{(w_i+\xi_i^\varepsilon)p_i^\varepsilon}{c_i} - \frac{(w_i+\xi_i^\varepsilon)p_i^\varepsilon}{c_i} - \frac{\sqrt{\varepsilon}\theta_i}{c_i} \right\|_\infty \\
&\quad + \left\| \frac{(w_3+\eta^\varepsilon)q^\varepsilon}{c_3} - \frac{(w_3+\eta^\varepsilon)q^\varepsilon}{c_3} - \frac{\sqrt{\varepsilon}\theta_3}{c_3} \right\|_\infty \\
&\leqslant \frac{1}{c_1}\sqrt{\varepsilon}\|\theta_1(x,\ t)\|_\infty + \frac{1}{c_2}\sqrt{\varepsilon}\|\theta_2(x,\ t)\|_\infty + \frac{1}{c_3}\sqrt{\varepsilon}\|\theta_3(t)\|_\infty \\
&\leqslant \sqrt{\varepsilon}\left(\frac{1}{c_1} + \frac{1}{c_2} + \frac{1}{c_3}\right).
\end{aligned}
$$

易知

$$\|(\bar{\alpha}_1,\ \bar{\alpha}_2,\ \bar{\alpha}_3) - (\alpha_1^{\varepsilon},\ \alpha_2^{\varepsilon},\ \alpha_3^{\varepsilon})\|_{\infty} = \|C(\bar{\alpha}_1,\ \bar{\alpha}_2,\ \bar{\alpha}_3) - (\alpha_1^{\varepsilon},\ \alpha_2^{\varepsilon},\ \alpha_3^{\varepsilon})\|_{\infty}$$

$$= \|C(\bar{\alpha}_1,\ \bar{\alpha}_2,\ \bar{\alpha}_3) - C(\alpha_1^{\varepsilon},\ \alpha_2^{\varepsilon},\ \alpha_3^{\varepsilon}) + C(\alpha_1^{\varepsilon},\ \alpha_2^{\varepsilon},\ \alpha_3^{\varepsilon}) - (\alpha_1^{\varepsilon},\ \alpha_2^{\varepsilon},\ \alpha_3^{\varepsilon})\|_{\infty}$$

$$\leqslant \|C(\bar{\alpha}_1,\ \bar{\alpha}_2,\ \bar{\alpha}_3) - C(\alpha_1^{\varepsilon},\ \alpha_2^{\varepsilon},\ \alpha_3^{\varepsilon})\|_{\infty} + \|C(\alpha_1^{\varepsilon},\ \alpha_2^{\varepsilon},\ \alpha_3^{\varepsilon}) - (\alpha_1^{\varepsilon},\ \alpha_2^{\varepsilon},\ \alpha_3^{\varepsilon})\|_{\infty}$$

$$\leqslant B_1 T\left(\frac{1}{c_1} + \frac{1}{c_2} + \frac{1}{c_3}\right)(\|\bar{\alpha}_1 - \alpha_1^{\varepsilon}\|_{\infty} + \|\bar{\alpha}_2 - \alpha_2^{\varepsilon}\|_{\infty} + \|\bar{\alpha}_3 - \alpha_3^{\varepsilon}\|_{\infty})$$

$$+ \sqrt{\varepsilon}\left(\frac{1}{c_1} + \frac{1}{c_2} + \frac{1}{c_3}\right).$$

由于

$$\|(\bar{\alpha}_1,\ \bar{\alpha}_2,\ \bar{\alpha}_3) - (\alpha_1^{\varepsilon},\ \alpha_2^{\varepsilon},\ \alpha_3^{\varepsilon})\|_{\infty} = \|\bar{\alpha}_1 - \alpha_1^{\varepsilon}\|_{\infty} + \|\bar{\alpha}_2 - \alpha_2^{\varepsilon}\|_{\infty} + \|\bar{\alpha}_3 - \alpha_3^{\varepsilon}\|_{\infty},$$

则有

$$\|(\bar{\alpha}_1,\ \bar{\alpha}_2,\ \bar{\alpha}_3) - (\alpha_1^{\varepsilon},\ \alpha_2^{\varepsilon},\ \alpha_3^{\varepsilon})\|_{\infty}$$

$$\leqslant B_1 T\left(\frac{1}{c_1} + \frac{1}{c_2} + \frac{1}{c_3}\right)\|(\bar{\alpha}_1,\ \bar{\alpha}_2,\ \bar{\alpha}_3) - (\alpha_1^{\varepsilon},\ \alpha_2^{\varepsilon},\ \alpha_3^{\varepsilon})\|_{\infty} + \sqrt{\varepsilon}\left(\frac{1}{c_1} + \frac{1}{c_2} + \frac{1}{c_3}\right),$$

即

$$\|(\bar{\alpha}_1,\ \bar{\alpha}_2,\ \bar{\alpha}_3) - (\alpha_1^{\varepsilon},\ \alpha_2^{\varepsilon},\ \alpha_3^{\varepsilon})\|_{\infty} \leqslant \frac{\sqrt{\varepsilon}(c_1^{-1} + c_2^{-1} + c_3^{-1})}{1 - B_1 T(c_1^{-1} + c_2^{-1} + c_3^{-1})}.$$

因此, 当 $\varepsilon \to 0$ 时, 有 $(\alpha_1^{\varepsilon},\ \alpha_2^{\varepsilon},\ \alpha_3^{\varepsilon}) \to (\bar{\alpha}_1,\ \bar{\alpha}_2,\ \bar{\alpha}_3)$. 于是由引理 6.28, 可得

$$\tilde{J}(\bar{\alpha}_1,\ \bar{\alpha}_2,\ \bar{\alpha}_3) = \sup_{(\alpha_1,\ \alpha_2,\ \alpha_3)\in u} \tilde{J}(\alpha_1,\ \alpha_2,\ \alpha_3),$$

即 $(\bar{\alpha}_1,\ \bar{\alpha}_2,\ \bar{\alpha}_3) \in U$ 是最优控制策略, 且形式为 (6.79)~(6.84), 定理得证.

第7章　不育控制动态模拟模型

7.1　差分方程模型

Knipling 和 McGuire(1972) 通过模拟比较了灭杀控制和不育控制对褐家鼠动态的影响, 在理论上肯定了不育控制在控制鼠类上的作用.

首先, 根据褐家鼠的生物学、行为、动态等建立了一个无控制种群 (表 7.1、图 7.1). 该种群从最初的 2 只逐渐增长到最大环境容纳量 10000 只, 其中的参数将用于后面对灭杀控制和不育控制的模拟.

表 7.1　无控制下褐家鼠种群动态

世代数	个体总数	新生个体数	世代数	个体总数	新生个体数
0	2	3	12	3739	3335
1	4	5	13	5579	4197
2	7	9	14	7370	4699
3	14	18	15	8678	4903
4	28	35	16	9412	4969
5	53	67	17	9756	4989
6	102	128	18	9901	4996
7	196	242	19	9961	4998
8	373	454	20	9985	4999
9	701	827	21	9994	4999
10	1287	1439	22	9998	5000
11	2269	2318	23	10000	—

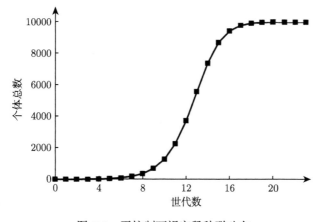

图 7.1　无控制下褐家鼠种群动态

假设褐家鼠的一代为 3 个月, 雌鼠每 3 个月产生一窝幼崽, 每窝 6~10 只. 褐家鼠动态的基本模型为 (7.1),

$$R_i = R_{i-1}e^{S_{i-1}} + \frac{1}{2}R_{i-1}e^{I_{i-1}}. \tag{7.1}$$

其中, R_i 为第 i 代褐家鼠数量, $e^{S_{i-1}}$ 为从第 $i-1$ 代到第 i 代的存活率, $e^{I_{i-1}}$ 为周限增长率. 选取 e^{S_i} 中 S_i 为 R_i 的线性函数 $S_i = a+bR_i$, 满足 R_i=1000 时, $e^{S_i} = 0.65$; R_i=10000 时, $e^{S_i} = 0.5$. 同样选取 e^{I_i} 中 I_i 为 R_i 的线性函数 $I_i = c+dR_i$, 满足 R_i=2500 时, $e^{I_i} = 2$; R_i=10000 时, $e^{I_i} = 1$. 这样, R_i 为 10000 时, 死亡 5000 只, 新生 5000 只, 种群保持平衡.

进行不育控制时, 假设不育是不可逆转的, 两性不育鼠在交配竞争、行为、寿命方面与可育鼠没有区别, 可育雌鼠与可育雄鼠或不育雄鼠交配之后的生理反应相同, 在与卵子结合时, 不育雄鼠所产生精子的竞争力与正常精子一样. 此时, 褐家鼠种群分为可育雌鼠、可育雄鼠、不育雌鼠、不育雄鼠四个子种群, 分别用 $F_i[n]$, $M_i[n]$, $F_i[s]$, $M_i[s]$ 表示它们的第 i 代数量. 则有不育控制下褐家鼠动态模型 (7.2),

$$\begin{cases} M_i[n] = M_{i-1}[n]e^{S_{i-1}} + 0.5P_{i-1}, \\ F_i[n] = F_{i-1}[n]e^{S_{i-1}} + 0.5P_{i-1}, \\ M_i[s] = M_{i-1}[s]e^{S_{i-1}}, \\ F_i[s] = F_{i-1}[s]e^{S_{i-1}}, \\ R_i = M_i[n] + F_i[n] + M_i[s] + F_i[s], \\ P_{i-1} = \dfrac{F_{i-1}[n]M_{i-1}[n]}{M_{i-1}[n] + M_{i-1}[s]}e^{I_{i-1}}. \end{cases} \tag{7.2}$$

模拟时, 每一代的个体数量在该代开始时计算, 有不育控制时, 新生个体都是可育的. 利用模型 (7.1), (7.2) 模拟了 7 种控制下褐家鼠的种群动态:

(1) 对有 10000 只褐家鼠的稳定种群, 在一代灭杀 90%(表 7.2、图 7.2);

(2) 对有 10000 只褐家鼠的稳定种群, 连续两代灭杀 70%(表 7.3、图 7.3);

(3) 对有 10000 只褐家鼠的稳定种群, 连续三代灭杀 70%(表 7.4、图 7.4);

(4) 对有 10000 只褐家鼠的稳定种群, 在一代使两性都有 90% 不育 (表 7.5、图 7.2);

(5) 对有 10000 只褐家鼠的稳定种群, 连续两代使两性都有 70% 不育 (表 7.6、图 7.3);

(6) 对有 10000 只褐家鼠的稳定种群, 连续三代使两性都有 70% 不育 (表 7.7、图 7.4);

(7) 对有 10000 只褐家鼠的稳定种群, 在一代使雌性有 90% 不育 (表 7.8、图 7.2).

表 7.2 一代灭杀 90% 的情况下褐家鼠种群动态

世代数	个体总数	新生个体数	世代数	个体总数	新生个体数
0	10000	5000	8	9645	4950
1	1000	500	9	9856	4983
2	1799	1149	10	9943	4994
3	3061	1919	11	9977	4998
4	4780	2907	12	9991	4999
5	6656	3872	13	9997	5000
6	8201	4533	14	9999	5000
7	9164	4842	15	10000	5000

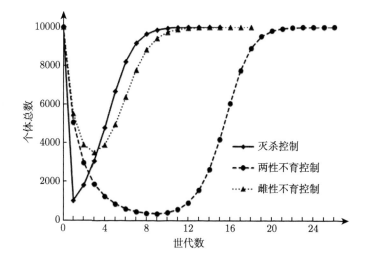

图 7.2 一代灭杀 90%、两性都有 90% 不育、雌性 90% 不育情况下褐家鼠种群动态

表 7.3 连续两代灭杀 70% 的情况下褐家鼠种群动态

世代数	个体总数	新生个体数	世代数	个体总数	新生个体数
0	10000	5000	8	9486	4919
1	3000	1500	9	9788	4974
2	1411	895	10	9915	4991
3	2467	1561	11	9967	4997
4	4011	2475	12	9987	4999
5	5876	3488	13	9995	4999
6	7615	4301	14	9998	5000
7	8828	4746	15	10000	5000

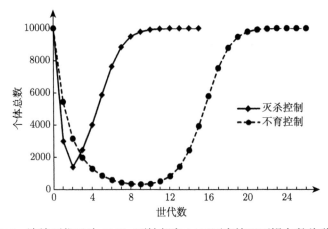

图 7.3　连续两代灭杀 70%、两性都有 70%不育情况下褐家鼠种群动态

表 **7.4**　连续三代灭杀 **70%**的情况下褐家鼠种群动态

世代数	个体总数	新生个体数	世代数	个体总数	新生个体数
0	10000	5000	9	8764	4726
1	3000	1500	10	9455	4912
2	1411	859	11	9775	4972
3	740	468	12	9910	4990
4	1356	871	13	9964	4996
5	2379	1507	14	9986	4999
6	3891	2406	15	9994	4999
7	5746	3422	16	9998	5000
8	7509	4257	17	10000	5000

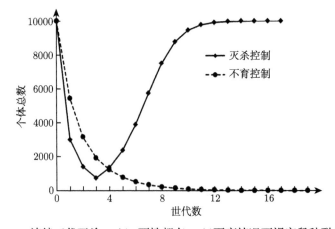

图 7.4　连续三代灭杀 70%、两性都有 70%不育情况下褐家鼠种群动态

表 7.5 一代两性都有 90% 不育的情况下褐家鼠种群动态

世代数	个体总数	正常个体数	不育个体数	新生个体数
0	10000	10000	0	5000
1	5050	550	4500	50
2	2964	365	2599	47
3	1863	267	1596	43
4	1221	210	1011	41
5	829	176	653	41
6	585	159	426	44
7	437	156	281	51
8	356	170	186	67
9	335	212	123	99
10	386	305	81	164
11	548	494	54	293
12	895	859	36	534
13	1541	1518	23	957
14	2619	2604	15	1633
15	4185	4176	9	2561
16	6045	6040	5	3566
17	7740	7737	3	4348
18	8899	8897	2	4765
19	9519	9518	1	4942
20	9802	9801	1	4975
21	9920	9920	0	4991
22	9968	9968	0	4997
23	9987	9987	0	4999
24	9995	9995	0	4999
25	9998	9998	0	5000
26	10000	10000	0	5000

表 7.6 连续两代两性都有 70% 不育的情况下褐家鼠种群动态

世代数	个体总数	正常个体数	不育个体数	新生个体数
0	10000	10000	0	5000
1	5450	1950	3500	450
2	3159	382	2777	48
3	1972	276	1696	43
4	1287	215	1072	41
5	870	179	691	40
6	610	160	450	43
7	451	155	296	50
8	362	167	195	64

续表

世代数	个体总数	正常个体数	不育个体数	新生个体数
9	333	204	129	93
10	373	287	86	152
11	516	459	57	269
12	831	793	38	491
13	1426	1402	24	884
14	2437	2422	15	1522
15	3939	3929	10	2420
16	5782	5776	6	3431
17	7530	7526	4	4260
18	8772	8770	2	4726
19	9457	9456	1	4911
20	9775	9774	1	4971
21	9909	9909	0	4990
22	9964	9964	0	4996
23	9986	9986	0	4998
24	9994	9994	0	4999
25	9998	9998	0	4999
26	10000	10000	0	5000

表 7.7　连续三代两性都有 70% 不育的情况下褐家鼠种群动态

世代数	个体总数	正常个体数	不育个体数	新生个体数
0	10000	10000	0	5000
1	5450	1950	3500	450
2	3159	382	2777	48
3	1932	74	1858	4
4	1225	50	1175	3
5	793	34	759	2
6	521	24	497	2
7	344	17	327	1
8	229	13	216	1
9	153	9	144	1
10	103	7	96	1
11	69	5	64	1
12	47	4	43	0
13	32	3	29	0
14	21	2	19	0
15	15	2	13	0
16	10	2	8	0
17	7	1	6	0
18	5	1	4	0
19	4	1	3	0

表 7.8　一代雌性有 90% 不育的情况下褐家鼠种群动态

世代数	个体总数	正常个体数	不育个体数	新生个体数
0	10000	10000	0	5000
1	5500	3250	2250	500
2	3893	2611	1282	758
3	3494	2727	767	1167
4	3900	3437	463	1789
5	4943	4666	277	2613
6	6366	6206	160	3502
7	7768	7679	89	4229
8	8809	8762	47	4664
9	9424	9400	24	4864
10	9736	9723	13	4944
11	9881	9875	6	4975
12	9946	9943	3	4989
13	9976	9974	2	4995
14	9989	9988	1	4997
15	9995	9994	1	4999
16	9998	9998	0	4999
17	9999	9999	0	5000
18	10000	10000	0	5000

在一代灭杀 90% 褐家鼠时, 一年后, 残余种群恢复到灭杀前的约 48%; 两年后, 残余种群恢复到灭杀前的约 96%(表 7.2). 连续两代灭杀 70% 褐家鼠时, 与前面情况区别不大. 在第二代种群最小, 包含约 1400 只鼠; 一年后, 残余种群恢复到约 4000 只; 两年后, 残余种群恢复到灭杀前的约 95%(表 7.3). 与前两种情况相比, 连续三代灭杀 70% 褐家鼠时, 残余种群的恢复大约延迟 2 代 (表 7.4).

在一代使两性褐家鼠都有 90% 不育和在一代灭杀 90% 褐家鼠对褐家鼠的繁殖具有同样的直接抑制作用, 因为两种情况下都是只有 1000 只褐家鼠能够繁殖. 由于不育鼠在寻找配偶时能与可育鼠竞争, 因此, 有 90% 的可育雌鼠与不育雄鼠交配, 不能产生后代. 这样, 在第一代, 不育控制对繁殖有 99% 的抑制作用, 而灭杀有 90% 的抑制作用. 此外, 一些不育鼠会继续存活, 在随后的几代中继续争夺配偶. 不育控制下, 在第 9 代种群达到最低水平 335 只, 然后种群逐渐恢复. 比较起来, 不育控制有更好的控制效果, 灭杀控制下, 到第 6 代种群恢复到控制前的 82%, 而不育控制下, 要到第 17、18 代, 种群才恢复到这一水平 (表 7.2、表 7.5、图 7.2).

连续两代使两性褐家鼠都有 70% 不育和在一代使两性褐家鼠都有 90% 不育具有类似的控制效果 (表 7.5、表 7.6). 连续两代使两性褐家鼠都有 70% 不育相对于连续两代灭杀 70% 褐家鼠的优势类似于在一代使两性褐家鼠都有 90% 不育相对于在一代灭杀 90% 褐家鼠的优势 (图 7.2、图 7.3).

连续三代使两性褐家鼠都有 70% 不育导致种群灭绝 (表 7.7、图 7.4). 事实上, 在不育控制的第 3 代末, 不育鼠与可育鼠的比例约为 25:1, 这足以使残余种群灭绝.

尽管在现实中很难使一个种群完全灭绝, 从连续三代使两性褐家鼠都有 70% 不育的种群动态和连续三代灭杀 70% 褐家鼠的种群动态的差别上, 可以很清楚看出不育控制相对于灭杀控制的优势 (表 7.4、表 7.7、图 7.4). 不育控制使害鼠灭绝的可能性更大.

比较在一代使雌鼠有 90% 不育和在一代灭杀 90% 褐家鼠两种情况下的种群动态, 可以发现只对雌性进行不育控制没有优势 (表 7.2、表 7.8、图 7.2). 不育控制下最低约有 3500 只, 而在灭杀控制下最低是 1000 只; 不育控制下残余种群的恢复稍微滞后.

尽管在害鼠控制实践中, 害鼠的领域行为、交配行为、不同年龄组间的竞争等因素会影响控制效果, 这一研究也真实地说明连续三代使两性褐家鼠 70% 不育会导致其灭亡. 这一结果使人们对害鼠的不育控制产生了浓厚兴趣, 此后相关研究层出不穷.

张知彬 (1995) 和 Zhang(2000) 利用差分方程分析后认为, 即使在不考虑竞争性繁殖干扰的情况下, 不育控制基本上可以达到同样水平单纯灭杀的控制效果; 若再考虑到不育个体的竞争性繁殖干扰作用, 不育控制的实际效果将明显优于单纯灭杀.

7.2   Leslie   模   型

Shi 等 (2002) 利用 Leslie 模型模拟了灭杀控制和不育控制下布氏田鼠的种群动态. 1994 年 8 月 ~1998 年 3 月, 在内蒙古太仆寺旗吉林乌苏用标志重捕法调查了一个布氏田鼠种群, 其在 4~8 月繁殖, 不冬眠, 冬天数量减少, 不能活过两个冬天. 雌鼠及两性鼠的动态如图 7.5 所示.

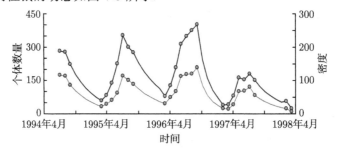

图 7.5   雌性 (细实线) 及两性 (粗实线) 布氏田鼠的种群动态

雌鼠动态可以用 Leslie 模型

$$n_{t+1} = L_t(n_t)n_t \tag{7.3}$$

表示. 其中, n_t 是列向量, 表示 15 个年龄组雌鼠在时刻 t 的数量, $L_t(n_t)$ 是时间依赖且密度依赖的 Leslie 矩阵, 用 36 个 Leslie 矩阵表示 1995 年春 ~1998 年春每月

的种群变化率. L 具有形式

$$
L = \begin{bmatrix}
0 & g_{2,t} & g_{3,t} & g_{4,t} & \cdots & g_{14,t} & g_{15,t} \\
f_{1,t} & 0 & 0 & 0 & \cdots & 0 & 0 \\
0 & f_{2,t} & 0 & 0 & \cdots & 0 & 0 \\
0 & 0 & f_{3,t} & 0 & \cdots & 0 & 0 \\
0 & 0 & 0 & f_{4,t} & \cdots & 0 & 0 \\
\vdots & \vdots & \vdots & \vdots & & \vdots & \vdots \\
0 & 0 & 0 & 0 & \cdots & f_{14,t} & 0
\end{bmatrix}. \tag{7.4}
$$

布氏田鼠 4 月产第一胎, 5 月出洞活动, 两个月后成熟, 一年可产 6 胎, $g_{i,t}$ 表示 i 年龄组雌鼠在 t 阶段的雌性生育率, 越冬雌鼠的繁殖率是当年雌鼠繁殖率的 2 倍. $f_{i,t}$ 表示 i 年龄组雌鼠从 t 阶段到 $t+1$ 阶段的存活率, 繁殖季节的增长率与密度无关, 非繁殖季节的增长率与雌鼠年龄及非繁殖季节开端的种群密度有关, 通过对两者的组合来确定 $f_{i,t}$.

表 7.9 为 1995~1997 年越冬雌鼠和当年雌幼鼠的月生育率. 表 7.10 为 1995~1997 年各同生群雌鼠的存活率, 其中 1995 年 10 月、1996 年 10 月、1997 年 9 月的存活率是在假设冬季每月的存活率都相等的条件下换算得到的, 括号里是当月捕获鼠的数量. 冬季死亡率密度制约时, 取冬季月变化率 $r = -0.0013N - 0.011$, 其中 N 为秋末种群密度 (包括两性).

表 7.9　1995～1997 年越冬雌鼠和当年雌幼鼠的月生育率

时间	越冬雌鼠生育率	当年雌幼鼠生育率
1995 年 4 月	1.1	—
1995 年 5 月	3.9	—
1995 年 6 月	2.7	1.3
1995 年 7 月	3.6	1.8
1995 年 8 月	—	0.15
1995 年 9 月	—	—
1996 年 4 月	0.68	—
1996 年 5 月	1.5	—
1996 年 6 月	3.7	1.8
1996 年 7 月	0.77	0.39
1996 年 8 月	—	0.33
1996 年 9 月	—	0.36
1997 年 3 月	0.32	—
1997 年 4 月	2.3	—
1997 年 5 月	15.3	7.7
1997 年 6 月	1.6	0.79
1997 年 7 月	—	0.4
1997 年 8 月	—	—

表 7.10　1995~1997 年各同生群雌鼠的存活率

时间	同生群								
	1994 年	1995 年 4 月	1995 年 5 月	1995 年 6 月	1995 年 7 月	1995 年 8 月	1996 年 4 月	1996 年 5 月	1996 年 6 月
1995 年									
4 月	0.24(34)								
5 月	0.5(8)	0.75(36)							
6 月	0.25(4)	0.85(27)	0.77(31)						
7 月	0(1)	0.78(23)	0.83(24)	0.98(47)					
8 月		0.78(18)	0.75(20)	0.7(46)	0.89(87)				
9 月		0.57(14)	0.93(15)	0.88(32)	0.95(77)	0.85(13)			
10 月		0.89(8)	0.91(14)	0.87(28)	0.82(73)	0.67(11)			
1996 年									
4 月		0.75(4)	1(8)	0.92(12)	0.95(22)	0(1)			
5 月		0.67(3)	0.5(4)	0.18(11)	0.14(21)		0.75(32)		
6 月		0.5(2)	0.5(4)	0.5(2)	0(3)		0.83(24)	0.91(66)	
7 月		0(1)	0(2)	0(1)			0.65(20)	0.9(60)	0.92(84)
8 月							0.85(13)	0.72(54)	0.71(77)
9 月							0.91(11)	0.87(39)	0.93(55)
10 月							0(10)	0.65(34)	0.72(51)
1997 年									
3 月								0.5(4)	0.7(10)
4 月								0(2)	029(7)
5 月									1(2)
6 月									0(2)
7 月									
8 月									
9 月									

时间	同生群							
	1996 年 7 月	1996 年 8 月	1996 年 9 月	1997 年 3 月	1997 年 4 月	1997 年 5 月	1997 年 6 月	1997 年 7 月
1995 年								
4 月								
5 月								
6 月								
7 月								
8 月								
9 月								
10 月								
1996 年								
4 月								
5 月								
6 月								
7 月								
8 月	0.79(34)							
9 月	0.81(27)	0.96(47)						
10 月	0.71(22)	0.64(45)	0.53(47)					
1997 年								
3 月	0.75(4)	0.6(5)	0(2)					
4 月	0(3)	0(3)		0.63(8)				
5 月				1(5)	0.71(34)			
6 月				0.8(5)	0.81(24)	0.77(69)		
7 月				0(4)	0.9(20)	0.94(53)	0.85(26)	
8 月					0.89(18)	0.56(50)	0.77(22)	0.71(31)
9 月					0.82(16)	0.83(38)	0.7(17)	0.85(22)

进行灭杀控制时, 相当于减小各年龄组鼠的存活率; 进行不育控制时, 小于 1 月的雌鼠不受影响, 其他年龄组的繁殖率减小. 控制率 (灭杀率或不育率) 为 85%. 雌鼠取食不育剂后不育, 但不育的持续时间受多种因素的影响, 模拟时分别考虑不育持续时间为 1 个月、一个繁殖季节、终生三种情况.

在评估控制效果时, 除了直接观察布氏田鼠数量的变化外, 还可以使用减少率, 其定义为

$$减少率 = 1 - \frac{控制后数量}{无控制时数量}.$$

其值为 1 时表示完全控制, 为 0 时表示无控制效果.

模拟了在 1994 年 9 月、1995 年 4 月、1995 年 5 月、1995 年 6 月、1995 年 5 月和 6 月进行灭杀控制和不育控制对布氏田鼠种群动态的影响 (图 7.6、图 7.7、表 7.11), 其中, 考虑越冬存活率依赖于密度或不依赖于密度两种情况, 在进行不育控制时, 不育作用是终生的.

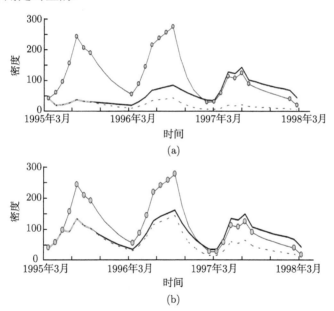

图 7.6 布氏田鼠无控制时 (细实线) 和不育控制时 (粗实线和点画线) 的动态. 其中, 粗实线表示越冬存活率依赖于密度时的动态, 点画线表示越冬存活率不依赖于密度时的动态; (a) 为在 1994 年 8 月进行控制, (b) 为 1995 年 5 月进行控制

从图 7.6、图 7.7 可以看出灭杀控制和不育控制都能减小布氏田鼠的种群密度. 灭杀控制时, 控制效果即刻出现; 而不育控制时, 控制效果有所滞后. 如果在秋天进行控制, 不育控制的效果更好. 从图 7.6、图 7.7 还可以看出越冬死亡率不依赖于密度时, 控制效果更好. 表 7.11 说明一年中灭杀控制越早越好; 在 4～6 月进行不育控

制 (不育作用持续终生) 时, 效果差不多, 对第二年的影响比第一年大.

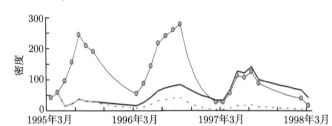

图 7.7　布氏田鼠无控制时 (细实线) 和 1995 年 5 月进行灭杀控制时 (粗实线和点画线) 的
动态. 其中, 粗实线表示越冬存活率依赖于密度时的动态, 点画线表示越冬存活率不依赖于密
度时的动态

表 7.11　灭杀控制和不育控制下的减少率

控制时间	减少率			
	不育控制		灭杀控制	
	1995	1996	1995	1996
1994 年 9 月	0.80	0.69	0.55	0.39
1995 年 4 月	0.34	0.39	0.82	0.69
1995 年 5 月	0.36	0.41	0.77	0.69
1995 年 6 月	0.30	0.55	0.68	0.69
1995 年 5 月和 6 月	0.51	0.72	0.87	0.94

表 7.12 列出了不育持续时间分别为 1 个月、1 个繁殖季节、终生三种情况下
布氏田鼠种群的减小率. 可以看出不育持续时间越短, 控制效果越差.

表 7.12　不同不育持续时间下的减少率

控制时间	减少率					
	1 个月不育		1 个繁殖季节不育		终生不育	
	1995	1996	1995	1996	1995	1996
1995 年 5 月	0.21	0.36	0.36	0.35	0.36	0.41
1995 年 5 月和 6 月	0.50	0.45	0.51	0.45	0.51	0.72

7.3　元胞自动机模型

7.3.1　模型的建立

依据高原鼠兔的扩散行为, Liu 和 Zhou(2007)、刘汉武 (2008)、Liu 等 (2013)
建立了元胞自动机模型, 来模拟高原鼠兔的种群动态, 并模拟了不育控制下高原鼠兔的种群动态.

影响高原鼠兔分布、扩散、出生死亡等的因素很多. 这些因素有些可能不是独立的, 为简单起见, 只考虑植被高度、高原鼠兔密度与环境容纳量的比值. 由于特殊的地理和气候条件, 高寒草甸分为生长季节 (4~9 月) 和非生长季节 (10~ 翌年 3 月), 相应地草食性的高原鼠兔也有繁殖季节 (4~8 月) 和非繁殖季节 (9~ 翌年 3 月) 之分.

将 870m×870m 的自然状况相同的高寒草甸分成 50×50 个边长为 17.4m 的小方格, 每一个方格是一个元胞. 采用八邻居法 (图 7.8), 用 $N(i,j)$ 表示元胞 (i,j) 所有邻居组成的集合, 时间步长为一个月, 使用周期边界.

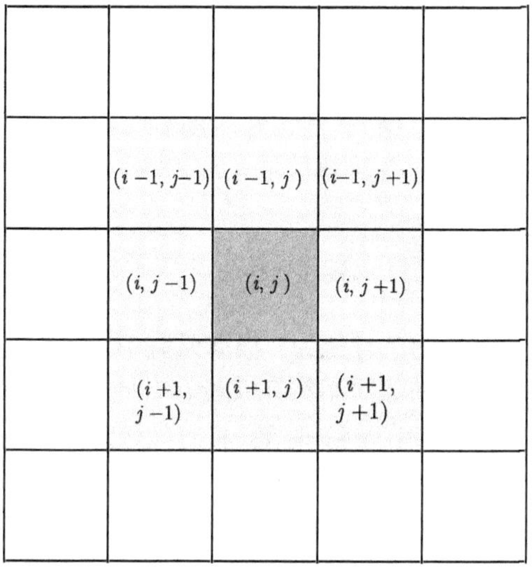

图 7.8 八邻居

元胞 (i,j) 有两个相互联系的变量 $h(t)$ 和 $m^t_{(i,j)}$, $h(t)$ 表示在时刻 t 植物群落的高度, $m^t_{(i,j)}$ 表示在时刻 t 有效洞口的数量. 假设植物群落的最大可能高度为 H, 一个元胞内有效洞口的最大可能数量为 M, 则植物群落高度的状态空间为 $[0, H]$, 有效洞口数量的状态空间为 $[0, M]$.

在所有元胞里, 植物群落高度 $h(t)$ 遵循同样的规律, 并且元胞 (i,j) 中植物群落高度与其他元胞中植物群落高度无关. 4~9 月间植物群落高度 h(单位: cm) 满足 Logistic 方程

$$h(t) = \frac{6.4}{1 + 204.11 e^{-0.93t}}.$$

其中在 4~9 月, t 分别取 4.5, 5.5, 6.5, 7.5, 8.5, 9.5. 10~ 翌年 3 月间 h 满足 Malthus 方程

$$h(t) = 39.13 e^{-0.21t}.$$

其中在 10～ 翌年 3 月, t 分别取 10.5, 11.5, 12.5, 13.5, 14.5, 15.5. 植物群落高度 h(单位: cm) 正比于生物量 x, 有关系

$$h = 0.42x.$$

高原鼠兔的环境容纳量 (有效洞口数) 先随植物群落增高而增大, 然后减小, 直至为零. 元胞 (i, j) 内在时刻 t 的环境容纳量 $K^t_{(i,j)}$(有效洞口数) 为

$$K^t_{(i,j)} = \begin{cases} 4.71h + 13.04, & h \leqslant 4.87, \\ -3.08h + 50.98, & 4.87 < h < 16.5, \\ 0, & h \geqslant 16.5. \end{cases}$$

有效洞口的动态表现为在元胞内的生死和在元胞间的扩散. 在繁殖季节 (4～8 月), 元胞 (i, j) 内在时刻 $t+1$ 新增加的有效洞口数为 $0.749m^t_{(i,j)}\left(1 - \dfrac{m^t_{(i,j)}}{K^t_{(i,j)}}\right)$; 在非繁殖季节 (9～ 翌年 3 月), 元胞 (i, j) 内在时刻 $t+1$ 消失的有效洞口数为 $r_4 m^t_{(i,j)}$. 其中, 0.749 是繁殖季节高原鼠兔种群的增长率 (严作良等, 2005), r_4 是非繁殖季节的死亡率.

相对于环境容纳量, 高原鼠兔越多, 其生存压力越大, 记 $C^t_{(i,j)} = \dfrac{m^t_{(i,j)}}{K^t_{(i,j)}}$, 用其表示元胞 (i, j) 内高原鼠兔的生存压力. 根据元胞 (i, j) 与它的邻居间 C 值的差, 在下一时刻元胞 (i, j) 与它的邻居间将有或没有有效洞进行扩散. 对 $(p, q) \in N(i, j)$, 如果 $C^t_{(i,j)} - C^t_{(p,q)} > \alpha$, 则在 $t+1$ 时刻, 将有效洞从元胞 (i, j) 迁往元胞 (p, q); 如果 $C^t_{(i,j)} - C^t_{(p,q)} < -\alpha$, 则在 $t+1$ 时刻, 将有效洞从元胞 (p, q) 迁往元胞 (i, j); 如果 $-\alpha \leqslant C^t_{(i,j)} - C^t_{(p,q)} \leqslant \alpha$, 则在 $t+1$ 时刻, 没有有效洞在元胞 (i, j) 和 (p, q) 之间迁移.

假设在有效洞迁移后, 接收有效洞元胞的 C 值恰比迁出有效洞元胞的 C 值小 α, 则通过建立并求解线性代数方程组, 可以计算出元胞 (i, j) 和它的邻居间有效洞的迁移数量. 对任意的 $(p, q) \in N(i, j)\backslash(i, j)$, 记元胞 (i, j) 与 (p, q) 之间有效洞迁移的数量为 $d_{(i,j)\to(p,q)}$, 并定义

$$\delta_{(i,j)\to(p,q)} = \begin{cases} 1, & C^t_{(i,j)} - C^t_{(p,q)} > \alpha, \\ -1, & C^t_{(i,j)} - C^t_{(p,q)} < -\alpha, \\ 0, & -\alpha \leqslant C^t_{(i,j)} - C^t_{(p,q)} \leqslant \alpha. \end{cases}$$

如果 $\delta_{(i,j)\to(p,q)} = 0$, 则相应地 $d_{(i,j)\to(p,q)} = 0$. 如果有某个 $\delta_{(i,j)\to(p,q)} \neq 0$, 则集合 $\Omega = \{(p, q) \in N(i, j)\,|\,\delta_{(i,j)\to(p,q)} \neq 0\}$ 非空, 对任意的 $(p, q) \in \Omega$, 可以建立方程

$$\dfrac{m^t_{(i,j)} - \displaystyle\sum_{(u,v) \in \Omega} \delta_{(i,j)\to(u,v)} d_{(i,j)\to(u,v)}}{K^t_{(i,j)}}$$

$$= \frac{m_{(p,q)}^t + \delta_{(i,j)\to(p,q)} d_{(i,j)\to(p,q)}}{K_{(p,q)}^t} + \delta_{(i,j)\to(p,q)}\alpha.$$

解这些方程所构成的方程组可以得到 $d_{(i,j)\to(p,q)}$. 由此, 得到

$$m_{(i,j)}^{t+1} = m_{(i,j)}^t - \sum_{(p,q)\in N(i,j)} \delta_{(i,j)\to(p,q)} d_{(i,j)\to(p,q)},$$

$$m_{(p,q)}^{t+1} = m_{(p,q)}^t + \delta_{(i,j)\to(p,q)} d_{(i,j)\to(p,q)}, \quad (p,q)\in N(i,j)\backslash(i,j).$$

模拟时, 元胞内有效洞数量的变化及元胞间有效洞的扩散都是在离散时刻瞬时完成, 并且先计算元胞内有效洞数量的变化, 然后计算元胞间有效洞的扩散.

平均每只高原鼠兔在植物生长季节每天消损干物质 2.4g, 在植物的非生长季节每天消损 23.52g(杨振宇和江小蕾, 2002). 刘季科等 (1980) 指出高原鼠兔造成危害的临界阈值为 9.05 只/ha, 又根据他们的数据可折算出洞口系数为 0.4, 所以在每个元胞内造成危害的经济阈值为高原鼠兔 0.27 只, 或有效洞口 0.69 个. 还可以知道平均每个有效洞口在植物生长季节每天消损干物质 0.96g, 在植物非生长季节每天消损 9.41g.

模拟时取 $r_4 = -0.26$, 这样当四月份每个元胞中有 5 个有效洞口时有效洞口数接近周期变化, 根据经验取 α 为 0.1.

7.3.2 模拟非自传播不育控制

高原鼠兔种群在生长季节的生长率实际上是指此期间实际出生率与实际死亡率的差, 在模拟时实际死亡率为 0.1185(王学高和 Smith, 1988), 实际出生率为 0.749+0.1185=0.8675. 假设没有因摄食不育剂导致的死亡. 模拟开始时 (4 月) 每个元胞内有有效洞口 5 个, 模拟 59 个月, 其中第一年不实施不育控制.

先模拟非自传播不育控制, 考虑如下一些因素:

(1) 不育率: 0.4, 0.6, 0.8, 0.9;

(2) 实施不育时间: 4 月、6 月、9 月、12 月;

(3) 时间方式: 单次、固定时间脉冲、状态依赖脉冲;

(4) 空间方式: 均匀式、马赛克式.

通过模拟可以得出不育率的作用. 随着不育率的增大, 种群规模下降, 不育个体增多, 危害减轻, 出生死亡数量减少, 有扩散发生时扩散量增大, 状态依赖脉冲时不育的实施次数减少. 总之, 不育率越大, 控制效果越好. 图 7.9 表示的是在每年 6 月实施一次不育控制的情况下, 种群规模、不育鼠数量、出生死亡数量及危害情况如何随不育率变化. 其中, 在左下角图中黑色部分表示鼠害发生, 白色部分表示没有鼠害. 如果从第二年 4 月开始进行状态依赖脉冲控制, 在模拟的时间内与不育率 0.4, 0.6, 0.8, 0.9 对应的不育控制次数分别为 15 次、11 次、10 次、9 次.

为了使问题简化, 在后面的模拟中, 不育率总取 0.6.

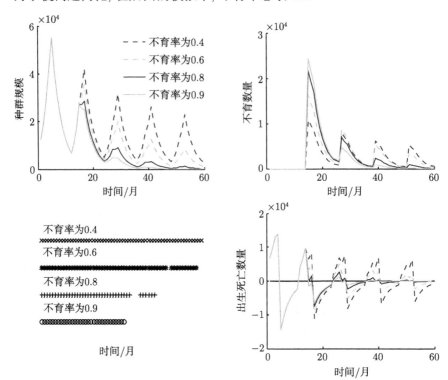

图 7.9　非自传播不育控制下不育率的影响

模拟表明在空间上均匀实施不育明显好于马赛克式实施不育. 采用马赛克式时, 在有些地方没有达到理想的不育效果, 使得不育比例减小, 导致害鼠种群规模没有被理想压制, 危害加重, 出生死亡个体增多; 而且还使得元胞间的 C 值产生差异, 诱发扩散, 扩散可能会导致本没达到危害水平的元胞受到危害, 此外, 高原鼠兔通过扩散可以找到适合度相对较高的栖息地, 快速增殖. 图 7.10 是 4 月开始状态依赖脉冲不育的情况下, 两种空间方式在种群规模、扩散量、出生死亡数量、危害量上的区别. 因此, 在不育控制实践中应避免出现马赛克形式, 在下面总认为在空间上是均匀实施不育的.

在时间方式上, 很显然单次实施不育是不能控制害鼠的, 因为这样只能暂时对害鼠种群产生影响, 当不育个体逐渐死去, 凭借在繁殖季节很高的增值率害鼠很快就又恢复到原有水平. 模拟表明如果采取固定时间脉冲方式, 害鼠种群会逐渐减小, 但可能不能及时消除危害, 需要花费较长时间才能消除危害. 而采用状态依赖脉冲方式实施不育时, 通过多次实施不育可以很快消除鼠害, 但是实施不育的次数比较多. 图 7.11 是从翌年 4 月开始实施不育的三种时间方式下种群的动态及危害情况.

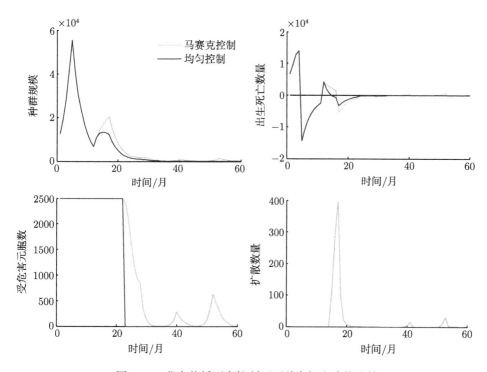

图 7.10 非自传播不育控制下两种空间方式的比较

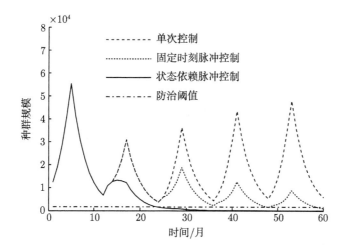

图 7.11 三种时间方式下的种群动态

在任意时间方式下, 如果在高原鼠兔的非繁殖季节实施不育, 则不育实施的时间对种群规模的影响没有差别. 在非繁殖季节, 可育的和不育的高原鼠兔都是按相同的死亡率死亡, 不育的实施只是按比例将整个种群中一部分个体转化为不育个体.

所以, 在非繁殖季节的任何时间实施不育都会使得高原鼠兔以同样的种群规模、同样多的不育个体进入到繁殖季节.

　　如果在固定时间实施不育, 粗略地说, 与在随后的非繁殖季节相比, 在繁殖季节实施不育要有更好的效果. 其原因是在繁殖季节实施不育后整个种群的增长率减小, 种群以较小的规模进入非繁殖季节. 当采用状态依赖脉冲方式时, 如果在繁殖季节开始实施不育, 开始时间越早越好.

　　图 7.12 是单次实施不育和状态依赖脉冲不育时种群规模的变化过程.

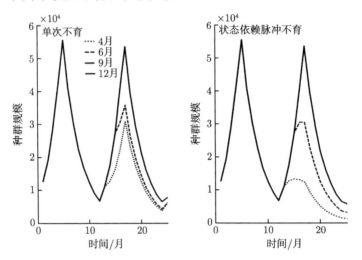

图 7.12　单次不育和状态依赖脉冲实施不育时的种群规模

7.3.3　模拟自传播不育控制

　　进行自传播不育控制时, 停止实施不育后仍然会有新的不育个体产生. 为了使问题简单, 假设在实施不育控制后的任何时间不育个体占整个种群的比例不变, 这个比例称为不育率. 模拟时主要考虑如下因素:

　　(1) 不育率: 0.4, 0.6, 0.8, 0.9;

　　(2) 不育实施时间: 4 月、6 月、9 月、12 月;

　　(3) 空间方式: 均匀式、马赛克式.

　　首先可以肯定采用均匀式的空间方式效果要好, 其原因与非自传播不育控制相同. 不育率越高控制效果越好, 图 7.13 是翌年 4 月实施不育的情况下种群规模及危害程度与不育率的关系. 如果在高原鼠兔的繁殖季节开始实施不育, 实施的时间越早效果越好; 而如果在非繁殖季节开始实施不育, 则实施的时间对种群规模的影响没有差别. 图 7.14 是不育率为 0.6 时种群规模与不育实施时间的关系.

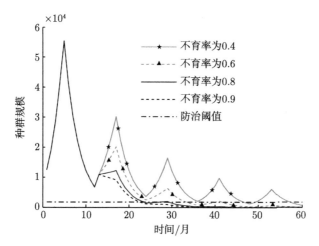

图 7.13 自传播不育控制下的种群规模

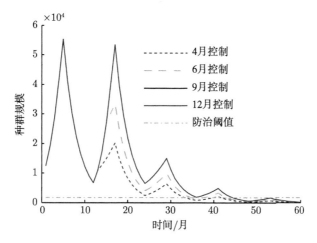

图 7.14 自传播不育控制下的种群规模

从图 7.11 中单次不育控制时种群的变化趋势, 知道非自传播不育控制停止后残存种群会迅速增长, 很快达到原来的水平. 原因是这种方式下的不育控制没有改变植被条件, 高原鼠兔的环境容纳量仍很大; 控制一旦停止, 高原鼠兔种群会迅速恢复.

自传播不育控制虽然也没有改变植被条件, 高原鼠兔的环境容纳量也很大, 但是控制作用是持续的, 可以使高原鼠兔种群长期保持较低的水平 (图 7.13、图 7.14). 所以如果能很好地保育自传播不育控制, 有可能根除鼠害, 条件是: 不育能长期发挥作用, 使高原鼠兔长期保持低密度; 经过较长的时间退化的高寒草甸能自我恢复到原始状态.

7.3.4 灭杀控制与不育控制的比较

下面对灭杀控制和两种不育控制进行简单的比较. 为具有比较性, 灭杀率和不育率均取为 0.8, 空间方式为均匀式.

通过模拟可以得到一些简单的规律. 因为在自传播不育控制下, 不育个体不断产生, 其具有很好的控制效果. 与灭杀控制相比, 非自传播不育控制下的种群变化较为平稳, 在刚实施控制后种群规模不能很快降到较低水平, 但从长远看效果要好一些. 当采用单次控制时, 这种差异明显, 当控制次数增多到不能体现非自传播不育控制的优越性时, 灭杀控制的效果要好. 在采用状态依赖脉冲控制时, 在后期三种控制方式没有明显的区别, 但非自传播不育控制的实施次数要明显多于灭杀控制的次数, 这是由于非自传播不育控制的效果不能即刻充分表现造成的. 图 7.15~

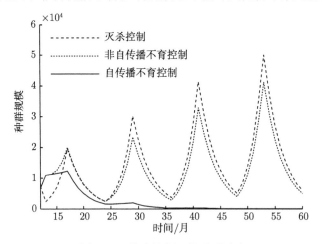

图 7.15 单次控制下的种群动态

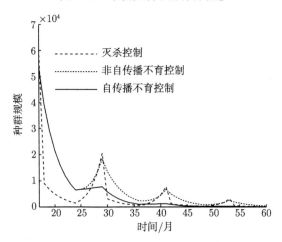

图 7.16 固定时间脉冲控制下的种群动态

图 7.17 分别为单次控制 (4 月进行)、固定时间脉冲 (9 月开始)、状态依赖脉冲 (4 月进行) 时种群动态与控制方式间的关系.

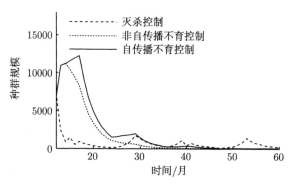

图 7.17　状态依赖脉冲控制下的种群动态

参 考 文 献

阿娟, 付和平, 施大钊, 等. 2012. EP-1 与溴敌隆对长爪沙鼠野生种群增长的控制作用. 植物保护学报, 39(2): 166-170.

包达尔罕, 满都呼, 袁帅, 等. 2016. 紫草素对鼠类繁殖的影响. 中国草地学报, 38(4): 99-104.

包达尔罕. 2016. 植物源复合不育剂 ND-1 号对子午沙鼠 (Meriones meridianus) 种群的抗生育作用研究. 呼和浩特: 内蒙古农业大学硕士学位论文.

边疆晖. 2005. 根田鼠种群密度制约扩散的生态学过程及遗传效应. 杭州: 浙江大学博士后工作报告.

陈长安. 2004. 鼠类不育剂研究. 中华卫生杀虫药械, 10(1): 13-15.

陈东平, 王酉之, 杨世枣. 2004. 环丙醇类衍生物不育剂对褐家鼠的控制效果. 中国媒介生物学及控制杂志, 15(6): 437-438.

陈化鹏, 高中信. 1992. 野生动物生态学. 哈尔滨: 东北林业大学出版社.

陈继平, 丁柯中, 马玉林. 2006. 贝奥雄性不育灭鼠剂野外鼠害防制的效果观察. 医学动物防制, 22(11): 807-808.

陈剑锋, 何晓玲, 李锋, 等. 2006. 油茶皂素不育剂对鼠类抗生育功能的实验研究. 中国媒介生物学及控制杂志, 17(1): 11-14.

陈兰荪, 宋新宇, 路征一. 2003. 数学生态学模型与研究方法. 成都: 四川科学技术出版社.

陈荣海, 赵日良, 黄遁珍, 等. 1990. 应用植物不育剂控制鼠类生育的试验研究. 东北师范大学学报 (自然科学版), 2: 53-60.

陈晓宁, 陈雅娟, 王京, 等. 2015. 复合不育剂 EP-1 对雄性棕色田鼠的抗生育作用. 陕西林业科技, (3): 10-12.

陈晓宁, 陈雅娟, 张博, 等. 2016. EP-1 对雄性中华姬鼠和黑线姬鼠繁殖力的影响. 兽类学报, 36(1): 95-103.

陈雅娟. 2015. 复合不育剂 EP-1 对两种雄性姬鼠繁殖力的影响. 西安: 陕西师范大学硕士学位论文.

程瑾瑞, 张知彬. 2005. 啮齿动物对种子的传播. 生物学通报, 40(4): 11-13.

范尊龙, 王勇, 孙琦, 等. 2015. EP-1 不育剂对内蒙古沙地黑线仓鼠种群结构与繁殖的影响. 生态学报, 35(11): 3541-3547.

房继明, 孙儒泳. 1991. 布氏田鼠空间分布格局的季节动态. 生态学报, 11(2): 111-116.

冯变英, 李秋英, 张凤琴. 2015. 不育控制下的随机单种群模型. 山西师范大学学报 (自然科学版), 29(4): 7-10.

冯变英, 李秋英. 2016. 一类基于个体尺度的种群模型的适定性及最优不育控制策略. 系统科学与数学, 36(2): 278-288.

冯纪年. 2010. 鼠害防治. 北京：中国农业出版社.

冯晓梅, 王文娟. 2016. 害鼠治理中一类在食饵中具有不育控制的捕食与被捕食模型. 北华大学学报 (自然科学版), 17(4)：439-443.

付和平, 张锦伟, 施大钊, 等. 2011. EP-1 不育剂对长爪沙鼠野生种群增长的控制作用. 兽类学报, 31(4)：404-411.

付昱, 施大钊, 郭永旺, 等. 2006. 雄性不育剂 —— 鼠克星对布氏田鼠作用的初步研究//成卓敏. 科技创新与绿色植保. 北京：中国农业科学技术出版社: 358-364.

高中信, 郭承庆, 李津友. 1965. 有关鸟鼠同穴问题的一些资料. 生物学通报, (1)：34.

郭聪, 王勇, 陈安国, 等. 1997. 洞庭湖区东方田鼠迁移的研究. 兽类学报, 17(4)：279-286.

郭天宇, 郭惠琳, 刘丽娟. 2015. 我国鼠类防治研究进展. 中华卫生杀虫药械, 21(5)：437-443.

郭永旺, 施大钊. 2012. 中国农业鼠害防控技术培训指南. 北京：中国农业出版社.

海淑珍, 杨爱莲, 苏红田, 等. 2004. 草原害鼠种群的变动及预测模型的构建. 中国生物防治, 20(增刊)：6-10.

韩艳静, 张晓东, 曹晓娟, 等. 2013. 不育剂 EP-1 对荒漠啮齿动物优势种群数量的影响. 兽类学报, 33(4)：352-360.

韩艳静. 2012. EP-1 对内蒙古阿拉善荒漠区啮齿动物优势种群不育控制作用研究. 呼和浩特：内蒙古农业大学硕士学位论文.

何凤琴, 王波. 2010. 口服莪术油抑制雌性棕色田鼠性行为和雌二醇受体在大脑核团中的表达. 兽类学报, 30(2)：218-222.

胡晓鹏. 2005. 布氏田鼠扩散研究. 北京：中国农业大学硕士学位论文.

黄小丽, 刘全生, 秦姣, 等. 2013. 不同剂量米非司酮对雌性小鼠繁殖的影响. 兽类学报, 33(1)：74-81.

黄秀清, 冯志勇. 2001. 我国农田鼠害防治现状及今后防治对策. 中国农业科技导报, 3(5)：71-75.

霍秀芳, 王登, 梁红春, 等. 2006. 两种不育剂对长爪沙鼠的作用. 草地学报, 14(2)：184-187.

冀仲义, 袁锦富, 陈伯华, 等. 2004. 贝奥雄性不育灭鼠剂的实验观察. 上海实验动物科学, 24(4)：241-242.

蒋永恩, 郭永旺, 施大钊, 等. 2011. 莪术醇饵剂对布氏田鼠的不育效果观察. 中国媒介生物学及控制杂志, 22(1)：22-25.

蒋永利, 李桂枝, 李继成, 等. 2006. "贝奥" 雄性不育灭鼠剂控制森林鼠类数量的试验报告. 吉林林业科技, 35(3)：26-29.

焦守文, 吕江, 张凤琴. 2011. 具有阶段结构的不育控制害鼠模型. 运城学院学报, 29(2)：5-7.

焦守文. 2011. 几类生态数学模型的稳定性分析. 太原：中北大学硕士学位论文.

巨海兰, 马武星, 韩英, 等. 2006. 生物性不育剂防治林业鼠害试验. 青海农林科技, (4)：60-62.

李波, 桑珠, 许军基, 等. 2015. 2 种不育剂和 1 种抗凝血剂对藏北草原高原鼠兔的控制效果. 植物保护, 41(6)：230-234.

李博, 杨持, 林鹏. 2000. 生态学. 北京: 高等教育出版社.

李根, 郭永旺, 吴新平, 等. 2009. 棉酚对雄性布氏田鼠的不育作用. 中国媒介生物学及控制杂志, 20(5): 404-406.

李季萌, 郑敏, 郭永旺, 等. 2009. 雷公藤制剂对雄性布氏田鼠的不育作用. 兽类学报, 29(1): 69-74.

李秋英, 李晓霞. 2013. 一类带有不育控制的离散单种群模型. 数学研究, 46(2): 167-174.

李秋英, 张凤琴, 刘汉武. 2009. 不育控制下的具有性别结构的单种群模型. 数学的实践与认识, 39(19): 145-151.

李秋英, 张凤琴, 刘汉武. 2010. 一类具有不育和脉冲投放的捕食模型. 数学的实践与认识, 40(16): 94-100.

李秋英, 张凤琴, 刘汉武. 2014a. 一类带有不育控制的单种群离散模型. 郑州大学学报 (理学版), 46(1): 54-57.

李秋英, 张凤琴, 王文娟. 2014b. 不育控制下具有脉冲生育的单种群模型. 山东大学学报 (理学版), 49(6): 85-90.

李秋英. 2016. 具有时滞和不育控制的捕食模型的 Hopf 分支. 郑州大学学报 (理学版), 48(4): 23-26.

李顺德, 普文林. 1999. 滇中农田卡氏小鼠种群空间分布型的研究. 植物保护, 25(2): 45-46.

李晓霞. 2013. 一类状态脉冲不育控制的单种群模型. 山西大同大学学报 (自然科学版), 29(3): 12-15.

连欣欣, 张凤琴, 刘汉武. 2012. 两类出生带有密度制约的不育控制下的害鼠模型. 数学的实践与认识, 42(13): 167-173.

连欣欣. 2013. 几类不育控制模型的稳定性分析. 太原: 中北大学硕士学位论文.

连耀林, 苏元成, 郭军旺, 等. 2006. "栓绝命" 灭鼠剂灭效观察. 中国媒介生物学及控制杂志, 17(3): 234-236.

梁红春, 霍秀芳, 王登, 等. 2006. 不育技术控制长爪沙鼠种群的初步研究. 植物保护, 32(2): 45-48.

廖晓昕. 1999. 稳定性的理论、方法和应用. 武汉: 华中理工大学出版社.

刘炳友, 谷枫, 张颖, 等. 1997. 东北鼢鼠空间分布型研究. 齐齐哈尔师范学院学报 (自然科学版), 17(3): 56-57.

刘汉武, 李秋英. 2009. 不育和灭杀控制下的单种群模型. 数学的实践与认识, 39(15): 104-107.

刘汉武, 王荣欣, 周华坤, 等. 2013. 鼠害治理下有效洞与废弃洞的动态. 生态学杂志, 32(11): 3037-3042.

刘汉武, 周立, 刘伟, 等. 2008a. 生长季节和非生长季节交替出现的种群动态模型及环境变化的影响. 生物数学学报, 23(3): 435-442.

刘汉武, 周立, 刘伟, 等. 2008b. 利用不育技术防治高原鼠兔的理论模型. 生态学杂志, 27(7): 1238-1243.

刘汉武. 2008. 高原鼠兔种群时空动态的元胞自动机模拟. 北京: 中国科学院研究生院博士学位论文.

刘季科, 张云占, 辛光武. 1980. 高原鼠兔数量与危害程度的关系. 动物学报, 26(4): 378-385.

刘巍. 2006. M001 雄性不育灭鼠剂的生殖毒性研究及其在农业鼠害防治方面的应用. 北京: 中国协和医科大学硕士学位论文.

刘伟, 宛新荣, 钟文勤, 等. 2013. 长爪沙鼠种群繁殖的季节性特征. 兽类学报, 33(1): 35-46.

龙兴发, 李太强, 殷中琼, 等. 2011. 两性不育灭鼠剂印楝油对高原鼠兔摄食量的影响及药效试验研究. 草业与畜牧, (7): 11-13.

吕江, 张凤琴, 焦守文, 等. 2011. 出生和死亡都具有密度制约的不育控制竞争模型. 运城学院学报, 29(2): 10-13.

吕江, 张凤琴, 连欣欣, 等. 2012. 一类食饵具有不育控制的捕食模型. 数学的实践与认识, 42(5): 245-251.

吕江, 张凤琴, 刘汉武, 等. 2013. 具有竞争性繁殖干扰的不育控制害鼠种群模型. 工程数学学报, 30(2): 263-270.

吕江. 2012. 不育控制下的害鼠种群动态建模研究. 太原: 中北大学硕士学位论文.

马佳依, 陈海川, 陈晓宁, 等. 2018. 不同剂量炔雌醚对雄性小鼠繁殖生理的作用. 基因组学与应用生物学, 37(12): 5258-5262.

马鸣, 阿布里米提. 1995. 建议保护几种鼠兔. 大自然, (2): 26.

马勇. 1986. 中国有害啮齿动物分布资料. 中国农学通报, (6): 76-82.

马玉林, 陈继平, 戴新. 2008. 生物不育灭鼠饵剂在实验室的效果观察. 医学动物防制, 24(6): 457.

马知恩. 1996. 种群生态学的数学建模与研究. 合肥: 安徽教育出版社.

米景川, 王成国. 1990. 达乌尔黄鼠种群空间分布型研究及其应用. 兽类学报, 10(4): 282-286.

米玛旺堆, 欧珠朗杰, 次仁. 2008. 高原鼠兔与多种小型雪雀的相关性初探. 西藏大学学报 (自然科学版), 23(1): 1-2.

彭惠民, 杨培, 段明松, 等. 1995. 口服药物对小鼠生育率的影响. 中国预防医学杂志, 29(5): 318.

秦姣, 刘全生, 黄小丽, 等. 2011. 米非司酮对雄性小鼠繁殖抑制作用研究. 广东农业科学, (19): 87-89.

秦姣. 2015. 卡麦角林对黄毛鼠的不育效果及其作用机理. 北京: 中国农业大学博士学位论文.

沈伟, 郭永旺, 施大钊, 等. 2011. 炔雌醚对雄性长爪沙鼠不育效果及其可逆性. 兽类学报, 31(2): 171-178.

沈孝宙, 林永烈, 王宗祎. 1962. 对 "鸟鼠同穴" 问题的认识. 生物学通报, (5): 17-20.

沈元, 何恩奇, 罗建, 等. 2008. 生物不育灭鼠饵剂现场鼠类控制效果研究. 现代预防医学, 35(21): 4221-4223.

施大钊, 郭永旺. 2008. 我国农牧业鼠害发生状况及成因分析//成卓敏. 植物保护科技创新与发展. 北京: 中国农业科学技术出版社: 215-217.

石东霞, 蒋忠荣, 殷中琼, 等. 2011. 印楝油两性不育灭鼠颗粒制剂对高原鼠兔抗生育作用的研究. 中国兽医科学, 41(2): 210-215.

石东霞, 蒋忠荣, 殷中琼, 等. 2012. 印楝油两性不育灭鼠颗粒剂对小鼠摄食系数与抗生育作用. 林业科学, 48(4): 171-176.

舒东辉, 商永亮, 王国义. 2012a. EP-1 不育剂颗粒林地鼠害防治试验. 内蒙古林业调查设计, 35(4): 114-115.

舒东辉, 吴忠波, 舒凤梅. 2012b. 新型颗粒不育剂技术研究初报. 黑龙江生态工程职业学院学报, 25(1): 26-27.

苏欠欠. 2013. 卡麦角林 (Cabergoline) 对雌性小鼠的不育效果及作用机制. 长沙: 中南林业科技大学硕士学位论文.

隋晶晶, 冯志勇, 黄立胜, 等. 2006. 农区鼠害控制技术研究进展. 广东农业科学, (5): 46-48.

孙成明, 刘铁柱, 杨斌, 等. 2009. 应用第二代 MG-鼠类不育灵颗粒剂防治森林害鼠的试验. 中国森林病虫, 28(3): 46.

孙红专, 费巨波, 徐建华, 等. 2006. 贝奥雄性不育灭鼠饵剂现场应用效果的研究. 中华卫生杀虫药械, 12(4): 266-270.

孙儒泳, 李庆芬, 牛翠娟, 等. 2002. 基础生态学. 北京: 高等教育出版社.

孙儒泳. 2001. 动物生态学原理. 3 版. 北京: 北京师范大学出版社.

邰发道, 王廷正, 赵亚军. 2001. 棕色田鼠的配偶选择和相关特征. 动物学报, 47(3): 266-273.

唐三一, 肖燕妮. 2008. 单种群生物动力系统. 北京: 科学出版社.

田葆萍, 高兴, 戴万军, 等. 2016. 草原大面积施用雷公藤制剂和莪术醇制剂控制达乌尔黄鼠的效果研究. 中华卫生杀虫药械, 22(4): 326-328.

宛新荣, 石岩生, 宝祥, 等. 2006. EP-1 不育剂对黑线毛足鼠种群繁殖的影响. 兽类学报, 26(4): 392-397.

王大伟, 丛林, 王宇, 等. 2010. 繁殖季节和非繁殖季节布氏田鼠种群参数和生理特点的差异. 生态学报, 30(13): 3562-3568.

王宏生, 鲍根生, 曾辉, 等. 2015. 高原鼢鼠生物学特性及其在生态系统中的作用. 黑龙江畜牧兽医 (科技版), (4): 66-68.

王华弟. 1997. 农田鼠害测报与综合防治研究. 浙江农业学报, 9(1): 25-30.

王卉荣, 刘荣. 2016. 周期环境中具有尺度结构的害鼠模型的最优不育控制. 数学的实践与认识, 46(6): 193-203.

王君, 任东升, 刘起勇. 2010. α-氯代醇饵剂实验室及现场鼠害控制效果观察. 中国媒介生物学及控制杂志, 21(2): 157-158.

王莲花, 刘汉武, 张凤琴. 2010. 有收获的不育控制下的单种群模型. 数学的实践与认识, 40(20): 234-237.

王梦军, 钟文勤, 宛新荣, 等. 1998. 达乌尔鼠兔扩散过程中的生境选择. 动物学报, 44(4): 398-405.

王权业, 张堰铭, 魏万红, 等. 2000. 高原鼢鼠食性的研究. 兽类学报, 20(3): 193-199.

王荣欣. 2013. 短效不育剂对成年害鼠控制的建模与分析. 天津师范大学学报 (自然科学版), 33(3): 1-4.

王淑卿, 杨荷芳, 郝守身. 1996. 大仓鼠 (Cricetulus triton) 的某些生态研究. 动物学杂志, 31(4): 28-31.

王涛涛, 郭永旺, 王登, 等. 2015. 炔雌醚对布氏田鼠繁殖的抑制效果. 兽类学报, 35(1): 87-94.

王文娟, 李秋英. 2011. 一类不育控制和捕获控制下的单种群模型. 山西师范大学学报 (自然科学版), 25(1): 29-33.

王晓红. 2017. 一类具有尺度结构的非线性害鼠不育模型的稳定性分析. 太原师范学院学报 (自然科学版), 16(1): 1-9.

王学高, Smith A T. 1988. 高原鼠兔 (Ochotona curzoniae) 冬季自然死亡率. 兽类学报, 8(2): 152-165.

王学高, Smith A T. 1989. 高原鼠兔交配关系的研究. 兽类学报, 9(3): 210-215.

王学高, 戴克华. 1991. 高原鼠兔种群繁殖生态的研究. 动物学研究, 12(2): 155-161.

王勇, 张美文, 李波. 2003. 鼠害防治实用技术手册. 北京: 金盾出版社.

王酉之, 陈东平, 马林, 等. 2006. 褐家鼠雄性不育处理后的社群生殖行为研究. 中国媒介生物学及控制杂志, 17(5): 363-365.

王增君, 陈宏, 董立涛, 等. 1998. 棕色田鼠种群的空间分布型研究. 山东农业科学, (6): 36-37.

王宗霞, 秦荣, 杨艳芳, 等. 2010. 生物灭鼠新探索 - 芸香雄性不育毒饵的实验研究. 内蒙古农业科技, (3): 56-57.

魏万红, 樊乃昌, 周文扬, 等. 1999b. 实施不育后高原鼠兔攻击行为及激素水平变化的研究. 兽类学报, 19(2): 119-131.

魏万红, 樊乃昌, 周文杨, 等. 1999a. 复合不育剂对高原鼠兔种群控制作用的研究. 草地学报, 7(1): 39-45.

魏万红, 王权业, 周文扬, 等. 1997. 灭鼠干扰后高原鼢鼠的种群动态与扩散. 兽类学报, 17(1): 53-61.

文卜玉, 滕志东, 崔倩倩. 2013. 具有不育控制和反馈控制的非自治单种群模型的持久性. 新疆大学学报 (自然科学版), 30(1): 25-32.

文卜玉. 2012. 具有不育控制和反馈控制的单种群模型的动力学性质的研究. 乌鲁木齐: 新疆大学硕士学位论文.

吴宥析, 刘少英, 钟妮娜, 等. 2010. 一种醇类雄性不育剂对高原鼠兔精子的影响. 兽类学报, 30(2): 229-233.

吴宥析. 2010. α- 氯代醇对雄性高原鼠兔生殖功能的影响. 雅安: 四川农业大学硕士学位论文.

夏武平. 1964. 带岭林区小形鼠类数量动态的研究: Ⅰ. 数量变动情况的描述. 动物学报, 16(3)：339-353.

夏武平. 1996. 害鼠与生态平衡//王祖望, 张知彬. 鼠害治理的理论与实践. 北京：科学出版社: 2-18.

徐宏发, 陆厚集. 1996. 最小存活种群 (MVP)：保护生物学的一个基本理论. 生态学杂志, 15(2)：25-30.

严作良, 周立, 孙英, 等. 2005. 江河源区高寒草地高原鼠兔种群动态模式初步研究. 四川草原, 114：17-19.

颜显明, 尹会业, 周生甲. 1990. 不育剂减少草原害鼠的效果观察. 四川草原, (3)：50-52.

杨帆. 2010. 印谏油两性不育灭鼠颗粒剂的研制与质量标准及其药效学研究. 雅安：四川农业大学硕士学位论文.

杨春文, 张广臣, 金建丽, 等. 2002. MG 复合不育剂防治棕背的研究. 中国森林病虫, 21(5)：8-10.

杨春文. 1991. 林业鼠害及其防治. 哈尔滨：黑龙江科学技术出版社.

杨梅. 2014. 不育控制下的捕食模型. 山东师范大学学报 (自然科学版), 29(4)：61-63.

杨新根, 侯玉, 朱文雅, 等. 2012. 雄性不育剂对农田害鼠的防控效果. 山西农业科学, 40(10)：1095-1098.

杨学军, 韩崇选, 王明春, 等. 2003. 林区鼠害的无公害治理与生态环境保护对策. 陕西林业科技, (3)：54-57.

杨学荣, 马林, 廖骏, 等. 2004. 环丙醇类衍生物–雄性不育剂对养鸡场控制鼠害效果观察. 医学动物防制, 20(9)：524-526.

杨玉超, 王勇, 张美文, 等. 2012. EP-1 对雄性东方田鼠生殖的影响. 植物保护学报, 39(5)：467-472.

杨玉平, 张福顺, 王利清. 2016. 草原鼠害综合防治技术. 北京：中国农业科学技术出版社.

杨月伟, 刘季科, 刘震. 2005. 东方田鼠种群扩散及活动对外部因子的反应格局. 生态学报, 25(6)：1523-1528.

杨再学, 郑元利, 郭仕平, 等. 2007. 黑线姬鼠种群数量动态及预测预报模型研究. 中国农学通报, 23(2)：193-197.

杨振宇, 江小蕾. 2002. 高原鼠兔对草地植被的危害及防治阈值研究. 草业科学, 19(4)：63-65.

叶庆临, 马林, 杨学荣, 等. 2003. 雄性不育剂 (环丙醇类衍生物) 控制鼠害的现场效果试验研究. 医学动物防制, 19(12)：717-718.

尤德康, 董晓波, 宋玉双, 等. 2006. 贝奥雄性不育灭鼠剂室内药效试验. 中国森林病虫, 25(2)：32-34.

尤德康, 宋玉双, 蒋永利, 等. 2010. 贝奥雄性不育灭鼠剂防治两种害鼠试验. 中国森林病虫, 29(6)：46-49.

于功昌, 王筱芬, 谢琳, 等. 2012. 苯并咪唑对雄性大鼠生育力的影响. 环境与健康杂志, 29(9)：795-798.

岳凌粉. 2009. 布氏田鼠群体遗传结构及婚配制度分析. 北京: 中国农业科学院硕士学位论文.

曾宗永, 丁维俊, 罗明澍, 等. 1996. 川西平原大足鼠的种群生态学: II. 存活和运动. 兽类学报, 16(4): 278-284.

曾宗永. 1991. 北美 Chihuahuan 荒漠旗尾更格卢鼠 (Dipodomys spectabilis) 的种群生态学. 兽类学报, 11(2): 87-98.

张春美, 吴东海, 赵日良, 等. 1999. 新型植物性不育剂与化学灭鼠剂杀鼠效果对比试验. 辽宁林业科技, (1): 35-38.

张春美, 吴克有, 陈荣海, 等. 1994. 复合不育剂对森林害鼠生殖阻断的研究. 辽宁林业科技, (3-4): 65-66.

张宏利, 韩崇选, 杨学军, 等. 2004. 鼠害防治方法研究进展. 陕西林业科技, (1): 41-47.

张金宝, 王长命, 庄光辉, 等. 2016. 炔雌醚对长爪沙鼠种群数量和性比的影响. 四川动物, 35(1): 62-65.

张军生, 王广山, 康尔年, 等. 2008. 贝奥不育剂林间防治效果调查. 中国森林病虫, 27(6): 39-40.

张亮亮, 施大钊, 王登. 2009. 不同不育比例对布氏田鼠种群增长的影响. 草地学报, 17(6): 830-833.

张梅, 刘汉武, 连欣欣. 2011. 免疫不育控制下的种群动态分析. 运城学院学报, 29(2): 14-16.

张梅. 2011. 不育控制模型及 HIV 模型的稳定性分析. 太原: 中北大学硕士学位论文.

张美明, 刘汉武, 张振宇, 等. 2011a. 一类带有出生和死亡密度制约的携带病毒不育控制模型. 运城学院学报, 29(2): 7-9.

张美明, 张凤琴, 吕江, 等. 2011b. 具有性别结构的免疫不育控制模型. 信阳师范学院学报 (自然科学版), 24(4): 425-429.

张美明. 2011. 几类不育控制下的害鼠种群动态模型分析. 太原: 中北大学硕士学位论文.

张文杰, 张小倩, 宛新荣, 等. 2014. EP-1 不育剂对浑善达克沙地小毛足鼠种群繁殖的影响. 中国媒介生物学及控制杂志, 25(6): 542-545.

张文英, 连欣欣. 2012. 含不育控制的竞争模型. 运城学院学报, 30(5): 20-22.

张文英, 张凤琴, 刘汉武. 2011. 不育控制下的害鼠种群的动力学分析. 运城学院学报, 29(5): 4-7.

张文英. 2013. 鼠害控制与传染病治疗的数学建模和研究. 太原: 中北大学硕士学位论文.

张显理, 段玉海, 吴永峰, 等. 2005a. 人用不育剂对小鼠繁殖的影响. 宁夏大学学报 (自然科学版), 26(1): 71-74.

张显理, 唐伟, 顾真云, 等. 2005b. 不育剂甲基炔诺酮对宁夏南部山区甘肃鼢鼠种群控制试验. 农业科学研究, 26(1): 37-40.

张小雪. 2007. 蓖麻油抗雌鼠生育作用活性物质的分离、分析及作用机理研究. 成都: 四川大学博士学位论文.

张晓爱. 1982. 高寒草甸十种雀形目鸟类繁殖生物学的研究. 动物学报, 28(2): 190-199.

张兴利, 谢晨文, 刘筱雪, 等. 2017. 薄荷油对雌性布氏田鼠的抗生育效果. 四川动物, 36(3): 317-324.

张渝疆, 张富春, 孙素荣, 等. 2004. 准噶尔盆地东南缘草原兔尾鼠 (Lagurus lagurus) 种群空间分布研究. 新疆大学学报 (自然科学版), 21(3): 300-303.

张振宇, 张凤琴. 2012. 害鼠不育控制的种群动力学模型. 北华大学学报 (自然科学版), 13(2): 131-134.

张振宇. 2013. 害鼠种群动力学建模及其稳定性研究. 太原: 中北大学硕士学位论文.

张知彬, 廖力夫, 王淑卿, 等. 2004. 一种复方避孕药物对三种野鼠的不育效果. 动物学报, 50(3): 341-347.

张知彬, 王淑卿, 郝守身, 等. 1997a. α-氯代醇对雄性大鼠的不育效果研究. 动物学报, 43(2): 223-225.

张知彬, 王淑卿, 郝守身, 等. 1997b. α-氯代醇对雄性大仓鼠的不育效果观察. 兽类学报, 17(3): 232-233.

张知彬, 王玉山, 王淑卿, 等. 2005. 一种复方避孕药物对围栏内大仓鼠种群繁殖力的影响. 兽类学报, 25(3): 269-272.

张知彬, 赵美蓉, 曹小平, 等. 2006. 复方避孕药物 (EP-1) 对雄性大仓鼠繁殖器官的影响. 兽类学报, 26(3): 300-302.

张知彬. 1995. 鼠类不育控制的生态学基础. 兽类学报, 15(3): 229-234.

张子伯. 2006. 更昔洛韦的生殖毒性作用及其对农业鼠害防制的研究. 北京: 中国协和医科大学硕士学位论文.

赵珺, 黄玉珍, 李悦, 等. 2010. 0.2%莪术醇饵剂防治农田害鼠试验. 河南农业科学, (6): 95-97.

赵天飙, 李新民, 张忠兵, 等. 1998. 大沙鼠和子午沙鼠种群空间分布格局的研究. 兽类学报, 18(2): 131-136.

赵天飙, 邬建平, 张忠兵, 等. 2001. 大沙鼠一些行为的初步观察. 内蒙古师范大学学报 (自然科学汉文版), 30(1): 57-60.

郑普阳, 彭真, 王勇, 等. 2017. 贝奥不育剂和溴敌隆抗凝血杀鼠剂对布氏田鼠种群控制作用的试验研究. 草业学报, 26(12): 186-193.

郑重武, 焦守文, 张凤琴, 等. 2014. 出生和死亡具有密度制约的不育控制下的害鼠种群动态. 生物数学学报, 29(2): 315-320.

中华人民共和国生态环境部. 2018. 2017 中国生态环境状况公报.

钟文勤, 樊乃昌. 2002. 我国草地鼠害的发生原因及其生态治理对策. 生物学通报, 37(7): 1-4.

钟文勤, 周庆强, 孙崇潞. 1986. 内蒙古草场鼠害的基本特征及其生态对策. 兽类学报, 5(4): 241-249.

钟文勤. 2008. 啮齿动物在草原生态系统中的作用与科学管理. 生物学通报, 43(1): 1-3.

周俗. 2006. 草原无鼠害区建设技术设计. 草业科学, 23(5): 82-86.

周兴民, 王启基. 1993. 高寒草地资源调控策略与持续发展//陈昌笃. 持续发展与生态学. 北京: 中国科学技术出版社: 88-93.

周训军, 杨玉超, 王勇, 等. 2015. 左炔诺孕酮和炔雌醚复合不育剂 (EP-1) 对雌性东方田鼠生殖的影响. 兽类学报, 35(2): 176-183.

周延林. 2000. 我国草原鼠害问题的生态学审视. 内蒙古环境保护, 12(2): 22-25.

周月, 海淑珍, 施大钊. 2009. 不同剂量 α-氯代醇对雄性布氏田鼠的不育作用//中华预防医学会媒介生物学及控制分会. 全国鼠类及体表寄生虫学术研讨会会议资料: 17-20.

庄凯勋, 贾培峰, 初德志, 等. 2001. 应用植物不育剂控制林木鼠害新技术应用. 中国森林病虫, (S1): 34-37.

宗文杰, 江小雷, 严林. 2006. 高原鼢鼠的干扰对高寒草地植物群落物种多样性的影响. 草业科学, 23(10): 68-72.

邹永波, 王安藜, 郭聪, 等. 2014. EP 不育剂对莫氏田鼠种群繁殖的控制效果. 中国媒介生物学及控制杂志, 25(6): 506-508.

Amoroso S, Patt Y N. 1972. Decision procedures for surjectivity and injectivity of parallel maps for tessellation structures. Journal of Computer & System Sciences, 6(5): 448-464.

Armitage K B, Downhower J F. 1974. Demography of yellow-bellied marmot populations. Ecology, 55(6): 1233-1245.

Arthur A D, Pech R P, Davey C, et al. 2008. Livestock grazing, plateau pikas and the conservation of avian biodiversity on the Tibetan plateau. Biological Conservation, 141: 1972-1981.

Bainov D D, Simeonov P S. 1993. Impulsive Differential Equations: Periodic Solutions and Applications. London: Longman Scientific and Technical.

Barlow N D, Kean J M, Briggs C J. 1997. Modelling the relative efficacy of culling and sterilisation for controlling populations. Wildlife Research, 24(2): 129-141.

Barlow N D. 1994. Predicting the effect of a novel vertebrate biocontrol agent: a model for viral-vectored immunocontraception of New Zealand possums. Journal of Applied Ecology, 31: 454-462.

Bronson F H, Perrigo G. 1987. Seasonal regulation of reproduction in muroid rodents. American Zoologist, 27(3): 929-940.

Bronson F H. 1985. Mammalian reproduction: an ecological perspective. Biology of Reproduction, 32(1): 1-26.

Courchamp F, Cornell S J. 2000. Virus-vectored immunocontraception to control feral cats on islands: a mathematical model. Journal of Applied Ecology, 37: 903-913.

Davidson A D, Detling J K, Brown J H. 2012. Ecological roles and conservation challenges of social, burrowing, herbivorous mammals in the world's grasslands. Frontiers in Ecology and the Environment, 10(9): 477-486.

Davis D E. 1961. Principles for population control by gametocides. Transactions of the North American Wildlife Conference, 26: 160-167.

Favre L, Balloux F, Goudet J, et al. 1997. Female-biased dispersal in the monogamous mammal Crocidura russula: evidence from field data and microsatellite patterns. Proceedings of the Royal Society B, 264(1378): 127-132.

Fitzgerald R W, Madison D M. 1983. Social organization of a freeranging population of pine voles (Microtus pinetorum). Behavior Ecology and Sociobiology, 13(2): 183-187.

Foltz D W, Schwagmeyer P L. 1989. Sperm competition in the thirteen-lined ground squirrel: differential fertilization success under field conditions. American Naturalist, 13(2): 257-265.

Fu H, Bao D, Duhu M, et al. 2016. Anti-fertility effects and mechanism of the plant extract shikonin on mice. Journal of Biosciences and Medicines, 4: 30-39.

Gauffre B, Petit E, Brodier S, et al. 2009. Sex-biased dispersal patterns depend on the spatial scale in a social rodent. Proceedings of the Royal Society B, 276(1672): 3487-3494.

Getz L L, Carter C S. 1980. Social organization in Microtus ochrogaster population. The Biologist, 60(1): 134-146.

Getz L L, Hoffmann J E. 1986. Social organization in free living prairie voles (Microtus ochrogaster). Behavior Ecology and Sociobiology, 18(2): 275-282.

Griffin J R. 1971. Oak regeneration in the Upper Carmel Valley, California. Ecology, 52: 862-868.

Hansen T F, Stenseth N C, Henttonen H. 1999. Multiannual vole cycles and population regulation during long winters: an analysis of seasonal density dependence. The American Naturalist, 154(2): 129-139.

Hanski I, Pakkala T, Kuussaari M, et al. 1995. Metapopulation persistence of an endangered butterfly in a fragmented landscape. Oikos, 72: 21-28.

He Z. 2006. Optimal harvesting of two competing species with age dependence. Nonlinear Analysis: Real word Applications, 7: 769-788.

Herbst M, Jarvis J U M, Bennett N C. 2004. A field assessment of reproductive seasonality in the threatened wild Namaqua dune mole-rat (Bathyergus janetta). Journal of Zoology, 263(3): 259-268.

Holling C S. 1965. The functional response of predators to prey density and its role in mimicry and population regulation. The Memoirs of the Entomological Society of Canada, 97(545): 1-60.

Hood G M, Chesson P, Pech R P. 2000. Biological control using sterilizing viruses: host suppression and competition between viruses in nonspatial models. Journal of Applied Ecology, 37: 914-925.

Hu H, Teng Z, Jiang H. 2009. Permanence of the nonautonomous competitive systems with infinite delay and feedback controls. Nonlinear Analysis: Real World Applications, 10(4): 2420-2433.

Ims R A, Andreassen H P. 2005. Density-dependent dispersal and spatial population dynamics. Proceedings of the Royal Society B, 272(1566): 913-918.

Janse van Rensburg L, Bennett N C, Van der Merwe M, et al. 2002. Seasonal reproduction in the highveld mole-rat, Cryptomys hottentotus pretoriae (Rodentia: Bathyergidae). Canadian Journal of Zoology, 80(5): 810-820.

Kato N. 2008. Optimal harvesting for nonlinear size-structured population dynamics. Journal of Mathematical Analysis & Applications, 342: 1388-1398.

Knipling E F, McGuire J U. 1972. Potential Role of Sterilization for Suppressing Rat Populations: A Theoretical Appraisal. Washington: United States Department of Agriculture.

Knipling E F. 1959. Sterile male method of population control. Science, 130: 902-904.

Kuang Y. 1993. Delay Differential Equations with Applications in Population Dynamics. New York: Academic Press.

Lai C H, Smith A T. 2003. Keystone status of plateau pikas (Ochotona curzoniae): effect of control on biodiversity of native birds. Biodiversity and Conservation, 12: 1901-1912.

Levins R. 1969. Some demographic and genetic consequences of environmental heterogeneity for biological control. Bulletin of Entomological Society of America, 15: 237-240.

Li Q, Liu H, Xin J. 2017. A single specie model with random perturbation under contraceptive control. Annals of Applied Mathematics, 33(1): 1-5.

Li Q, Zhang F, Liu H. 2009. A model of population with sex structure under contraceptive control and lethal control//Jiang Y, Bao H. Proceedings of the Second International Conference on Modeling and Simulation, 5. Liverpool: World Academic Press: 443-447.

Liu H, Chen Y, Zhou L, et al. 2013. The effects of management on population dynamics of plateau pika. Mathematical and Computer Modelling, 57: 525-535.

Liu H, Jin Z, Chen Y, et al. 2012a. Population dynamics of plateau pika under lethal control and contraception control. Advances in Difference Equations, 2012: 29.

Liu H, Jin Z, Zhang F. 2011. Dynamics of population controlled with virus-vectored immunocontraception//Chen L, Jiang Y, Yu J. Proceedings of the 5th International Conference on Mathematical Biology, 1. Liverpool: World Academic Press: 182-187.

Liu H, Zhang F, Li Q. 2009. Dynamics of population under contraceptive control and lethal control//Jiang Y, Bao H. Proceedings of the Second International Conference on Modeling and Simulation, 4. Liverpool: World Academic Press: 476-479.

Liu H, Zhang F, Li Q. 2017. Impulse lethal control and contraception control of seasonal breeding rodent. Advances in Difference Equations, 2017(1): 93.

Liu H, Zhou L. 2007. Modeling dispersal of the plateau pika (Ochotona curzoniae) using a cellular automata model. Ecological Modelling, 202: 487-492.

Liu M, Qu J, Wang Z, et al. 2012b. Behavioral mechanisms of male sterilization on plateau pika in the Qinghai-Tibet plateau. Behavioural Processes, 89: 278-285.

Liu R, Zhang F, Chen Y. 2016. Optimal contraception control for a nonlinear population model with size structure and a separable mortality. Discrete and Continuous Dynamical Systems Series B, 21(10): 3603-3618.

Lv X, Shi D. 2011. The effects of quinestrol as a contraceptive in Mongolian gerbils (Meriones unguiculatus). Experimental Animals, 60(5): 489-496.

Makundi R H, Massawe A W, Mulungu L S. 2007. Breeding seasonality and population dynamics of three rodent species in the Magamba Forest Reserve, Western Usambara Mountains, north-east Tanzania. African Journal of Ecology, 45(1): 17-21.

Mateo J M, Johnston R E. 2000. Retention of social recognition after hibernation in Belding's ground squirrels. Animal Behaviour, 59(3): 491-499.

McLeod S R, Twigg L E. 2006. Predicting the efficacy of virally-vectored immunocontraception for managing rabbits. New Zealand Journal of Ecology, 30(1): 103-120.

Miyaki M. 1987. Seed dispersal of the Korean pine by red squirrels. Ecology Research, 2: 147-157.

Nash P B, James D K, Hui L T, et al. 2004. Fertility control of California ground squirrels using GnRH immunocontraception//Timm R M, Gorenzel W P. Proceedings of the 21st Vertebrate Pest Conference. Davis: University of California: 274-278.

Odum E P, Barrett G W. 2004. Fundamentals of Ecology. 5th Edition. Boston: Cengage Learning.

Qi Y, Felix Z, Wang Y, et al. 2011. Postbreeding movement and habitat use of the plateau brown frog, Rana kukunoris, in a high-elevation wetland. Journal of Herpetology, 45(4): 421-427.

Ramsey D S L, Wilson J C. 2000. Towards ecologically based baiting strategies for rodent in agricultural system. International Biodeterioration & Biodegradation, 45: 183-197.

Rocha C R, Ribeiro R, Marinho-Filho J. 2017. Influence of temporal variation and seasonality on population dynamics of three sympatric rodents. Mammalian Biology, 84: 20-29.

Sarli J, Lutermann H, Alagaili A N, et al. 2016. Seasonal reproduction in the Arabian spiny mouse, Acomys dimidiatus (Rodentia: Muridae) from Saudi Arabia: the role of rainfall and temperature. Journal of Arid Environments, 124: 352-359.

Shi D, Wan X, Davis S A, et al. 2002. Simulation of lethal control and fertility control in a demographic model for Brandt's vole Microtus brandti. Journal of Applied Ecology, 39: 337-348.

Sicard B, Fuminier F. 1996. Environmental cues and seasonal breeding patterns in Sahelian rodents. Mammalia, 60(4): 667-675.

Smith A T, Foggin J M. 1999. The plateau pika (Ochotona curzoniae) is a keystone species for biodiversity on the Tibetan plateau. Animal Conservation, 2: 235-240.

Smith A T, Formozov N A, Hoffmann R S, et al. 1990. The pikas//Chapman J A, Flux J E C. Rabbits, Hares and Pikas: Status Survey and Conservation Action Plan. Gland: International Union for the Conservation of Nature: 14-60.

Smith A T, Ivies B L. 1984. Spatial relationships and social organization in adult pikas: a facultatively monogamous mammal. Zeitschrift Tierpsychol, 66(2): 289-308.

Soholt L F. 1973. Consumption of primary production by a population of kangaroo rats (Dipodomys merriami) in the Mojave Desert. Ecological Monographs, 43(3): 357-376.

Spinks A C, van der Horst G, Bennett N C. 1997. Influence of breeding season and repro- ductive status on male reproductive characteristics in the common mole-rat, Cryptomys hottentotus hottentotus. Journal of Reproduction and Fertility, 109(1): 79-86.

Spitz F. 1968. Interactions entre la vegetation epigee d'une luzerniere et des populations enclose ou non enclose de Microtus arvalis pallas. La Terre Et La Vie, 3: 274-306.

Terry D B. 1980. Dispersal during population fluctuations of the vole, Microtus townsendii. Journal of Animal Ecology, 49(3): 867-877.

Turchin P, Oksanen L, Ekerholm P, et al. 2000. Are lemmings prey or predators. Nature, 405: 562-565.

Wang K, Teng Z, Jiang H. 2008. On the permance for n-species non-autonomous Lotka- Volterra competitive system with infinite delays and feedback controls. International Journal of Biomathematics, 1: 29-43.

Wang W, Ma Z. 1995. Uniform persistence in discreet semidynamical system and its application. Systems Science and Mathematical Sciences, 8(3): 228-233.

Wang X, Yang J, Zheng F. 2013. Dynamics of population controlled with virus-vectored immunoocontraception and immunocontraception age. 应用数学, 26(2): 241-247.

Webb G F. 2008. Population models structured by age, size, and spatial position//Magal P, Ruan S. Structured Population Models in Biology and Epidemiology. Berlin: Springer- Verlag: 1-49.

Wetherbee D K. 1966. Vertebrate pest control by biological means//Knipling E F. Pest Control by Chemical, Biological, Genetic, and Physical Means. Washington: Agricul- tural Research Service: 102-111.

Wolff J O, Lidicker W Z. 1980. Population ecology of the taiga vole, Microtus xanthog- nathus, in interior Alaska. Canadian Journal of Zoology, 58(10): 1800-1812.

Wright E M. 1961. A functional equation in the heuristic theory of primes. Mathematical Gazette, 45: 15-16.

Xu J, Teng Z. 2010. Permanence for nonautonomous discrete single-species system with delays and feedback control. Applied Mathematics Letters, 23(9): 949-954.

Zeng X H, Lu X. 2009. Breeding ecology of a burrow-nesting passerine, the white-rumped snowfinch Montifringilla taczanowskii. Ardeola, 56: 173-187.

Zhang F, Liu R, Chen Y. 2017. Optimal harvesting in a periodic food chain model with size structures in predators. Applied Mathematics & Optimization, 75(2): 229-251.

Zhang Z. 2000. Mathematical models of wildlife management by contraception. Ecological Modelling, 132: 105-113.

Zhu J, Zhang Z B. 1988. The present states and control strategies of agriculture and animal husbandry rodent pest. Information Research of Agriculture and Animal Husbandry, 7: 1-10.

《生物数学丛书》已出版书目